绿色可持续场地修复

胡　清　王　宏　童立志　编著

中国建筑工业出版社

图书在版编目（CIP）数据

绿色可持续场地修复 / 胡清，王宏，童立志编著. — 北京：中国建筑工业出版社，2018.9
ISBN 978-7-112-22037-3

Ⅰ.①绿⋯ Ⅱ.①胡⋯ ②王⋯ ③童⋯ Ⅲ.①场地 — 环境污染 — 修复 Ⅳ.① X5

中国版本图书馆CIP数据核字（2018）第060855号

为进一步推动我国土壤环境管理政策的完善并带动绿色可持续修复理念的深入发展，南方科技大学工程技术创新中心的专业人员编著了《绿色可持续场地修复》一书。书中首先梳理了英美等国污染场地管理法律法规的演变，并在此基础上对修复的决策过程和技术路径进行了剖析总结；其次对绿色可持续修复的概念、内涵、技术框架、指标体系、评价方法等进行了系统介绍，并对国内外的最佳工程实践进行了汇编分析；最后展望了绿色可持续修复在中国的应用前景和切入点。

本书可供从事土壤修复管理、研究与实施的专业人员参考，也可作为环境科学与工程专业的教材。

责任编辑：刘爱灵
责任校对：王　瑞

绿色可持续场地修复

胡　清　王　宏　童立志　编著

＊

中国建筑工业出版社出版、发行（北京海淀三里河路9号）
各地新华书店、建筑书店经销
北京点击世代文化传媒有限公司制版
北京缤索有限公司印刷

＊

开本：787×1092毫米　1/16　印张：15½　字数：319千字
2018年7月第一版　2018年7月第一次印刷
定价：160.00元
ISBN 978-7-112-22037-3
（31886）

前 言

我国有史以来对环保最重视的时期来了。继《大气污染防治行动计划》（"气十条"）、《水污染防治行动计划》（"水十条"）和《土壤污染防治行动计划》（"土十条"）之后，中共"十九大"及中央经济工作会议再次强调——必须加大环境治理力度，全面深化绿色发展的制度创新。打好污染防治攻坚战，要使主要污染物排放总量大幅减少，生态环境质量总体改善，重点是打赢蓝天保卫战，调整产业结构，淘汰落后产能，调整能源结构，加大节能力度和考核，调整运输结构。

随着"土十条"的落地，我国开始全面进行土壤污染的调查及监管控治工作。然而，面对底数不清、管理难到位、土壤修复工程有可能带来高能耗及二次污染的问题，专家学者及行业内人士也在不断深入地讨论。

例如，土壤污染是否能被彻底清除？土壤修复如何进行风险管控？土壤修复工程是否合理？修复之后的土地是否还可以再用？修复之后的土壤是否可以外运？什么修复技术算是好的修复技术？土壤修复工程的成本到底如何计算？土壤修复工程带来的二次污染如何解决？等等与之相关的一系列的问题都是土壤污染防治中面临并亟待解决的。

回顾历史，为了便于污染场地管理，世界上许多国家根据自身国情，形成了各具特色的污染场地法律法规体系。其中最具影响力的是美国在1980年创新性颁布的《超级基金法》。美国以该法为基础建立了较为完善的制度和组织系统，并直接引导工业界在过去的近40年里不断完善内部的污染场地管理体系，同时培育了规模巨大的污染场地管理市场。除了在立法上实现顶层设计的突破之外，对于场地调查流程、修复技术筛选和修复工程管理等也发布了相应的指导文件，形成了和法律制度紧密结合的技术体系。

然而，我们应注意到，虽然污染场地修复的目的是为了消除污染，实现再利用，但修复过程本身也会进一步增加人力投入，能源、资源的消耗和二次废物排放而产生新的环境足迹，带来新的环境影响。此外，场地再利用方式与修复终点的确定密切相关。因此，各国也在积极探索合理的修复方式及方法，以防止消极修复，避免过度修复。近40年污染场地修复实践让以英国和美国为代表的西方发达国家的管理者和工业界逐渐认识到必须对修复行为加以控制，污染场地修复需要更新的风险评估标准、监测方法和框架。这一思想的转变使得绿色可持续修复应运而生。

美国最早提出了"绿色可持续修复"的概念,并于2006年成立了可持续修复论坛,之后成立了联盟。美国环保署积极倡导"绿色修复"理念,并于2010年提出了超级基金绿色修复战略,设定了绿色修复战略目标和主要任务。此外,美国材料与试验协会在2013年还发布了《绿色修复标准指南》。在欧洲地区,英国可持续修复论坛在污染土地实际环境应用组织的倡导下于2007年成立。在美国和英国等组织的带动下,世界上其他国家,如荷兰、巴西、加拿大等,也相继成立了绿色可持续修复论坛并开展了大量的绿色可持续修复实践。

关于绿色可持续修复内涵,各个国家和机构表述略有不同。相较于美国偏向于采用创新的原位修复等技术对污染物进行彻底消除,英国的绿色可持续修复偏向于通过整体规划管理来实现棕地的再开发。虽然侧重点不同,但各种表述的共同点是摒弃传统修复活动中只考虑工程时间与经济成本的直接工程化思路,而重新衡量修复行为对环境、社会和经济的综合影响以实现修复总体效益最大化。绿色可持续修复并非一种新兴的技术,而是一种新的理念。这一理念的崛起预示着修复领域将要发生革命性的改变,这种改变将深刻地影响到相关政策法规的顶层设计和具体技术路径的选择实施。

伴随着"土十条"的出台,我国的土壤修复事业翻开了新的一页。在学习借鉴国外先进成熟的修复技术的同时,我们应充分发挥"后发优势""弯道超车",在吸收消化国外目前开展的先进的绿色可持续修复理念的基础上,迅速补齐我国在这一领域的短板。2017年10月14日,"第四届污染地块风险管控与修复技术国际研讨会暨中国可持续修复框架组织成立大会"在北京西郊宾馆召开,开启了我国绿色可持续修复的环保篇章。

为此,为进一步推动我国土壤环境管理政策的完善并带动绿色可持续修复理念的深入发展,我们组织南方科技大学工程技术创新中心的专业人员编著了《绿色可持续场地修复》一书。书中首先梳理了英美等国污染场地管理法律法规的演变,并在此基础上对修复的决策过程和技术路径进行了剖析总结;其次对绿色可持续修复的概念、内涵、技术框架、指标体系、评估方法等进行了系统介绍,并对国内外的最佳工程实践进行了汇编分析;最后展望了绿色可持续修复在中国的应用前景和切入点。

全书由王宏、童立志及我分别执笔编写。另外,朱焰、林斯杰、唐一、陈彤、杨刚庭、高菁阳、石丕星、黄燕鹏、鹿明、史江红和张扬等人也对本书的编写工作提出了宝贵的意见并提供了部分资料。在此对参与本书编写工作的各位同志表示感谢。

尤为重要的是,本书的出版得到了中国建筑工业出版社刘爱灵编辑的关心支持,一并在此表示衷心感谢。

　　限于学识水平有限，书中的不足之处还请各位读者批评指正。希望这本书的出版能够起到抛砖引玉的作用，未来涌现出更多的关于绿色可持续修复的作品，推动绿色可持续修复在我国的快速发展。

胡清

2018 年 1 月于北京

目　录

第1章
污染场地管理体系

1.1　近代环保运动兴起及其影响

人类发展的历史和对自然环境的改造密不可分。从采集狩猎时代进入农耕文明时代，农地成了人类改造自然的一大杰作。与此同时，为了防范洪水等自然灾害，人类也开始兴修水利工程，对山川河流进行改造。农耕文明的高度发展又不断地刺激着技术进步，经过工业革命，人类逐步进入了工业社会、信息社会和智能社会。应当说，人类在漫长历史进程中取得的伟大成就不断地强化了其自身的主体地位。因此，当定义"环境"这一术语的时候，我们就强调环境是围绕着人类的外部世界。

美国作家蕾切尔·卡逊 1962 年出版的《寂静的春天》对人类中心意识的绝对正确性提出了质疑。这位身患癌症的女学者，在《寂静的春天》一书中描述了滥用杀虫剂导致昆虫灭绝，春天寂静得可怕的场景。《寂静的春天》第一章《明天的寓言》中提到："这是一个没有声息的春天。这儿的清晨曾经荡漾着乌鸦、鹟鸟、鸽子、樫鸟、鹪鹩的合唱以及其他鸟鸣的音浪；而现在一切声音都没有了，只有一片寂静覆盖着田野、树林和沼泽"[1]。美国农业中使用杀虫剂的历史可以追溯到 19 世纪中叶，20 世纪 40 年代以后迎来了杀虫剂生产、销售和使用的高峰。1947 ~ 1960 年，合成有机杀虫剂使用量增长 5 倍之多，从每年 1.24 多亿磅增至 6.37 多亿磅，这些产品的批发总价值超过了 2.5 亿美元。1950 ~ 1967 年，在美国每个农业生产单位所使用的杀虫剂数量增长了 168%。仅在亚利桑那州，1965 ~ 1967 年间用在棉花上的杀虫剂数量就增加了 3 倍[2]。

《寂静的春天》的出版引发了关于杀虫剂的空前大辩论。各色人物粉墨登场，其中反方主要是以化工界为主，他们是杀虫剂生产销售和使用的既得利益者，自然希望杀虫剂能够继续得到广泛的应用，因此他们组织了强大的力量来攻击、诋毁《寂静的春天》，并把卡逊描述成为一个"歇斯底里"的女人。但是，更多的科学家和专业人士支持该书的基本观点。这种持久激烈的争论也是非常生动有趣的科普教育，吸引了公众的高度关注，环境保护的理念开始逐渐根植到普通民众的心中。在公众的推动下，美国科学顾问委员会对杀虫剂问题开展了独立调查，调查结果支持了卡逊的观点，对大规模使用农药持批判态度[3]。

卡逊在《寂静的春天》出版两年后因病去世。可以说，她用自己的生命唤醒了美国民众的环境意识。1990 年，著名环保人士，曾任美国副总统的阿尔·戈尔在《寂静的春天》再版时所作的前言中用满含尊崇的文字写到："从某种意义上说，卡逊确确实实是在为她的生命而写作。"[4]。

工业技术的进步极大地提升了人类从自然获取资源的能力，从物质上极大地丰富了人类的生活，这种物质刺激不断地强化了人类追究技术进步的动力，但同时也催生了物质享受主义的泛滥。但是，自然资源不是无穷无尽的。人们开始思考"一旦资源耗尽，人类将走向何处去？"这一重大而现实的问题。同时，人类产生的大量污染物泄漏到环境之中所造成的灾难性后果也逐渐显现。这在宏观经济上首先表现为能源危机，在社会思潮上则表现为人类对环境保护的关注。《寂静的春天》引发各界高度关注也就理所当然了。

相对大气污染和地表水体污染，土壤污染具有非常明显的隐蔽性和累积性特点，而通过食物链的生物放大作用，人类将成为最终的受害者。《寂静的春天》揭示的环境效应使人类对环境保护的范围从传统的地表水、大气等拓展到土壤这一重要的环境介质。环境运动的诉求也从某个项目涉及的环境影响上升到立法层面的对整个生态系统，全环境介质的保护，从此环境保护开始纳入法制化轨道，立法和司法成为环境保护的主要工具和手段。在技术层面，围绕土壤环境保护和污染防治的研究逐渐成为一门显学，吸引了众多学者参与。在经济层面，土壤污染防治产业也逐渐超越大气治理和水污染防治，成为当前全球发展最为迅猛的环保产业方向之一。

改革开放以来，随着工业的快速崛起，城市周边开始逐步形成工厂林立的景象。进入 21 世纪，城市的发展以及退二进三政策的推动，一批工厂搬迁，留下了大量的工业场地，从宋家庄地铁开挖到武汉"毒地"事件，我国开始研究污染场地的管理、技术及法律。虽然我国场地污染修复行业起步晚，但是由于近年的物联网、人工智能、大数据等新技术的发展，绿色可持续修复理念的引导，也使得我国可以弯道超车，在吸收国外管理、政策及技术的基础上，超越及创新我国的自主场地污染管理体系。未来利用物联网大数据进行场地污染的管理，创新开发利用人工智能的技术，将使得我国在场地污染管理方面走到国际领先地位。

1.2　美国的污染场地管理体系

1.2.1　环境影响评价制度

经过多年发展，美国形成了联邦法律法规和州政府的地方法律法规互为补充的较为完备的环境法体系。

19 世纪 60 年代兴起的环境运动推动美国环境政策和立法进入了一个新的阶段。1969 年，美国颁布了《国家环境政策法》，标志着美国环境法从"治理为主"转变到"预防为主"，从防治污染转变为保护整个生态环境。该法明确提出国家应当确保每一代人都履行作为子孙后代的环境保管人的责任[5]。这一立法思想和 1987 年世界环境与发展委员会出版的《我们共同的未来》报告中提出的可持续发展理念不谋而合，但是在时间上早了近20年。

《国家环境政策法》的一大成果是创立了环境影响评价制度，规定联邦政府资助或批准的重大项目必须开展环境影响评价。根据《国家环境政策法》，一份典型的环境影响评价报告包括：（1）摘要；（2）简介；（3）项目描述；（4）环境分析；（5）替代方案；（6）结论和建议。其中核心的是环境分析和替代方案两部分。在环境分析一节中必须包括所有可能影响到的环境介质，如地质、土壤和底泥、水资源（包括地下水和地表水）、湿地、陆地植被、野生动物、渔业资源、珍稀物种、景观资源、社会经济、文物、空气质量和噪声等，可谓包罗万象。

由于土壤和地下水等受到污染之后难以修复，因此往往成为很多项目环境影响评价的焦点。以著名的美国基石石油管道项目为例，该项目计划将加拿大油砂生产地艾伯塔省出产的原油直接输往美国墨西哥湾沿岸地区。但由于该项目的石油管道将穿过美国中北部的一个重要的地下水含水层补给区而引发巨大争议，奥巴马政府于2015年否决了该项目。

《国家环境政策法》另一个重大成果是引入了公众参与机制。该法规定环境影响评价报告必须全文公开，公众可以针对环境影响评价报告提出意见。政府部门在做出最终决定的时候必须参考这些意见并研究相关的回应。

必须指出的是，《国家环境政策法》对于大量的私有经济部门投资的建设项目并没有法定约束能力。美国环境管理体系对于私有经济部门的监管主要体现在符规性层面，即要求私有经济部门的日常运营必须满足相关的法律和法规要求。以污染物排放为例，当前主要的管理手段是排污许可证。但是，对于大型非政府投资来说，必须审慎评估未来完全符规的技术经济可行性，因此很多跨国公司都选择环境影响评价作为其内部的环境管理工具，自发将开展环境影响评价写入其公司的基本环境管理政策之中。而且在此基础上还有进一步的创新发展，逐渐形成了融合环境、健康和社会多位一体的影响评价体系。由于污染场地的修复往往耗资巨大，耗时长久，因此对于土壤环境影响进行仔细评估并采取切实有效的措施加以保护更是很多跨国公司开展环境影响评价时重点考虑的因素。

《国家环境政策法》在组织机构建设上的成果是在1969年设立了国家环境质量委员会，主要任务是根据《国家环境政策法》的要求，落实环境影响评价制度；评估政府环境保护的政策和活动，向总统及各个政府部门提出环境政策建议；以及针对特定环境问题进行专题研究，推动环境监测和指标体系的建立和使用等等。

紧随国家环境质量委员会的成立，美国联邦政府于1970年正式成立了美国环保署。由于美国环保署具有独立立法和执法权，因此权威性很高。当前美国环保署包括总部和地方区域办公室，其组织架构如图1-1所示。每个区域办公室只对美国环保署负责，不受地方州政府制约。美国环保署的高级管理人员包括署长 1 名，副署长 1 名，助理署长 9 名，法律总顾问 1 名，总监察长 1 名。

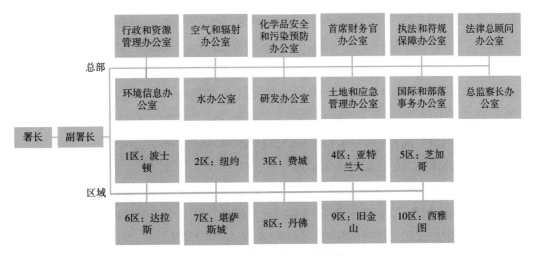

图 1-1　美国环保署组织架构

1.2.2　污染场地增量预防

1. "从摇篮到坟墓" 原则

进入 19 世纪 70 年代后，美国相继颁布了一系列法律，涉及范围包括环境质量改善、环境教育、海岸带管理、杀虫剂控制、噪声控制、安全饮用水、濒危物种、资源保护与回收和有毒物质控制法等。其中，《资源保护与回收法》在法律上规定了对危险废物"从摇篮到坟墓"的全过程管理原则。这一原则对于污染场地防治产生了深远的影响。因为要预防污染产地的产生，就必须预防各种危险化学品等泄漏进入环境，就必然要求对危险物质进行全过程闭路管理。

为了实现从源头管控，美国环保署建立了覆盖全国的危险废物物流追踪系统。其中对每一个危险废物的大中型生产者（即有可能对环境产生污染的），运输者以及处理、贮存和处置者必须申请获得一个身份证号码。在危险废物转移过程中必须采用转移联单，全程追踪危险废物的转移过程。除此之外，美国还建立了严格的报告制度；大中型的危险废物生产者必须每半年主动向政府监管部门报告所产生的危险废物种类和数量。

由于在危险废物处理、贮存和处置阶段发生危险物质泄漏进入环境的概率较高，因此美国建立了非常严格的许可证制度，在颁发给危险废物处理、贮存和处置者的许可证中明确了必须达到的技术标准、应急响应措施、地下水监测和财务保障等诸多要求。需要特别指出的是，在许可证中还详细说明了处理、贮存和处置者涉及的危险物质成分、场地所在地下水的背景浓度水平和适用的地下水保护标准，这些要求将作为地下水监测和符规性考核的重要依据。

对于大多数危险废物的生产者来说，要达到这一要求是比较困难的，因此他们一般都尽量避免参与危险废物的处理、贮存和处置。截至 2014 年，美国环保署监管超过350000 多危险废物生产者，但是同期全美国只有 6600 个拥有许可证的危险废物处理、贮存和处置者[6]。

为了确保"从摇篮到坟墓"原则的有效实施，《资源保护与回收法》还对危险废物管理的每一个环节都规定了严格的责任追究体系。对于故意违反法律规定的还可以对当事人追究刑事责任；对涉事公司还可以按日处以高额罚金等。

2. 危险物质泄漏的主动报告和监测

如果"从摇篮到坟墓"的每一个环节都能够落实到位，污染物质就没有机会泄漏进入环境，自然就不会产生污染场地的问题。但是，由于企业管理的不可靠性，总是会有各种原因造成污染物质的泄漏。针对这种情况，《资源保护与回收法》还设计了一种"早发现、早响应"的工作机制。首先，任何人，包括造成危险物质泄漏的操作人员，业主或任何第三方人员，发现危险物质的泄漏都必须向政府监管部门报告。知情不报者必须担责；故意隐瞒不报者甚至需要承担刑事责任。其次，由于场地污染具有相当的隐蔽性，依赖于人的直接观察发现危险物质的泄漏实际上比较困难，因此《资源保护与回收法》对危险废物的处理、贮存和处置场地还要求进行全面的地下水监测。根据目的不同，处理、贮存和处置者的地下水监测分为：

- 探测性监测——主要用于探测是否存在危险物质的泄漏；如果发现地下水中的危险物质成分显著高于地下水背景浓度水平，处理、贮存和处置者需要向政府监管部门申请修改许可证，将地下水监测从探测性监测变更为符规性监测；
- 符规性监测——确定地下水含水层是否已经超过了在许可证中规定的标准。如果监测结果表明地下水中的危险物质浓度已经超过既定标准，处理、贮存和处置者则必须启动整治行动，地下水监测进入整治行动监测阶段；
- 整治行动监测——主要目的是监测整治行动的进展，要求处理、贮存和处置者在给定的时间内实现达标要求。

为了判断场地的整治行动是否达标，《资源保护与回收法》引入了阶段验收达标的概念，并且允许责任方在实施整治行动时分阶段达到最终目标。例如图 1-2 中所示的污染情况：（1）短期目标以控制污染扩散为主，监管部门会要求责任方确保污染羽流在场地边界处达标，也就是说肇事方必须采取切实措施实现污染羽流的范围不扩大，浓度不上升；（2）中期目标以进一步降低污染为主要目的，监管部门会要求责任方治理已经迁移到场地边界以外的污染羽流部分，在给定的时间内达到约定的标准；（3）长期目标以开展全面修复，全面达标为目的，监管部门会要求责任方对整个污染羽流达标，无论是场地内还是场地外的地下水浓度均达到标准要求。

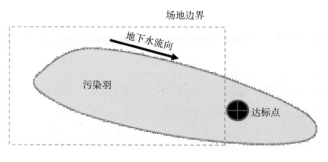

图 1-2　达标点

　　除了主动报告和地下水监测实现污染场地的识别外，监管部门也可以通过现场检查等方式发现场地污染。自颁布以来，它帮助监管部门或相关责任方识别了大量的污染场地。《资源保护与回收法》整治行动计划在美国联邦政府主导的四大修复计划中占据绝对主导地位（图 1-3），所涉及的面积大约占 80%；是超级基金计划、地下储罐计划和棕地计划总和的近四倍。通过对正在运行的企业中产生的污染场地问题做到"早发现，早响应"，美国在相当大程度上遏制了污染场地大幅增加的趋势。

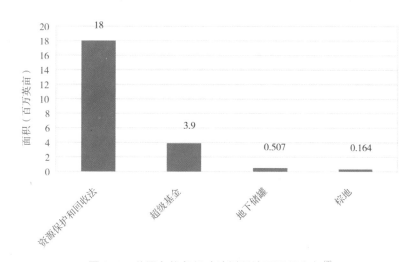

图 1-3　美国各修复行动计划所涉及面积分布 [7]

3. 整治行动

　　一旦场地发现危险物质泄漏而且超过相关标准，相应的责任方必须启动整治行动。一般而言，《资源保护与回收法》的整治行动包含如图 1-4 所示的六个步骤 [7]：

- 初始场地评价：收集场地条件、污染物泄漏或潜在泄漏情况以及暴露途径等信息以确定修复的必要性和关注区域。

- 国家整治行动优先名录系统：美国环保署建立了一个定性评估场地整治行动优先级的信息系统，将需要进行整治行动的场地分为高、中、低三个等级。
- 临时／稳定行动：采取临时行动控制马上可能造成人体健康和环境影响的状况。
- 详细场地调查：主要目的在于掌握污染特征和污染范围，为场地治理修复收集基础的支撑数据。
- 整治措施研究：研究可选的整治措施，寻求最佳的解决方案。
- 整治措施实施：按照制订的整治行动计划实施场地整治。

图 1-4 《资源保护与回收法》的整治行动工作流程

美国环保署允许责任方分期达到最终修复目标。为了评估整治行动的进展，《资源保护与回收法》引入了两个环境指标和一个绩效指标：（1）环境指标 1——人体健康暴露有效控制；（2）环境指标 2——地下水污染有效控制；（3）绩效指标——整治行动在给定时间内的实质性进展。

对于环境指标的考核，美国环保署可以通过风险评估和地下水监测等措施进行监督管理，而对于绩效指标的考核则可以通过责任方主动报告和监管部门现场检查等手段来实现。美国的污染场地概念包括场地上的土壤、废物、地表水、地下水、空气、构筑物等多种介质。关于地下水的环境指标实际上是非常严格的一个要求，这是因为美国的地下水很多时候参考饮用水源进行管理，因此，即使微量的污染也可能导致达标点处的地下水超过美国的饮用水标准，从而引发环境监管部门的严格监管。截至 2012 财年年底，《资源保护与回收法》的整治行动中有 3041 个场地（81%）达到了人体暴露环境指标的要求，2691 个场地（71%）达到了地下水环境指标的要求，1762 个场地（47%）完成了所有的修复施工工作[7]。

4. 资金保障机制

由于《资源保护与回收法》是针对正在运行的企业，因此比较容易确定责任归属问题。为了确保责任方有能力履责尽职；《资源保护与回收法》引入了较为完善的资金保障机制；也就是说对于存在较高风险的企业业主而言，他们必须提供证据证明他们具备足够的财务能力应对污染可能会导致的所有环境问题，包括运营期间发生的环境问题，也包括其后的封场和封场后期间（一般是 30 年）可能发生的环境问题。

《资源保护与回收法》引入的财务保障机制比较多元化，相关责任方可以根据自身情况进行灵活选用。其规定的常见财务保障机制包括信托资金、信用证、履约保函、保险和公司担保等。这种长期财务约束事实上倒逼企业不断地提升管理水平和技术能力，尽可能地减少危险物质泄漏进入环境的机会；唯有如此，企业才有可能实现真正意义上的盈利。

1.2.3 历史遗留污染场地的管理

1. 拉夫运河事件

拉夫运河是美国纽约州的一条人工运河。该运河最初是一个水电站项目的配套工程。由于水电站项目搁置，拉夫运河建成后一直闲置。美国胡克电化学公司于 1947 年正式购买了这条大约 1000m 长的废弃运河，作为公司的废物填埋场；并于 1953 年正式关闭。据统计，从 1942 年到 1953 年近 10 年的时间内，大约有 21000t 有毒物质填埋到了运河之中。

其后，当地需要为新建的学校物色建设用地。尽管胡克电化学公司知道场内填埋有有毒物质，可能不适合作为学校用地，但是最后还是决定以一美元的象征性价格将该场地转让给当地学区。不久，当地学区就在场地上修建了一所学校。此后，这片土地上陆续开发了大量的住宅。

从 1977 年开始，拉夫运河地区的居民发现了各种恶性疾病。原来封存在填埋场内的有毒物质开始渗出地面。当时的美国新闻媒体将拉夫运河事件描述为"公共卫生定时炸弹"和"美国历史上最大的环境悲剧"。

新闻媒体的介入使得拉夫运河事件演变成为美国司法和行政部门的一次重大危机。当时的美国政府尴尬地发现没有任何法律授权政府部门应对这一事件。1978 年 8 月，当时的卡特政府宣布拉夫运河地区进入"公共卫生紧急状态"，并下令美国灾害救助署对拉夫运河地区的居民提供救助。这是美国历史上首次用自然灾害基金应对非自然灾害引起的紧急事件。其后，美国环保署在 1979 对拉夫运河地区的居民进行了血液检查，发现高达 33% 的居民体内白细胞异常，而正常情况下只有 1% 的人可能会出现白细胞异常的情况。该事件中的受害方纷纷起诉，但由于法律缺位，诉讼未能得到法庭的有效支持。

拉夫运河事件使得美国政府和民众都认识到必须对废弃危险物质污染场地在法律上明确政府的职责和管理程序，以及"潜在责任方"的法律责任。很快，美国国会在 1980 年通过了《超级基金法》。拉夫运河事件终于有法可依。最后，经过长达十几年的诉讼，胡克化学公司最终和美国司法部、纽约州政府等达成和解协议，共赔偿受害居民经济损失和健康损失费达数亿美元之多。

2. 《超级基金法》的基本内容和历史演进

由于其严苛的责任认定，同时污染场地的修复和赔偿费用金额巨大，《超级基金法》被认为是美国环境法中最为严厉的法律。首先，《超级基金法》管制的物质范围非常广泛，包含危险物质、污染物、和沾染物。其中危险物质又包括以下几大类：（1）《清洁水法》中规定的危险物质;(2)美国环保署认定的严重威胁人体健康和环境的危险物质;(3)《固体废物处置法》列明的危险废物或者按照危险废物鉴识标准认定的危险废物;(4)《清洁空气法》中认定的危险空气污染物;(5)《有毒物质控制法》中认定的危险化学品。

不过,《超级基金法》明确将石油(包含原油及其任意馏分)以及作为燃料用途的天然气、天然气液体、液化天然气、合成燃气等排除在危险物质认定范围之外。但是,由石油类产品和其他物质混合后形成危险废物则属于《超级基金法》认定的危险物质范围。对于污染物和沾染物,《超级基金法》没有给出具体的物质清单,但是给出了如下的描述性定义:"污染物和沾染物应当包含,但是不限于,任何在泄漏进入环境以后,一旦直接通过环境或者间接通过食物链摄入等暴露、摄入、吸入或同化进入生物组织,导致这些生物组织或其后代死亡、疾病、行为异常、癌症、畸变、基因突变或物理变形等的任何元素、物质、化合物或混合物。"[8]。

根据《超级基金法》,美国政府可以针对危险物质的泄漏采取以下三种响应行动:

- 清除行动:即采取短期的措施稳定或者清理污染场地,或者对于事故性的污染物质泄漏采取应急性的清理措施。通常是针对局部的环境风险展开,如含有危险物质的废弃容器,对人体健康或环境构成重大风险的表层污染土壤等。一般而言,清除行动的费用不能超过 200 万美元。

- 修复行动:即采取的长期行动,以永久和显著地减少因危险物质泄漏构成的环境风险为目的。尽管修复行动主要针对环境风险比较严重的情况,但是不像清除行动那样具有时间紧迫性。另外,修复行动的费用没有上限。

- 执法行动:即通过法庭诉讼或者行政命令等方式强制"潜在责任方"实施清除、修复行动,或者承担清除、修复行动的相关费用。《超级基金法》规定美国环保署或个人可以按照《国家石油和危险物质污染应急计划》的要求对污染场地进行应急响应,并在事后向"潜在责任方"追偿相关费用。

由于让"潜在责任方"履行污染场地的相关责任需要大量的时间,同时部分历史遗留污染场地的"潜在责任方"已经湮灭解体;而很多类似拉夫运河这样的场地对人体健康和环境有重大而且紧迫的威胁。因此,《超级基金法》要求设立专门的信托资金用于超级基金场地的前期调查和修复等,在后期再向"潜在责任方"追偿相关费用。

《超级基金法》立法时设立的基金规模为 16 亿美元。但后来发现,由于美国境内存在数量众多,规模巨大的污染场地,而场地调查和修复等需要的费用不菲,这笔基金在 1985 年就消耗殆尽。1986 年,美国国会通过了《超级基金再授权法》,重新设立了规模为 85 亿美元的超级基金。最初,超级基金的费用来源主要是以向原油和 42 种商用化学品征税的方式募集。1995 年后,美国国会停止了这种征税的方式。从此以后,超级基金项目的日常运转经费主要依靠政府一般预算拨款和从"潜在责任方"追偿的费用。

《超级基金法》的实施，开创了多个"美国第一"，而后美国环保署也根据不断出现的新情况对其作了一系列的修正：

- 1981 年：在肯塔基州一处山谷内发现多达 4000 余个的废气化学品桶。美国环保署根据《超级基金法》成功地清理了该场地。

- 1982 年：美国环保署发布"危害排序系统"作为评估场地危害性的基本机制。"危害排序系统"首次采用定量数值评分的方式对场地的危险等级进行排序，并将最为严重的场地列入超级基金场地名录。同年，美国环保署首次和多个"潜在责任方"就场地污染责任问题达成和解。

- 1983 年：美国环保署发布第一批共计 406 个场地的超级基金场地名录。

- 1984 年：《固体废物处置法》修订，确定了对废物的"处理优先"原则。禁止未经过任何处理的废物直接进行填埋处置。"处理优先"原则直接推动了场地修复的技术创新，并使得污染场地的原位修复日益得到重视。

- 1986 年：通过的《超级基金法再授权法案》强化了执法条款，鼓励"潜在责任方"对污染场地进行自愿修复，强调永久修复和技术创新的重要性，增加了州政府和社区的参与，集中关注人体健康问题等。针对业界广为争议的修复终点问题，《超级基金法再授权法案》在法律层面给出了如何确立污染场地修复终点的基本框架。同年，《紧急规划和社区知情权法案》颁布实施，该法案旨在建立以州政府为主体的应急响应机制和信息公开程序，确立了危险物质的主动报告制度；确立了安全性数据表制度。根据该法的要求，美国职业安全和健康管理总署发布了针对涉及危险废物操作以及应急响应的人员必须遵循的安全与健康规范。

- 1989 年：《超级基金计划 90 天研究》报告发布。根据这一报告的建议，美国环保署同年启动了"执法第一"行动计划，加大了对"潜在责任方"的责任追究力度。

- 1990 年：根据《超级基金法再授权法案》的要求，美国环保署修订了"危害排序系统"，希望通过更精确地对污染场地的相对危害程度进行划分，支持州政府和公众的广泛参与以及更为有力的执法程序。另一方面，美国国会还通过了《污染预防法案》，以期从源头上减少危险物质的应用，避免环境污染发生。

- 1993 年：美国环保署正式推出"棕地计划"，以推动废弃、闲置或未充分使用的但存在或者可能存在污染的工业或者商业场地的再开发利用。同时，美国环保署还启动了"第一轮行政改革"，以加强执法的公平性，减少交易成本，增强修复的有效性和一致性，促进公众和州政府的参与。

- 1995 年：美国环保署发布"棕地行动议程"，推出了促进棕地利用的四项举措，包括对中试项目提供种子基金。在"第一轮行政改革"的基础上，美国环保署推出了"第二轮行政改革"，强调执法、经济发展、社区参与、环境公平、项目实施的一致性以及州政府的能力建立等。在 1995 年末，美国环保署推出了"第三轮行政改革"，提出了强化超级基金项目的三个原则，包括：（1）修复方案的选择必须经济高效并实现保护环境的目的；（2）增强利益相关方的共识以减少冲突和法律诉讼；（3）确保州政府和民众对最终决策的参与和知情权等。

- 1998 年：美国环保署完成了第 5000 个场地的应急清除行动。
- 1999 年：美国环保署宣布"超级基金再开发计划"，向本地社区提供超级基金场地的相关信息和必要的工具以辅助本地社区对超级基金场地的再开发利用。
- 2000 年：美国环保署完成了第 700 个场地的修复施工。
- 2002 年：《小规模企业责任减轻与棕地振兴法案》（又称《棕地法案》）颁布实施。根据该法案，棕地被定义为"未开发的受到真实的或可觉察到的环境污染影响的以前的工业或者商业场地"。《棕地法案》对《超级基金法》的主要的修正内容包括提供棕地调查的资金资助；资助州政府和印第安部落的场地修复计划；引入了善意购买者的污染场地免责条件。
- 2005 年：美国环保署推出《所有的合适调查条例》，对污染场地责任厘清的工作内容和程序，人员能力和资格要求等进行了细化，并在法律上明确了美国试验与材料协会所制订的《环境场地调查标准实践：一期环境场地调查》（ASTM E1527-05）在技术上符合美国环保署提出的"所有的合适调查"的相关要求。工商业界可以按照 ASTM E1527-05 所规定的作业程序在商业交易时进行环境尽职调查，所形成的报告可以作为污染场地责任厘清的依据，具有法律认可的证据效力。

3. "污染者付费"原则

《超级基金法》法律上明确了"污染者付费"原则。不过，所谓"污染者"在《超级基金法》中被定义成广义的"潜在责任方"，主要包括：（1）该场地现在的所有者和经营者；（2）发生场地污染时的场地所有者和经营者；（3）危险物质处理处置的安排者；（4）危险物质的运输者 [9]。从技术层面分析，应该说《超级基金法案》较好地契合了污染场地环境风险的本质特征。这是因为污染场地的环境风险其实包括以下两个层次的内容：

- 污染场地本身环境质量退化，甚至丧失相应的环境功能。
- 污染场地一旦形成后由于土壤和地下水的环境容量有限，对污染物的降解能力极低，因此场地污染的状态将长期持续存在；并通过大气、地表水、地下水和直接接触等多种形式对周边的环境和人体健康产生持续久远的影响。因此，对受到污染场地影响的环境和人体健康而言，污染场地本身就是污染源。

注意到，《超级基金法》虽然尊重"污染者付费"原则，但是在实际操作过程中却是以"潜在责任方"的身份，而不是以其行为，作为责任认定的基本要件。如果个人或公司符合上述四类"潜在责任方"条件之一，美国环保署就可以认定其为"潜在责任方"。也就是说，潜在责任方未必一定是直接导致污染场地产生的行为者。美国《超级基金法》规定污染场地的实际控制人，主要是业主和当前经营者，是场地污染的第一顺位的"潜在责任方"，尽管这个实际控制人可能不是导致场地污染的直接行为人。这主要是因为污染场地本身也是周围环境和人体健康的污染源，自然而然污染场地当前的业主或经营人就应该对此承担相应的责任。另一方面，通过土地所有权（或实际使用权）的交易，污染场地实际控制人和场地污染的直接行为人之间存在合同关系，因此污染场地实际控制人和污染场地的直接行为人应当共同承担污染场地的责任，形成连带责任关系。这种连带责任关系直接导致污染责任将在"潜在责任方"之间内部闭合循环，而不会有向无辜第三方转移责任的机会。

毋庸置疑，造成污染场地的实际行为人必须对场地污染负责，这主要是指潜在责任方中的第二类人。另外，不合规的运输和处置也会导致污染场地的产生，因此这两类人也是责任方，是"潜在责任方"中的第三类和第四类人。

对"潜在责任方"比较广泛的定义对于促进在源头上防范污染场地的产生有重要意义。例如，新业主为了避免卷入污染场地的责任纠纷之中，往往会通过尽职调查等手段主动识别污染场地的存在。对于导致污染场地的直接责任方，因为这种责任无法规避，因此他们往往也会积极主动地采取措施对污染场地进行修复治理。而把处置者和运输者纳入污染场地的责任链之中，也可以有效保证危险物质的合规处理处置。

4.《超级基金法》的责任认定和划分机制

鉴于污染场地耗费巨大，因此美国在颁布《超级基金法》的同时还设立了"超级基金"，专款专用于污染场地的治理修复。依法规定了所有可能产生污染的企业必须向政府缴税的规定（这也是超级基金的资金来源），同时对各种污染场地进行统一管理，并规定了污染者的终生责任制。

显然，单独依靠政府资金来应对污染场地问题远远不够。因此，还必须针对潜在责任方开展费用追偿。《超级基金法》针对"潜在责任方"建立了"严格、连带并且溯及以往"的责任追究机制。"严格并且溯及以往"的责任意味着不论"潜在责任方"是否实际参与或者造成了场地污染，也不论污染行为发生时是否合法，污染行为发生的时间是在《超级基金法》立法之前还是之后，"潜在责任方"在管理危险物质时是否有过失等，"潜在责任方"都必须为场地污染负责。

《超级基金法》的"溯及以往"的基本思想其实在《资源保护与回收法》中也有所体现。《资源保护与回收法》提出的对危险废物"从摇篮到坟墓"的全过程管理其实也暗含了污染者应该对危险废物具有终生责任的意思。和其他环境法不同，《超级基金法》

在认定污染场地责任方面可以"溯及以往"。例如，拉夫运河事件中的胡克电化学公司，在废物倾倒之初其实完全符合当时的法律规定。但是，这些倾倒的有毒物质在 30 多年后仍然对环境和人体健康产生了影响，因此胡克电化学公司还必须为多年以前的场地污染行为承担责任。

不过，需要指出的是，《超级基金法》所规定的法律责任具有所谓的"溯及以往"特征并不是挑战"法不溯及以往"的立法原则，而是尊重了污染场地对人体健康和环境所具有的持续性危害的本质特征。和大气污染、河流污染等不同，场地污染往往具有相当程度的隐蔽性和持久性。例如，拉夫运河事件的中的危险废物在业主完成其处置 30 年后才开始暴露出对人体健康和环境的实质性危害。但是就场地污染而言，业主事实上从处置危险物质时就开始影响人体健康和环境，这一行为一直延续到《超级基金法》生效之时，因此其行为自然就应受到《超级基金法》的约束。

《超级基金法》规定潜在责任方自行协商解决各自的责任份额。也就是说，如果某一责任方不能支付自己应付的费用，法律上往往称之为"孤儿份额"，其他责任方则必须共同分担这些"孤儿份额"。这一做法极大地解脱了美国环保署的责任认定负担，但是却直接导致了"潜在责任方"之间冗长复杂的诉讼。由于高额的诉讼费用，这实际上让中小企业处于不利的地位，这也是超级基金缺乏环境公平的根源之一。不过，《超级基金法》也有不利于大企业的时候。例如，某大企业对于某污染场地只贡献了不足 1% 的污染物质，场地内 99% 的污染物质都是由其他中小型企业造成的，但是如果其他中小型的"潜在责任方"没有能力承担相应的修复责任，这时候大企业很有可能为此承担 100% 的责任。由于上述弊端的存在，毫无意外，环境公平正义成为超级基金计划日后改革的主要方向之一。

《超级基金法》将场地污染责任设定为连带责任也和场地污染的特征密切相关。虽然导致危险物质泄漏的行为可能是由"潜在责任方"独立实施的，但是泄漏的危险物质在混合后共同对环境或人体健康产生影响，这种影响技术上具有不可分割性。美国前副总统戈尔在当国会议员时曾经提出一项《超级基金法》修正案，其中提出如何划分"潜在责任方"的责任问题。虽然该修正案没有获得美国国会正式通过，但是他提出的基本原则则在美国的个案处理中时有体现。戈尔提出责任划分时应参考：（1）某一个"潜在责任方"有能力证明其排放、泄漏或者处置危险废物的行为能够和其他"潜在责任方"的相应行为区别开来；（2）危险物质数量；（3）危险物质毒性；（4）"潜在责任方"对危险物质产生、运输和处置的参与程度；（5）"潜在责任方"对危险废物所履行的职责；（6）"潜在责任方"和政府部门的合作态度。由于危险物质数量是一个相对容易定量化的指标，因此，该指标往往成为法院判决时的重要依据。

1980 年通过的《超级基金法》对污染场地责任认定极其严苛，只允许在如下三种情况下可以免除场地污染的责任：（1）场地污染完全是由自然灾害导致的；（2）场地污染完全是由战争导致的;（3）场地污染完全是由第三方导致的。其中的战争是指由战争行为直接导致的场地污染。例如，在二次世界大战期间美国很多企业从事军工生产，由此导致的场地污染不符合上述第二条免责条件。场地的前任业主和后任业主之间由于存在产权交易，他们之间的关系是合同关系，因此也不属于第三方免责的范围。这也是污染责任具有继承性的法律基础。

《超级基金法》的基本立法理念是"先治理，后追责"，关键在于建立一个迅速清除和治理污染场地的反应机制。不过《超级基金法》实施之后的成效颇受争议。《超级基金法》的效率和投资回报、环境公平、公众参与等存在很大的内在不足，并引发了后续一系列的法律修订。

显然，解决污染场地的问题任重道远。鉴于美国污染场地的严峻形势，美国国会很快在 1986 年通过了《超级基金再授权法案》。该法案对场地污染责任的免责条件进行了扩充，增加了"无辜业主免责条件"。所谓"无辜业主免责条件"是指场地污染在业主购买该场地之前就已经发生，但是业主"不知情或没有理由知情"场地存在污染，这时的业主被称为"无辜业主"，他不必对场地污染承担责任。业主要满足"不知情或没有理由知情"的条件，必须在购买场地之前就场地的环境条件进行"所有的合适调查"。不过《超级基金法再授权法案》并没有就何为"所有的合适调查"进行详细说明。

如果"所有的合适调查"发现场地确实存在污染而业主选择继续购买该场地，那就意味着业主选择承担污染场地的相关责任。如果"所有的合适调查"没有发现场地存在污染，但是事实上场地确实存在污染，这时业主视为满足"不知情或没有理由知情"场地污染的条件，可以免除场地污染责任。当然，这里还有一个前提条件就是业主所进行的调查确实是"所有的合适调查"。在没有详细的实施细则或标准出台之前，这就存在一个巨大的争议。这时，法庭在考虑业主是否"不知情或没有理由知情"时往往会参考业主在尽职调查过程中所付出的努力程度、业主对场地的熟悉情况以及场地交易的价格是否包含了场地污染的折价因素等。

由法庭根据个案进行自有裁量的做法显然给工业界正常的商业并购交易行为带来很大的法律不确定性。1993 年，美国材料与试验协会推出了《环境场地评价标准实践:一期环境场地评价过程》(ASTM E1527-93)，开始对"所有的合适调查"给出一个参考的标准。虽然 ASTM E1527-93 并不是官方对"所有的合适调查"的权威说明，在法律上也没有得到正式确认，但是该标准一经推出就在工业界受到广泛欢迎，并迅速成为工业界约定俗成的通用标准。

对比《超级基金法》对"潜在责任方"的认定范围，现任业主和前任业主之间的免责条件实际上是不同的。对于现任业主而言，他需要证明对场地内存在的污染"不知情或没有理由知情"，而不是证明在他拥有该场地期间是否有导致场地污染的危险废物处置行为是否发生。对于前任业主而言，他需要证明的是在他拥有该场地期间没有在该场地上发生任何危险物质、污染物或沾污物的处置行为，没有直接导致危险物质泄漏进入环境。因此，污染场地的现任业主实际上有可能通过卖出该场地而免除掉相应的污染场地责任，并将污染场地的责任转嫁到下任业主。这显然是买方不希望看到的结果，因此通过环境尽职调查准确识别污染场地的存在及其相关风险对于并购交易就显得至关重要。毫不意外，以 ASTM E1527-93 为基础的尽职调查工作迅速成为商业交易中的良好实践之一而得到广泛的推广应用。

《超级基金法》对环境责任的严苛对于提升工业界的环境意识，促进污染场地管理起到了很好的作用。但是另一方面，它的负面效果也很明显。其中，反响最为强烈的就是涉及污染场地的再开发问题。如果一个开发商希望对一片污染场地进行再开发利用，其必须首先成为该场地的业主，获得该场地的所有权。而一旦成为污染场地的业主，开发商就必须对场地污染负责。显然，震慑于《超级基金法》规定的环境责任，开发商往往对污染场地敬而远之。长此以往，这种做法的直接后果就是在美国产生了大量的棕地。

为了推动棕地的开发，2002 年生效的《棕地法案》对场地污染责任的免责条件再次进行了扩充，规定数个场地污染的责任可以免除的情况：

- 微小污染：对于那些能证明其向污染场地排放的污染物少于法定数量，以及仅处理了生活垃圾的小企业。
- 自愿修复行动：已经依法完成了自愿修复的"潜在责任方"。
- 污染场地相邻业主：若场地的污染是因受到其他场地的污染迁移而致，而且业主尽到了合理的污染控制义务，则该场地业主可以免于承担场地污染的相关责任。
- 善意购买方：善意购买方购买污染场地用于再开发利用，在满足法律规定的条件下可以免除善意购买方的场地污染责任。

其中，善意购买方必须满足法律规定的下述条件方可免责：（1）所有和危险物质处置相关的工作均在收购场地之前完成，收购之后没有任何使危险物质泄漏进入环境导致场地污染的行为；（2）按照法律的规定进行了"所有的适当调查"；（3）履行了所有法律规定的与危险物质泄漏相关的通知报告义务；（4）对于发现的污染物质采取了妥善的应对措施以停止持续泄漏，预防任何未来的泄漏，阻止或限制人、环境或自然资源暴露于历史泄漏的危险物质之下；（5）配合并协助政府部门对历史泄漏的危险物质采取相应措施；（6）配合场地内设立的制度控制措施，没有对场地内的制度控制措施的有效性和完整性造成任何妨害；（7）配合政府部门的要求提供相关信息；（8）和其他的"潜在责任方"没有除场地交易之外的其他关联关系。

注意，美国法律规定的危险物质处置包含了极为广泛的行为。按照美国法律的定义，危险物质处置为"排放、安置、注入、倾倒、溢出、泄漏或放置任何固体废物或危险废物于土地或水体里面或上面，以至于这些固体废物或危险废物或它们的任何成分进入环境、空气或包含地下水在内的水体的行为"。因此，危险物质的处置不仅仅包含倾倒或者放置这样的主动行为，也包含危险废物的溢出或者泄漏。危险物质的处置不仅仅包含一次性的行为，也包含任何导致危险物质的迁移的行为。例如，某一污染场地局部存在石油污染的土壤，新业主在购地之后对场地进行平整，导致污染的土壤分散到更大的范围，由于这使得污染物扩散，因此该场地平整行为在法律上也被视为危险废物的处置；这也同时意味着业主不再符合"善意购买方"免责条件。

ASTM E1527 分别在 1997，2000，2005 和 2013 年被美国材料与试验协会进行了修订。现在最新的版本是 2013 年修订的 ASTM E1527-13。2005 年，美国环保署也正式发布了"所有的适当调查"条例，其中明确规定按照 ASTM E1527-05 实施的环境尽职调查视为符合"所有的适当调查"的要求。关于 ASTM E1527-13 的内容将在第二章中详细介绍。

一般超级基金都涉及多个"潜在责任方"。美国环保署一般会寻求和"潜在责任方"之间和解解决费用分摊问题。如果费用分摊问题不能和解解决，美国环保署则可以起诉任一"潜在责任方"以求通过法庭强制命令的方式追偿相关费用。为了鼓励"潜在责任方"和美国环保署协商以和解解决问题，美国法律保护那些已经和美国环保署达成和解协议的"潜在责任方"免于后续的场地污染责任。例如，潜在责任方甲倾倒了 10% 的废物到某场地，潜在责任方乙倾倒了 70% 的废物到同一场地，潜在责任方丙则倾倒了剩余的20% 的废物到该场地。如果该场地的总修复费用为一亿美元。这时，甲首先寻求和美国环保署和解。为了鼓励潜在责任方和美国环保署协商和解，美国环保署往往会给予最先和解的"潜在责任方"一定的优惠；因此，美国环保署要求甲支付总费用的 5%，亦即500 万美元。如果按照污染物数量等比例承担责任的话，甲则需要承担 1000 万美元的费用。显然，甲节约了 500 万美元。同时考虑到美国法律给予甲的和解保护，甲在完成和美国环保署的和解协议之后，无论是美国环保署还是另外两个"潜在责任方"乙或者丙均不能再向甲追讨任何修复费用，从而让甲彻底从场地污染的责任链中全身而退。相对于美国环保署给予甲的优惠而言，这种和解保护往往对甲更为有利。这是因为，乙和丙之间还可能存在一方甚至双方都无力承担修复费用的可能性，这直接导致他们应分担的修复费用份额成为"孤儿份额"。如果没有和解保护，这些"孤儿份额"最终可能需要由甲承担。更何况复杂的诉讼程序往往也会让甲付出高昂的额外费用。

虽然美国的《超级基金法》经过多次的修订完善，但是作为该法案基础的污染场地责任体系并没有做实质性的修改。可见，这一责任体系还是比较好地针对了污染场地的技术特征，同时也获得了包括工业界在内的社会各界的广泛共识和接受。

5.《超级基金法》工作程序

由于超级基金涉及大量国家资金的使用而且还有严格的责任追究和资金追偿机制，

因此美国在制订《超级基金法》的同时，还修改了《国家石油和危险物质污染应急计划》，其中规定了严格的工作程序（图1-5）。如果存在重大而且紧迫的威胁，在图1-5所示的任何一个阶段都可以启动污染物清除行动。相对花费大、耗时长的修复行动而言，清除行动一般要求在两年之内完成，费用不用超过两百万美元。

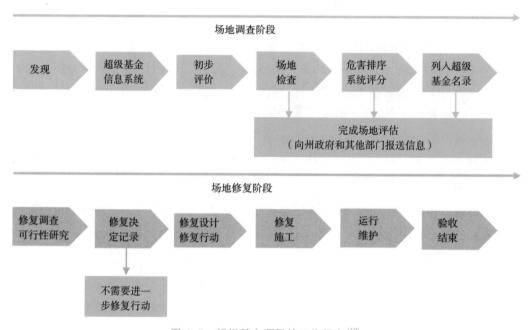

图1-5　超级基金项目的工作程序[10]

超级基金修复程序始于对污染场地的发现或者关于污染物泄漏事件的报告。发现污染场地有三种途径：（1）地方环境部门的环境监测；（2）公众检举；（3）土地转让过程中的环境尽职调查[11]。一旦污染场地被发现，该场地就进入美国环保署潜在危险物质泄漏场地名录。

美国环保署评估发现阶段的信息，如果认为有必要进一步跟进，则展开场地评价作业。场地评价作业又分为初步评价和场地检查两个阶段，其基本目的在于识别场地是否存在危险物质，如果存在危险物质，则必须进一步了解其具体类型、成分以及数量。接下来，初步评价需要了解这些危险物质是否会从其源头位置迁移，需要评估的迁移途径包括地表水径流、地下水渗流、土壤直接暴露、扬尘扩散等等。如果有污染源，又存在污染物的迁移途径，则必须进一步评估是否存在值得保护的受体。受体一般包括人群和敏感生态环境（如自然保护区、湿地、水源地等等）。场地评价必须根据收集到的污染源、迁移途径和受体信息构建一个初步的场地概念模型，并根据场地概念模型评估是否应该启动应急响应行动。典型的初步评价和场地检查的工作流程和内容见图1-6。

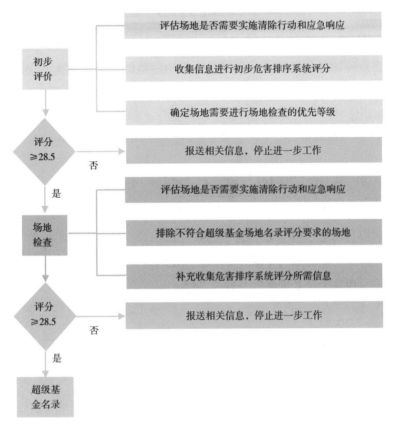

图 1-6　典型初步调查和场地检查工作流程和内容 [12, 13]

场地评价另外一个重要的任务是确定场地的相对优先程度。美国为之制订了专门的"危害排序系统"。危害排序系统实际上是美国环保署识别污染场地的相对危害的一个评分系统。一个场地是否能够进入超级基金场地名录主要取决于它在危害排序系统中获得的分值。当前的分数线是28.5。也就是说,如果某污染场地的得分超过了28.5分,它就将被列入超级基金场地名录。

污染场地的分值主要是通过评估如下四个污染物暴露途径而获得:(1)地下水迁移途径;(2)地表水迁移途径(包含三种类型的威胁-饮用水、食物链和环境);(3)土壤暴露途径(包含两种类型的威胁-场地居民和附近人口);以及(4)空气迁移途径。

针对每一个具体的暴露途径的评分又是基于三大类因素:(1)泄漏的可能性(对于土壤暴露途径则是暴露的可能性);(2)废物特征;(3)目标。对于每一类因子进行独立评分,并最后按照公式1-1标准化为百分制形式,其中:(1)A是暴露途径的得分;(2)LR是泄漏可能性因子分值;(3)WC是废物特征因子分值;(4)T是目标因子分值。

$$A = \frac{LR \times WC \times T}{82500}$$ （公式 1-1）

显然，当危险物质的泄漏可能性越高、危险物质的危害性越大、受到影响的敏感目标越多，则相应暴露途径的分值就会越大。在获得每个暴露途径的评分之后，根据公式 1-2 计算场地的总分。其中：（1）S 是场地总分；（2）S_{gw} 是地下水迁移途径分值；（3）S_{sw} 是地表水迁移途径分值；（4）S_s 是土壤暴露途径分值；（5）S_a 是空气迁移途径分值。

$$S = \sqrt{\frac{S_{gw}^2 + S_{sw}^2 + S_s^2 + S_a^2}{4}}$$ （公式 1-2）

上述算法综合考虑了各个暴露途径的共同作用效果，同时突出了单一途径对总分的影响权重。例如，如果某一暴露途径的得分超过 57，即使其他暴露途径的总分为 0，最终得分仍然达到超级基金场地的分数线 28.5。

美国环保署对于如何进行场地评分有极其严格工作程序和质量控制 / 质量保证体系。一般而言，美国环保署通过所谓的初步评价和场地检查两个步骤来对场地进行系统的评估，并据此对场地进行评分。场地一旦进入超级基金场地名录，则意味着该场地具有国家级的优先级，并且有资格获得超级基金的资助开展污染场地相关工作。

超级基金场地规模都比较大，技术上高度复杂，因此需要深入细致的调查和严谨的可行性研究才有可能寻求到较好的修复方案。据统计，2009 ~ 2012 年间，场地评价和修复调查及可行性研究大约占超级基金场地总费用的 18%，修复设计大约占 10% ~ 12%，修复施工大约占 62% ~ 64%，剩下的费用用于场地的关闭和监测[14]。

修复调查 / 可行性研究的目的并不是穷尽一切可能去消除所有的不确定性，而是获得充分合理的数据以支持对污染场地的风险管理做出科学决定。《超级基金法》对修复标准的选择确立了两个必须满足的阈值条件：（1）保护人体健康和环境；（2）符合所有"适用或者适当并且相关的要求"。第二个条件又称为符规性条件，即针对特定的污染物，特定的修复活动，特定的地点等都必须符合美国现行的"适用的要求"。如果没有法定"适用的要求"，则必须参考类似案例等，符合"适当的并且相关的要求"。例如，在超级基金法案中引用了《安全饮用水法》，如果地下水被划分为饮用水源，则适用饮用水标准，这个时候往往就要求场地修复到地下水饮用水标准。由于美国高度重视地下水资源的保护，很多州都把天然适合作为饮用水的地下水作为饮用水的备用水源，因此饮用水标准中确定的污染物最高浓度水平往往就成为适用的场地修复标准。应该说，这一标准是非常严格的，在最大程度上实现保护人体健康和环境的同时，也给污染场地的管理带来了巨大的技术和经济上的挑战。

除了上面的两个阈值条件之外，超级基金法还规定了五个平衡条件：（1）长期有效性；（2）污染物消减量；（3）短期有效性；（4）可实施性；（5）成本。此外，超级基金法还规定了两个修饰条件：（1）州政府的接受程度；（2）社区的接受程度[15]。

修复调查／可行性研究必须按照上面给出的九个条件编制修复方案。为达到这一目的，修复调查的工作内容包括：（1）场地刻画；（2）可处理性研究。而可行性研究又可分为：（1）修复方案开发和筛选；（2）修复方案详细分析。这些工作内容并不是线性的，往往需要循环往复，历时数年才能形成一份完整的修复调查／可行性研究报告。典型的修复调查／可行性研究工作流程见图1-7。

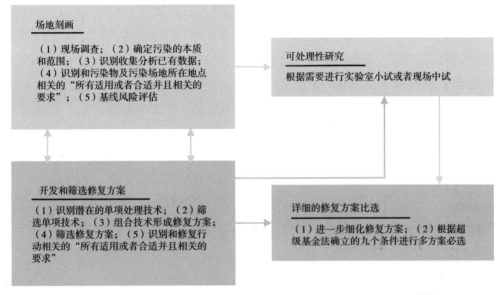

图1-7　典型修复调查／可行性研究工作流程和内容（有简化改动）[15]

超级基金计划下的修复行动，必须确保修复后的场地达到保护人体健康和环境的目的，同时不论长期或短期的修复行动，均应遵守联邦乃至州政府的"适用或者适当并且相关的要求"；但当存在如下情况时，可以豁免：（1）该行动是某大型修复行动的组成部分，且该大型修复行动将达到"适用或者适当并且相关的要求"；（2）遵守相关环境标准将会比其他方案给人体健康和环境带来更大风险；（3）经过工程和技术评估，修复行动不可行；（4）已经达到了与相关环境标准同等的标准；（5）若所用标准为某一州的标准，但是该州并未一贯连续地执行该标准；（6）若修复达到相关环境标准的要求，超级基金提供的资金和获得的人体健康和环境方面的收益严重不平衡[8]。

在条件允许的情况下，《超级基金修正及再授权法案》要求优先选择永久性的修复方法，而不是基于填埋场的处置方法。如果采用非永久性的处理方法，美国环保署应每5年进行一次场地检查以确认场地是否存在污染威胁。

通过风险评估可以确定场地污染是否会对受体（环境与人体健康）造成风险。

场地对环境和人体健康造成风险，需要经过暴露途径传递和产生暴露危害，也需要敏感的环境受体。显然，不同环境场景和土地利用方式对应着不同的可以接受的风险水平。和将场地恢复到原状以适合所有的土地利用方式不同，在基于风险的污染场地管理方法中，风险管控的目的可以通过控制污染物扩散、限制土地用途和治理污染源等多种方式来实现。目前，美国试验与材料协会发布的 ASTM 2081-10《基于风险的整治行动标准指南》已被美国许多州采用，并以此为框架制订基于风险管理的修复标准。

美国环保署于 1996 年发布的《土壤筛选导则》用于在《超级基金法》的指导下确定筛查污染场地的面积、化学物质种类和暴露途径，以此决定是否需要进行后续工作。通常情况下，当实测浓度等于或大于土壤筛选水平时，则需要进一步的调查工作（但调查的结果不一定是采取修复行动）。该"三层次管理框架"包括一套保守和通用的土壤筛选水平值；一个根据具体场地情况，用来计算土壤筛选水平的简单方法；和一个根据具体场地情况，进行详细计算的模型方法，以更加全面地考虑场地状况。美国环保署于 2002 年更新了《土壤筛选导则》，保留了原导则中的土壤筛选框架，但增加了新的暴露场景、暴露途径以及模型数据。

另外一个常用的土壤筛选值是美国第 9 区初步修复目标值，通常又简称为 9 区修复目标值。9 区修复目标值不仅以表格形式给出了土壤修复值，还提供了计算场地修复目标的详细技术信息。超过修复目标值意味着场地需要采取后续的措施。修复目标值是与特定风险水平对应的物质浓度，如土壤、大气和水体中有害物质达到百万分之一致癌风险水平，或非致癌危害为商数 1 时对应的物质浓度。尽管制订土壤筛选水平和修复目标值的目的和用途不同，实际上它们都是依据风险评估的理论获得，计算方法也非常相似。鉴于此，美国环保署将 9 区初步修复目标值与 3 区和 6 区的基于风险管理的筛选水平合并，制订了新的超级基金场地化学污染物的区域筛选水平值。

在与联邦法律一致的前提下，美国各州有权也有义务保护环境并根据需要立法。目前，美国大多数州都采用了基于风险管理的方法，但是各州在解释何为"基于风险管理"时的表述则各有不同。

在完成了修复调查/可行性研究之后，美国环保署会根据提交的成果作出修复决定。修复决定一般包含三个部分：（1）声明；（2）决定摘要；（3）响应摘要。在决定摘要部分会总结前期修复调查/可行性研究的成果，给出明确的结论和建议。当然，结论一方面可能是场地修复需要进行进一步修复，则进入修复设计阶段；另一方面也可能是不需要进一步行动，则关于该场地的所有活动就到此为止。修复决定是代表政府部门做出的正式文件，因此必须公开征求意见，并在相应的响应摘要部分说明对征集意见的响应情况。

修复设计阶段直接连接前期的调查和后续的修复工程施工。根据设计的深度不同，往往又可以分成 30%、60%、90%、100% 修复设计。一个完整的修复设计包括主要全套图纸、技术规格说明和施工质量控制计划等三大部分，还有诸如设计基础文件、修复技术小试中试报告等附件。典型的 100% 修复设计图纸包括封面、土木工程、电力、机械、工艺等几个部分，设计深度要能满足现场按图施工的要求。技术规格说明详细列明了施工的具体要求，一般包括总则、场地施工、混凝土、砂浆、金属结构、木工和塑料、热和湿度保护、门窗、表面处理、设备、特种工艺、输送系统、机械、电力等，当然根据具体项目的需要可以扩充和删减。施工质量控制计划则要说明项目的组织分工，相关责任和权利划分；报告沟通的渠道和方式；质量控制 / 质量保障措施等。

超级基金场地的主管部门根据完整的修复设计采购施工队伍进行修复工程的施工建设。采购的方式一般包括公开招投标、竞争性谈判和小额直接采购三种方式；主要的合同形式包括固定总价合同、工时和材料合同、费用核销合同等。

超级基金场地的施工必须严格按照修复设计进行。如果其中存在重大变更，则很有可能需要重新启动修复调查 / 可行性研究，然后发布正式的修复决定，重复上面提到的修复设计、采购程序才能进行。

施工完成后，美国环保署或者其他的授权负责机构将对修复项目进行竣工验收。竣工验收的基本条件是：（1）所有的修复活动都已经完成并且完整地归档；（2）所有的修复活动完全满足《超级基金法》、《国家石油和危险物质污染应急计划》以及美国环保署的相关政策和指南的要求；（3）所有的制度控制措施已经就位[16]。最终的竣工报告必须包括：（1）项目背景；（2）场地条件简介；（3）监测结果；（4）运行和维护要求（如必要）；（5）修复活动的质量保证 / 质量控制结果；（6）5 年审阅计划（如适用）；（7）项目达标性评估；（8）参考资料。如果竣工验收报告中明确场地无需进行任何进一步的行动，美国环保署就可以把该场地从超级基金名录中正式删除。

6. 组织实施

涉及污染场地管理的事务千头万绪，必须有强有力的组织安排才能有效应对。《国家石油和危险物质污染应急计划》对于实施《超级基金法》的组织措施作出了详细的安排，建立了如图 1-8 所示的国家应急响应系统。国家应急中心是一个全年有人值班的机构，负责接收和发布有关石油和危险物质泄漏的信息。国家应急中心在接收到事故报告后，会根据事故的地点通知相应的现场协调员，并同时根据预案通知相关的联邦机构和州政府。

现场协调员需要在现场协调各方的应急响应作业，扮演一个前线总指挥的角色。这个角色需要非常强的业务能力，一般由联邦机构根据国家应急计划事先任命，并接收系统严格的训练，保持随时待命的状态。如果是发生陆地上的污染事故，现场协调员由美国环保署派出。视情况不同，其他联邦机构，如海岸警卫队、美国能源部和美国国防部也可以派出现场协调员处理处置一些特定的污染事故。

现场协调员负责在应急阶段的工作,主要工作是短时间内清除重大的污染源头。在应急阶段完成后,需要对残留的污染物进行后续的长期修复工作,则由修复项目经理来完成。修复项目经理的基本任务是规划、监测和控制整个项目;并负责指挥、协调和沟通项目各个参与方。一个项目经理负责一个或者几个超级基金场地。修复项目经理接到任务之后就需要尽快制订项目计划,并在计划中明确项目的工作范围、时间进度和费用预算。监测和控制则是监控评估项目的绩效并在需要的时候对计划进行调整。由此可见,一名优秀的修复项目经理的基本业务素养包括强有力的领导力、良好的沟通和协调能力。为了培养修复项目经理,美国成立了专门的修复项目经理联合会,美国环保署举办各种培训以加强修复项目经理的能力。

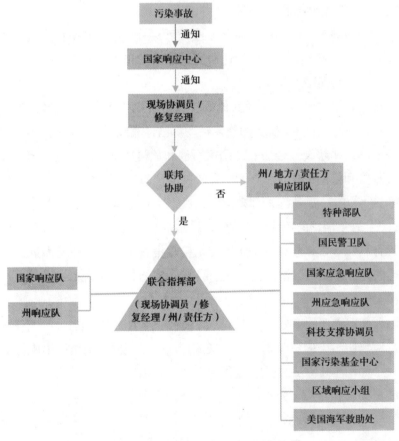

图 1-8　美国应急响应系统组织架构[8]

顾名思义,超级基金场地的规模都比较大,需要动员协调各种资源才能完成。修复项目经理必须在纷繁芜杂的工作中摸索出清晰的工作思路,因此必须对工作任务、团队组织和项目风险进行层层分解。例如,对一个大型项目,根据其完成的先后顺序可以分为几个阶段，每一个阶段又可以细分为几个任务，每一个任务又可以细分为几个要素。在完成对项目的分解后，修复项目经理必须对他能够指挥调动的团队进行分解，团队分解必须和工作任务分解有机匹配，确保每一项活动都有专人负责，每一个人都有任务可做。

　　修复项目还有一个重要的任务是防范项目中可能出现的各种风险。从超级基金项目的执行实践来看，无论是前期的调查，还是中期的可行性研究和修复设计，还是后期的修复施工都存在很大的不确定性。这种不确定性是各种项目风险的来源。美国州际技术和监管委员会通过问卷的方式对修复项目经理面临的项目风险进行了研究，总结出如图 1-9 所示的六大类项目风险[17]。

图 1-9　修复项目风险

　　针对上述风险，美国州际技术管理委员会提出了系统的修复项目风险管理流程（图 1-10），分为计划、执行和验证三大部分。其中，计划部分的工作任务包括项目风险识别和评估，在此基础上制订项目风险管理计划；执行部分主要包括采取措施减缓或者避免风险；监测和报告则属于风险管理流程的第三部分，通过数据验证风险管理措施的有效性[17]。

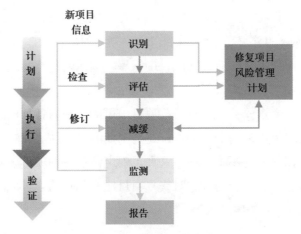

图 1-10　修复项目风险管理流程

7. 安全与健康

超级基金场地通常涉及对大量的危险废物进行处理处置，这本身是一件非常危险的事情。因此，1986 年美国在对《超级基金法》进行修订时特别强调了污染场地管理过程中的安全与健康问题。并在法律上确立了所有参加危险废物处理处置现场工作的人员必须强制通过至少 40 小时的危险废物作业和应急反应培训，并且只有考试合格之后方可获得相应的上岗证。现场工作时，上岗证必须随身携带，以备查验。除此之外，这些从业人员每年还必须接受至少 8 小时的复习培训方能维持其上岗资格。

危险废物作业和应急反应培训涉及危险废物作业过程中安全和健康的各个方面，主要内容包括：（1）相关法律规定；（2）污染物毒理学；（3）消防安全；（4）化学品安全；（5）高温危害；（6）传染病；（7）听力保护；（8）大气监测；（9）受限空间安全进入；（10）生物危害；（11）个人劳动保护用品；（12）电工安全；（13）挂牌上锁；（14）离子辐射；（15）危害沟通；（16）化学品围堰；（17）体检；（18）净化；（19）场地控制等等。

另外，为了确保现场作业的安全，在进入现场之前必须准备《安全与健康计划》，系统分析场地内可能存在的各个危害以及针对突发情况的应急预案。每天在开始现场工作的时候必须给每一个团队成员沟通《安全与健康计划》中的主要内容并签字确认后方可开始现场作业。

1.2.4　地下储罐管理

截至 2017 年 3 月，美国境内有活跃的地下储罐 558451 个。自 1989 年以来共累计关闭了 1840144 个地下储罐，其中确认存在化学品泄漏的有 535320 个（占关闭地下储罐总数的 29.1%），已完成修复工作的有 465226 个，尚待修复的还有 70094 个[18]。很显然，地下储罐是场地污染的一个重大污染源，必须采取有针对性的措施。

美国早在 1984 年修订《固体废物处置法》时就设专章对地下储罐进行了法律上

的规定，明确了地下储罐防腐蚀以及结构上的技术要求；同时规定美国环保署必须尽快制订关于地下储罐泄漏探测等污染预防措施的一系列标准。1986 年在对《超级基金法》进行修订时增加了对地下储罐业主或者经营者的法律责任，并专门成立泄漏地下储罐信托基金。该基金经费来源于每一加仑车用油料征收的 0.1 美分税收；主要用于：（1）监督责任方实施的石油泄漏的清理修复活动；（2）强制不愿负责的责任方实施清理修复活动；（3）对于那些无主的，以及有主但是没有意愿或没有能力进行地下储罐污染修复治理的场地进行修复治理；（4）实施现场检查和其他泄漏预防行动。2016 财年，美国环保署的地下储罐项目收到约 9000 万美元的基金经费。2015 年美国国会对《固体废物处置法》再次进行了修订，其中增加了对新地下储罐及管道必须安装二次围堰，所有的操作人员必须接受专门培训，对地下储罐系统进行周期性的检查和维护，地下储罐泄漏预防和探测的新技术手段等内容。

总体而言，美国地下储罐法规主要解决两个方面的问题：（1）通过主动的泄漏预防检测和全面的符规性要求最大限度地避免地下储罐的泄漏，从而防范污染场地的产生；（2）一旦发生泄漏，尽快开展修复治理工作，避免污染扩大。

针对地下储罐确认存在泄漏后的整治工作，美国规定了如图 1-11 所示的基本工作程序。比较特别的是，由于储罐中往往贮存大量的石油类产品或者其他化工产品，这些产品往往不溶于水，而且密度和水也有所不同，比水轻的容易富集在地下水水位之上，成为轻质非水相液体，而比水重的则容易富集在含水层的底部，成为重质非水相液体。无论是轻质非水相液体还是重质非水相液体都包含大量的污染物，是土壤和地下水的二次污染源，必须采取措施尽可能地回收。因此，在地下储罐的工作程序中专门包括对自由相产品的回收；并且规定在确认地下储罐泄漏后的 45 天之内必须向监管部门提交专门的清除报告。

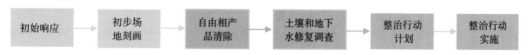

图 1-11　地下储罐整治行动工作程序

只要监管部门认为必要，它可以要求地下储罐的业主或者经营者针对泄漏事故提交专门的整治行动计划。该计划需要考虑的因素包括：（1）污染物的理化特征；（2）场地的水文地质特征；（3）附近地表水体和地下水的距离、数量和使用情况等；（4）场地污染的环境影响；（5）暴露评价等等。整治行动计划在获得监管部门的批准后就具有一定的强制约束力，地下储罐的业主或者经营者应严格按照整治行动计划实施相关的整治工作。在完成整治行动计划中的所有任务并达到预期目的之后，地下储罐的业主或者经营者应准备专门的验收报告提交给监管部门备案[19]。

1.2.5 棕地再开发利用

由于历史上的开发活动，相对于绿地而言，棕地存在场地污染的可能性较高。由于《超级基金法》规定污染场地业主是修复的第一顺位责任人，这就直接导致很多棕地陷于无人接盘的境地。但是，很多棕地往往位于城市比较好的地段，周围基础设施较为完备，长期闲置对于政府高额的基础设施投入而言是一种巨大的浪费，对于周围社区的发展也明显不利。因此，这就要求对于棕地的管理有新的思路，一方面严格污染场地的责任，不让"潜在责任方"有机可乘；另一方面也要兼顾再开发利用的巨大社会经济效益，鼓励各方积极参与到棕地再开发利用中来。

如前文所述，鼓励措施首先体现在责任机制方面，2002 年通过的《小企业责任减免与棕地复兴法》对原有的超级基金责任认定范围和方式做了较大修订。明确在并未实际造成任何污染的条件下，污染场地的善意购买方不承担该场地修复的经济或法律责任。在污染场地的管理权限上进一步向州政府倾斜，除超级基金场地外，所有其他污染场地均由州政府管理。另外，为了鼓励自愿修复，该法案明确污染场地修复结果经州政府认可后，联邦及州政府均放弃在未来提起诉讼的权利，这样就有效地消除了法律责任上的不确定性。对于棕地再开发的业主而言，它有可能依赖于再开发带来的收益覆盖前期的修复治理费用，而不用担心其他的行政责任或者损害赔偿责任等等。这事实上实现了从"污染者付费"向"受益者投资"商业模式的转变，有效地激励了棕地再开发的热情。

美国环保署设立了专门的棕地计划来促进棕地的治理和再开发。棕地计划提供资金用于棕地评估、周转贷款补贴、棕地治理、棕地区域规划和棕地相关职业培训等。棕地业主可以通过竞争性申请获得棕地计划资金的资助。美国环保设计了一个总分为 200 分的评分系统，按照社区需求、项目描述和可行性、社区参与及伙伴关系、项目收益等四个方面对收到的资助申请进行评分排序，选择评分较高的项目给予资助。

棕地从发现到再开发利用一般还需要完成一系列的调查和修复工作，其基本的工作程序如图 1-12 所示。

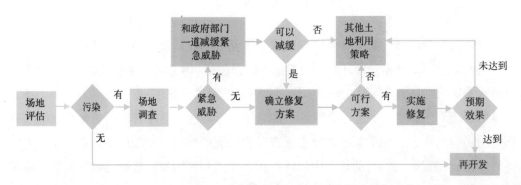

图 1-12　棕地再开发路线图 [20]

1.3　英国的污染场地管理体系

1.3.1　责任机制

英国污染土地法律体系采用基于风险的方法，英国政府的政策认为，在处理历史污染时，要了解污染导致的风险是什么以及该风险是否可接受。英国主要针对"对人体健康和环境构成不可接受的风险"的污染场地。鉴于污染场地修复涉及技术开发和潜在的高额费用；因此，污染场地修复的主导策略是寻求可持续的方法和处置污染风险的解决方案。如果目前不存在对人群等的危害，即使存在污染物，也不构成风险，将不进行修复。同时，即使存在污染物对人群的潜在污染风险，也要对风险水平进行评估，以确定修复程度，绝不过度修复。这一风险管理框架是英国管理土地污染的基础，也反应在一系列法律法规中（表 1-1）。

处理土地污染方面，英国政府政策围绕三原则：

- 确保现有开发和土地利用不受污染的影响——污染土地管理体系；
- 确保新开发和土地利用不受现有污染的影响——通过规划体系 / 体制或自愿修复（城镇和国家规划法律法规）；
- 确保主要工业不产生新的污染——《环境许可条例》和《环境损害条例》。

英国的污染场地法律确立的责任原则是严格责任和过错责任共同存在。另外英国不支持污染场地的连带责任，认为污染责任份额是可分割的，多个责任人之间应按照其责任程度分别承担相应份额的责任。相对美国严格的免责条件，英国规定了六种情况下可以免去污染场地的相关责任：（1）正在进行修复活动的人；（2）已经支付了修复费用的责任方；（3）基于有效信息告知的污染场地出售方；（4）污染物质发生转变前的当事人；（5）相邻地块污染迁移导致的污染场地业主；（6）他人引入暴露途径或受体后方才构成完整风险链的污染场地业主[21]。

场地污染土壤相关的主要英国国内法律　　　　　　　　　　表 1-1

国内法律	要求
《1990 年环境保护法：第 2A 部分》《2012 年污染土地法定指南》处理历史遗留污染场地	· 地方政府有责任对其管辖区进行检查，识别造成污染或重大损害的污染土地 · 需要采取行动，采用已有技术使土地适应目前的用途。可采用自愿或法律的方式，或者由监管者实施
1990 年城镇和国家规划法律法规规划和开发控制	· 污染处理应在规划中考虑，可强制要求评估和修复成为规划条件的组成部分 · 开发商承担处治污染的责任

续表

国内法律	要求
《2010 年环境许可条例》许可要求预防污染和进行高标准治理	• 允许监管者设定许可条件并予以执行 • 许可可要求进行修复，可能要求场地修复到令人满意的状态 • 修复工程需要获得许可 • 要求防止危险物质排入地下水造成污染
《2009 年环境损害条例》旨在防止环境损害	• 防止新的土地污染，从而防止对水或健康的损害 • 如果发生损害，（需要按修复前）对物种、栖息地、水环境和土地进行全面治理 • 还可包括赔偿

只有严重的污染场地才采用《污染土地法指南》进行处置，该法可在《1990 年环境保护法》第 IIA 部分中找到，其中需要考虑当前土地使用和指定受体间的相关风险。2016 年 3 月"污染土地"的法律定义为：造成严重损害或可能造成严重损害的土地；造成或可能造成受控水体（如河流或地下水）的污染。该定义仅指历史遗留场地所造成的污染。根据第 2A 部分的规定，污染土地或水体的修复责任一般按"污染者付费"原则确定。"污染者"指"造成"或"故意允许"污染在场地上发生或将污染转移（迁移）到其他场地的人员。"故意允许者"指明知其土地上污染情况但未采取行动清除或控制污染的人员——故意允许的概念意味着土地后续所有者跟原始污染者一样，均要承担责任。

在这一体制下，地方政府有责任检查其管辖区域，识别造成污染或重大损害的污染土地，要求采取行动、采用成熟技术使土地适应目前的用途。可采用自愿或法律的方式，或者由地方监管者实施。

污染场地的监管者为地方政府，在最严重的情况下，则为（英格兰和威尔士）环境署或（苏格兰）环境保护局。北爱尔兰适用的规则不尽相同。

英国绝大多数土壤和地下水历史污染均通过规划进行处理。规划和开发控制旨在确保不对场地开发后留下的任何受体构成不可接受的风险。污染是任何再开发应首先需要考虑的问题。通常地方政府（监管者）将要求开发商保证考虑场地土壤污染。它们将要求开发商遵守公认的英国风险管理程序，在进行开发前，识别出是否存在任何污染风险并明确适当的控制措施。

场地业主在其自身的企业风险管理中，可自愿地对污染场地进行调查和修复。这可能是单个场地或一组场地潜在负责管理的一部分。场地业主仍需遵守《11 号污染土地报告》等良好做法。

运行企业或制造业等设施或垃圾运营需要获得环境许可证，因为其排放物可能污染土壤、空气和水。许可证要求防治污染和进行高标准治理。《环境许可条例》允许监管者设定许可条件并予以执行。许可证可要求进行修复，可能要求使场地恢复到令人满意的状态。大多数修复活动均需要获得许可证，并要求防止危险物质排入地下水造成污染。

这些条例旨在防止产生会损害水体或健康的新的土壤污染。如果损害发生，（需要按修复前）对物种、栖息地、水环境和土地进行全面治理。这些条例还可包括赔偿。

《英国建筑规范》虽然不是主要的土地污染规范，但要注意的是，该规范也包含与污染土地和新建筑物相关的要求。获批文件 C 包含相关调查和评估以及与规划体制要求的接口等更多指南。

同时，英国加入欧盟后，将许多欧盟的相关污染场地的管理、法律法规也纳入了其体系当中（表 1-2）。

与土壤和地下水相关的欧洲法律及其在英格兰和威尔士的转换汇总表　表 1-2

现行的主要欧洲指令	要求	在英格兰和威尔士的转换
环境责任指令（2004/35/EC）	防止和修复损害的环境	2009 年英格兰环境损害（防止与修复）条例
综合污染防治指令（2008/1/EC）	潜在高污染工业开工许可	2010 年环境许可（英格兰和威尔士）条例
填埋指令（99/31/EC）	控制运往填埋场的废物，以防止或减少对环境产生的负面影响。对废物进行分类（分为惰性、非危险和危险废物），提出废物预处理的要求	2002 年填埋（英格兰与威尔士）条例 2010 年环境许可（英格兰和威尔士）条例
废弃物框架指令（2008/98/EC）	在不危及人类或环境的条件下回收或处置废弃物	2010 年环境许可（英格兰和威尔士）条例 2005 年危险废物（英格兰和威尔士）条例 2011 年废弃物（英格兰和威尔士）条例
水框架指令（2000/60/EC）	地下水污染防控（即防止危险物质进入地下水，限制非危险污染物进入地下水）。详细列出物质排放和处置的许可。控制向地下水中排放的列入控制名录的物质	2003 年英格兰和威尔士水环境（水框架指令）条例 2010 年环境许可（英格兰和威尔士）条例 1991 年水资源法与 1999 年污染防治工程条例

1.3.2　基本工作程序

英国强调采用基于风险的污染场地管理策略，认为只有当污染源、暴露途径和受体三者同时存在，而且造成的风险超过可以接受的水平才需要采取进一步的行动。对于污染场地的管理流程可以分为三个阶段：（1）风险评估；（2）修复策略评估；（3）修复策略实施（图 1-13）。

《污染场地法规》规定在下述情形时应采取修复行动：（1）污染对健康或环境造成不可接受的实际的或潜在的风险；（2）具备技术经济可行性；（3）基于"自愿"的基础上进行，如：作为再开发计划的一部分[9]。

英国的人体健康风险评估共分为三个层次，其中第一层是采用基于合理假设的通用场地概念模型；第二层是一个通用的定量风险评估，而第三层是一个详细的基于场地特征的定量风险评估。第二层的评估给出场地干预值，当超过这些干预值时需对污染场地进一步评估或采取修复行动。

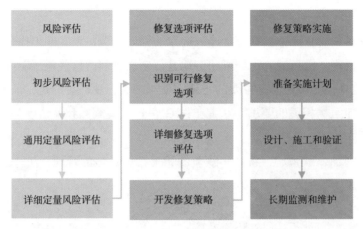

图 1-13　英国污染场地基本管理程序[22]

1.4　中国台湾地区的污染场地管理体系

1.4.1　责任机制

中国台湾地区的污染场地管理在法律制订上受美国《超级基金法》的影响比较大，在责任规定方面也遵循了"严格、连带并溯及以往"的基本原则。不同的是，二者在对责任人的认定及追究顺序上有所有区别。台湾地区法律认定的责任主体包括:(1)污染行为人;(2)潜在污染责任人;(3)污染场地关系人等。责任人的相关责任及处罚方式见表 1-3[23]。

台湾地区污染场地相关责任人及其责任　　　　　　　　　　　　　　　　　表 1-3

责任人	责任人判断依据	相关责任	处罚方式
污染行为人	(1)泄漏或抛弃污染物;(2)非法排放或者灌注污染物;(3)中介或者容许泄漏、抛弃、非法排放或者灌注污染物;(4)未依法清理污染物	(1)制订并实施污染场地调查和控制计划;(2)制订并实施污染整治计划;(3)实施监管部门认为必要的应急措施;(4)制订并实施场地调查及评估计划;(5)赔偿土壤和下水污染整治相关费用	(1)未按时提交控制计划，处以罚金新台币 100～500 万元;(2)未遵照监管部门的指令实施必要的应急措施，处以罚金新台币 20～100 万元;(3)未按时提出污染场地调查及评估计划，处以罚金新台币 20～100 万元
潜在污染责任人	(1)排放、关注、渗透污染物;(2)核准或者同意在灌排系统及罐区集水区域内排放污水		
污染土地关系人	经公告为污染控制场地或污染治理场地时，除污染行为人之外的土地使用人、管理人或所有人	(1)制订污染控制计划;(2)制订并实施整治场地调查和评估计划;(3)采取必要的应急措施;(4)制订整治计划;(5)履行善意管理人的尽职义务	(1)未遵照监管部门的指令实施必要的应急措施，处以罚金新台币 20～100 万元

台湾地区的《土壤与地下水污染整治法》设立了土壤与地下水污染整治基金，其来源主要包括：（1）整治费收入；（2）污染责任人缴纳的款项；（3）土地开发行为人缴纳的款项；（4）基金利息收入；（5）一般财政预算拨款；（6）相关环保基金提成拨款；（7）环境污染之罚金及行政罚款的提成拨款；（8）其他有关收入。

当污染场地的责任方不明，或者不愿意承担污染场地调查和修复工作时，环保部门需要介入接手相关工作，这时产生的费用可以由土壤与地下水污染整治基金代为支付。这些代为支付的资金可以在后续向责任人追偿。表 1-4 总结了台湾地区的资金追偿模式。另外，台湾地区的费用追偿机制把污染行为人的控股（超过 50%）股东也同等地视为污染责任人，这一要求对于大型集团公司约束规范其子公司的环境保护行为影响深远[23]。

台湾地区污染场地资金追偿机制　　　　　　　　　　　　表 1-4

费用支出者	追偿对象	追偿内容
环保部门	（1）污染行为人；（2）潜在污染责任人	（1）场地调查和评估费用；（2）污染控制措施费用；（3）应急响应费用；（4）场地修复费用
环保部门	（1）污染行为人；（2）潜在污染责任人；（3）污染土地关系人；（4）负责人、持股过半的公司或者股东	污染场地公告之前的必要的前期费用
污染土地关系人	（1）污染行为人；（2）潜在污染责任人	必要的应急响应费用
潜在污染责任人	污染行为人	（1）场地调查和评估费用；（2）污染控制措施费用；（3）应急响应费用；（4）场地修复费用
（1）污染行为人；（2）潜在污染责任人	负责人、持股过半的公司或者股东	污染行为人和潜在污染责任人根据监管部门的要求缴纳的费用

为了完善对土壤与地下水污染基金会的管理，台湾地区成立了专门的委员会，召集人为环保署署长兼任，另设 1 人为副召集人，由环保署署长指定副署长 1 人兼任，除此之外还有委员 11 至 23 人，任期 2 年。土壤与地下水污染基金会委员会中专家学者，不得少于委员总人数的 2/3。土壤与地下水污染基金会委员会的职责包括对下述事项提供技术支持：（1）审核整治场址事宜；（2）处理等级评定事宜；（3）审理应变必要措施的支出费用；（4）审查核定污染整治计划、整治基准或整治目标；（5）审查其他有关基金支用事宜。

1.4.2　基本工作程序

在台湾，有四种渠道可以发现污染场地：（1）公众举报；（2）环保部门的主动监测；（3）业主单位定期监测；（4）民众或业主单位自行监测。一旦污染场地被发现之后，就正式进入污染场地管理程序，其基本工作程序包括如图 1-14 所示的环境评估、污染调查、调查结果评估以及场地整治四个部分。

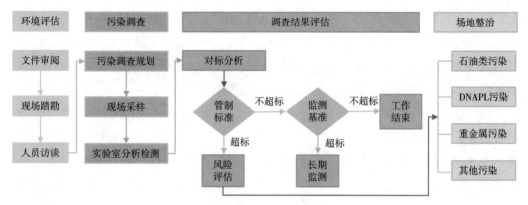

图 1-14　台湾地区污染场地管理的基本工作程序 [23]

1. 环境评估

环境评估为了解该区域之作业环境或使用现状，并进一步了解是否存在土壤及地下水污染的可能性。台湾地区环境评估的技术方法主要参考了美国 ASTM E1527《环境场地调查标准实践：一期环境场地调查》。通过环境评估的执行，除对目标场地有更深一步的了解，也有助于规划后续现场采样调查的工作。另外，非常重要的一点是环境评估阶段收集的资料可作为污染行为人认定证据的重要参考，对于厘清污染场地责任有重要意义。

2. 污染调查

根据不同的调查目的，污染调查可分为两大类：（1）污染事实的确认；（2）污染范围的评估。在进行潜在高污染区域调查过程中，场地评估人员或顾问机构应根据环境评估的结果，针对评估后分析为潜在高污染区域制订土壤及地下水污染调查计划。最后，污染范围确认时，应根据污染事实确认工作评估结果，修正场地概念模型后，进一步评估可能的污染范围分布，再拟定污染调查规划工作。在污染事实及污染物类别确认后，应进行相关水文地质资料及污染物特性资料的搜集，建立场地概念模型。场地概念模型在不同阶段，可提供不同信息予调查评估人员，作为后续场地管理的参考。

3. 调查结果评估

为了解目标调查区域内之土壤及地下水是否存在污染事实，并根据调查结果进行污染严重程度的描述。台湾的场地调查结果可分为两个层次：（1）污染事实的判定并确定后续管理作为；（2）在确认污染事实的基础上进一步评估污染程度和污染分布。

根据污染调查规划完成场地污染采样调查后，需根据场地污染物种类选定合适的检测分析方式，并比对分析数据与现行台湾规定中土壤及地下水法规的监测/管制标准。根据分析结果，分为四种情况：（1）污染物浓度未检出（未污染区）；（2）检出污染物浓度但未超过监测标准（潜在受污染区）；（3）超过监测标准但未超过管制标准（控制场地）；（4）超过管制标准（紧急应变场地、污染待整治场地）。如果场地土壤及地下水已遭受污染，需进一步开展场地污染范围及浓度分布调查以及环境风险评估，以利后续制定污染场地修复方案。

在完成调查污染事实确认或污染范围划定后，应进行场地健康风险评估。在健康风险评估过程中，主要的参考标准是台湾地区环保署颁布的《土壤及地下水污染场地健康风险评估方法》。在该方法中说明应如何进行污染危害识别、剂量反应评估、暴露评估及风险表征描述等，并根据受体、暴露途径及参数取得方式，分为三个层次评估资料搜集与计算内容。

4. 污染场地管制和整治

台湾地区环保署曾针对台湾地区农地、加油站、储槽、工厂及非法弃置场地等进行全面性调查。调查结果发现，土壤及地下水污染场地中，以重金属污染最为严重，其次为油品、含氯有机溶剂等。台湾地区各级环保部门对于有土壤或地下水污染风险的场地，应即进行查证，并依相关环境保护法规管制污染源及调查环境污染情况。如果调查结果能够明确土壤或地下水污染来源，同时污染物浓度达管制标准时，这些场地将被列为污染控制场地。控制场地经评估后发现有严重危害人体健康及环境风险时，再报请台湾地区环保署审核后，公告为土壤地下水污染整治场地。

经公告为控制场地且未公告为整治场地者，各地环保部门应要求污染行为人或潜在污染责任人于六个月内完成调查工作并制订污染控制计划，在获得环保部门核定后开始实施污染控制计划。如果污染场地责任人灭失的或者不作为的，台湾地区环保部门可以根据财务状况及场地实际状况，采取合适改善措施。

控制计划书经各地环保部门审查核定后实施，待监测数据低于法定标准，且无不可接受的人体健康风险时，可向所在地环保部门申请解除控制场地。

污染场地公告为整治场地后，整治场地的责任人，应于地方环保部门通知后三个月内提出整治计划，经地方环保部门核定后据以实施相关整治作业。在整治期间若相关监测值已达法规标准范围则可向台湾地区主管机关提出申请验证，经验证后无污染的情况下，则可解除整治场地列管。

1.4.3　台湾地区场地修复行业政策概览

台湾地区的场地修复行业分为两个体系：一为作为整个行业政策和监管部门的"行政院环境保护署"。旗下除了起草相关法律法规政策供上级主管部门审批以外，还效仿美国"超级基金"的做法，成立了"土壤及地下水污染整治基金管理会"，来为整个行业的资金发展提供支持；其二，民间成立具有行业协会性质的"土壤及地下水环境保护协会"。该协会主要召集了行业内的从业者和研究者，并就土壤、底泥（沉积物）和地下水污染防治法规、政策与标准、土壤、底泥和地下水污染特征调查技术及其应用、工业场址土壤和地下水污染调查技术及其应用、污染场址人体健康和生态风险评估、土壤、底泥和地下水污染整治（修复）技术及其应用、污染场址的可持续风险管理策略等问题进行行业自律和技术推动，有力地促进了台湾地区土壤和地下水污染治理工作。

台湾地区值得借鉴的污染场地管理经验包括：

1. 土壤污染评估调查人员的注册制度

为提升"土壤及地下水污染整治法案"，台湾地区于 2011 年公布了《土壤污染评估调查人员管理办法》，并以此构建环境专业评估调查并培养土壤及地下水相关领域的专业人员。该管理制度采用专业训练及申请登记的方式来进行人员的管理培训工作，同时与台湾地区现行的环保专业人员训练证照制度有所差异。该体系同时也是美国环保署管理体系中所不具有的。该体系包括以下几个部分：

评估调查人员的参训资格规定，亦即准入制度。依人员管理办法规定，参加评估调查人员训练需符合：职业技师（环境工程科、应用地质科、大地工程科）;理、工、农、医各科系学士毕业后，且有 3 年以上土壤或地下水相关工作经验；理、工、农、医各科系学士毕业后，且有 5 年以上土壤或地下水相关工作经验。

评估调查人员申请登记及重新登记规定，亦即注册 / 更新注册规定。经训练且成绩合格，可取得合格证书。申请者需将申请书及训练合格证书进行登记，该登记有效期为 4 年，登记有效期满前 3 个月要重新申请登记。同时为督促评估调查人员能掌握最新的土壤及地下水咨询和技术，并持续提升专业能力，人员管理办法规定，评估调查人员于原登记有效期内至申请重新登记之日期间需参加土壤或地下水相关研讨会或训练至 64 小时。未按规定于登记有效期满 3 个月前申请新登记或训练时间不符合规定人员，应重新参加训练后方可办理登记。

评估调查人员执行评估调查时应注意事项，类似于我国大陆环保主管部门出具的技术标准或导则。评估调查人员在完成土壤污染评估调查及检测资料起 15 日内，必须向"环保署"申报执行内容，申报的项目包括：评估调查对象名称、执行评估调查的地址、评估调查事项及日期等。另外在执行限制上，人员管理办法中明确规定评估调查人员执行评估调查工作时，不得有的情形。此项规定不但确保土壤污染评估调查及检测资料内容的正确性及完成性，也要求了评估调查人员应亲自执行现场勘查与访谈，以及自我主动利益回避等。若有违反规定人员，可废止该评估调查人员的登记，且该评估调查人员 3 年内不得再申请登记。

2. 完善的场地信息、资金筹集及修复行为监管体系

除了在从业人员监管制度以外，台湾地区通过对美国环保署在场地修复上的管理经验的借鉴，全盘引入了完整的场地信息、资金筹集及修复行为监管体系。

场地信息监管体系。此体系类似于美国的超级基金名录，统计了台湾地区行政管辖范围内的所有土壤及地下水污染场地信息。该体系包括土壤和地下水管理信息系统、

区域土壤及地下水申报备查系统、底泥申报备查系统及土壤和地下水监测信息查询系统（对公众开放）四个系统。所有系统功能均可以在线查询，方便管理者和公众使用。

资金筹集体系。台湾地区在污染场地修复的资金来源上采用了类似我国大陆"谁污染，谁治理"的原则，但对于污染责任不明晰或产权不明确的地块，则设立了类似美国"超级基金"的基金会，筹集资金修复。和美国的地下储罐计划不同，台湾地区并未把加油站地下储罐修复资金单独列出。

修复行为监管体系。该体系包括整治费用申请、加油站建设申报、申请研究补（捐）助计划、污染行为人讲习延期申请四个部分。目的在于通过对经费、污染责任人、修复技术研发人员的管理，达到对修复行为的监管。

1.5　跨国公司的污染场地管理体系

前面提到，美国《超级基金法》的一个主要目的是向污染场地"潜在责任方"追偿污染场地治理修复的费用，实现"污染者付费"。但是，《超级基金法》并不是简单地将直接导致场地污染的行为人认定为"污染者"，而是引入了"潜在责任方"这一广义的"污染者"，这些所谓的"潜在责任方"对污染场地负有"严格、连带并可溯及以往"的责任。美国环保署可以通过谈判和法庭诉讼等多种形式向"潜在责任方"追偿污染场地管理的相关费用。以 2016 财政年度为例，美国环保署获得"潜在责任方"承诺投入污染场地管理的费用就超过 10 亿美元；并向"潜在责任方"开出了高达 9800 万美元的超级基金场地监管费用账单[24]。

美国《超级基金法》规定对污染场地业主必须对污染场地承担责任这一条款影响深远。首当其冲的是工业界的并购行为。显然，工业界希望并购的是优质资产，而不希望通过并购最终成为污染场地责任人。因此，工业界在污染场地管理方面的第一要务就是要在交易环节有效识别污染场地，回避污染场地。《超级基金法》在立法之时对于无辜第三方引入了免责条件："对于不知情或者不可能知情的土地业主，可以免除污染场地责任"。这一免责条件又称为"无辜土地业主"条件。在工业界的大力推动下，美国材料与试验协会推出了关于场地调查的系列标准。以这些标准为基础，在专业人员的帮助下，企业能够比较可靠地在并购环节识别和回避污染场地。这一做法首先在欧美发达国家和地区广泛采用，并取得了良好的效果。现在，在并购环节开展环境尽职调查已经成为企业并购的标准流程之一。

经过多年的发展，环境尽职调查不仅发展成为了跨国企业标准的环境风险防控工具，而且还高度集成到了其商务拓展体系之中。跨国企业的财务估值模型普遍将环境尽职调查过程中发现的污染场地风险转化为商业成本，并尽最大可能地将污染场地的财务成本转移给交易对手。在并购条款上要么要求卖方兜底污染场地的环境责任或者要求卖方提供巨额的污染场地修复保障基金。将污染场地的环境责任集成到商业交易过程中事实上为污染场地的修复治理开辟了新的经费来源。由于在并购交易环节往往存在对标底估值的溢价；因此在污染场地费用可以接受的范围内，无论是卖方还是买方都有意愿对此进行投入，以促成并购交易的达成。

污染场地责任的"严格、连带并可溯及以往"的特点在一定程度上实现了污染场地责任的可交易。因此，管控好污染场地的责任可以让企业在激烈的商业竞争中获得比较优势。有鉴于此，大型企业在尽职调查的基础上进一步强化内部的环境风险防控，将污染场地风险防控集成到企业的日常运营过程中。另外，从"从摇篮到坟墓"全生命周期管理的角度，《超级基金法》规定的"潜在责任方"似乎不包含危险物质的产生者。但是，美国污染场地管理的实践表明危险物质产生者其实需要承担重大责任；除非他能够确保所有和危险物质相关的转移、贮存、处理和处置工作从程序到实质都完全符规。《超级基金法》确立的责任体系倒逼"从摇篮到坟墓"各个环节的参与方都必须尽职，否则就会触发"严格、连带并溯及以往"的责任。

尽管大量的污染场地是在长期的生产过程中逐渐形成的。但是，一个工厂进入停产拆除阶段，由于设备老化和大量残留的原辅材料、中间产品和未妥善处理处置的"三废"，这一阶段往往也是发生场地污染风险最大的一个阶段，大型企业都高度重视企业停业阶段的环保拆除和净化作业。因此，跨国公司日益重视退役资产的责任，往往聘请专门的机构帮助摸排内部的退役资产责任，并拨出专款加以应对，以避免在后续的资产交易过程中处于劣势。

企业停产之后，场地由于存在污染问题，往往成为闲置待开发的棕地。相对于"绿地"而言，棕地存在的污染可能会限制其一定的用途。这个时候采用基于环境风险的策略合理规划场地的未来使用就显得至关重要。通过对棕地环境风险的有效识别，未来的土地利用和环境风险实现有效匹配往往可以让棕地再开发过程事半功倍。另外，针对存在的场地污染问题，政府部门往往会提出一些制度控制措施，在棕地开发过程中维护和更新制度控制措施对于保证污染场地风险防控的完整性也具有重要意义。

正是这种严格的全过程监管，导致"潜在责任方"一旦进入污染场地的责任体系就没有机会全身而退。一方面，由于污染场地一旦形成就会长期存在，其相应的责任会随着土地的交易而具有"继承性"的鲜明特征。另一方面，工业界通过尽职调查等手段严控交易环境的污染场地风险。这导致的必然后果就是污染场地的存在会给公司资产带来重大减值。考虑污染场地可能会给企业带来巨大的法律责任，这种法律责任将转化为重大的财务支出。因此，以全球五百强企业为代表的公司纷纷建立了针对污染场地的覆盖企业全生命周期的风险防控体系（图1-15）。

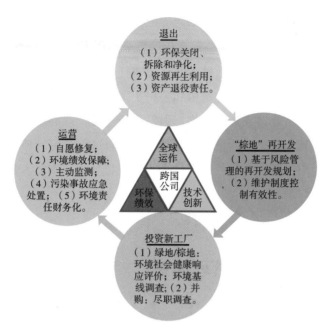

图 1-15　跨国公司的全生命周期风险防控体系

如图 1-15，为了有效管控全球范围内的环境风险，跨国公司还面临如何在全球范围内实现一体化运作。由于全球经济发展的严重不平衡，不同国家和地区面临不同的发展阶段，自然就衍生出差异巨大的环境标准体系。在污染场地领域，很多发展中国家都还没有专门的法律法规，更谈不上可参考实施的技术标准，如何应对这种地区差异性是跨国公司实现全球一体化运作的一大挑战。通常而言，跨国公司首先会充分尊重项目所在国家或地区的适用法律和标准，如果相关法律法规缺失，则要求参考总部所在国的相关法律法规或者工业界通用的标准。如果地方标准和总部标准不一致时，这些跨国公司往往倾向于选择更为严格的标准，以应对未来监管日趋严格的趋势。

跨国公司由于长期从事专门的业务，对项目涉及的原辅材料、生产工艺、废物流及其处理处置等都有非常深入的认识，因此他们有天然的技术积累可以实现无论在污染预防端还是在"三废"处理端的技术创新条件。另外，以石油和化工行业的大型公司为代表，由于生产历史悠久，加之生产工艺复杂，导致这些公司往往拥有数量众多的历史遗留的污染场地。根据相关法律的规定，这些公司必须承担相应的责任。因此，寻求更为经济高效的污染场地技术以解决跨国公司面临的复杂污染场地问题，不仅有法律约束的外部压力，也有改善资产负债情况、提升财务表现的内生动力。事实上，很多大型石油化工公司都在公司内部成立了专门的污染场地管理修复部门，除了在业务上对全球范围内的污染场地进行管理之外，还专门研发高性能的调查修复技术，有力地推动了污染场地技术领域的进步。

由于环境问题日趋突出，必须整合公司所有资源加以应对。因此，跨国公司纷纷建立了比较完善的环境绩效体系，将生产、经营、财务等业务骨干部门都纳入环境绩效考核的范围，并把环境保护作为公司文化的重要组成内容加以培育。更为重要的是，美国证券交易所要求上市公司有效披露其环境责任，并且需要在财务报表中专项列出履行环境责任所需要的费用。这种费用和公司负债具有类似的性质，直接影响到公司的现金流和利润率。企业造成环境污染，引发环境风险，政府通过立法的形式管控环境风险，将企业治理污染上升为法定的环境责任；而这种法定的环境责任进一步在企业的日常运行过程中实现内部财务化，最终实现了将环境成本融入企业的要素生产成本之中。

1.6 中国的污染场地管理体系

1.6.1 基本规定

截至 2017 年，我国还没有专门的污染场地管理法，相应的技术标准体系也很不健全。不过，有关污染场地管理的立法思想也不是完全空白。目前我国的法律体系也不同程度地涉及土壤和地下水的法律保护。例如，《宪法》、《刑法》、《环境保护法》、《侵权责任法》以及水、大气、固体废弃物污染防治等专门法中，对土壤环境保护均有所涉及。

由于所有土地都属于国家或者集体所有，而个人或者企业只能拥有土地的使用权，因此关于土地污染的责任界定不能以土地的所有权属为依据，而只能以土地使用权的归属作为依据。我国《宪法》规定一切使用土地的组织和个人必须合理地利用土地，自然而然，导致场地污染的行为就有可能触犯法律。不过，何谓"合理地利用土地"尚没有明确定义。对于工矿企业而言，土地主要是提供作业的空间，必须修建道路，厂房等。土地的环境质量并不会严重影响到工矿企业的正常生产。另一方面，土地也具备一定的环境承载能力，土地质量下降到什么限度才超过了"合理地利用土地"也不明确。这当然需要专门法对此进一步细化明确。

1.6.2 刑事责任

2011 年修订的《刑法》第 338 条则设立了重大环境污染事故罪。重大环境污染事故罪的主体既可以是自然人，也可以是单位。如果主体是单位的，则实行双罚制，单位作为法人承担相应的刑事责任，主要表现为单位法定代表人、总经理、环保经理等承担相应刑事责任；同时实际责任人，主要为一线的操作管理人员，也可能受到《刑法》的惩罚。例如 2008 年 6 月爆发的云南阳宗海污染事故，法院审理认为，被告单位作为具有相应刑事责任能力的法人单位，导致阳宗海水体污染，构成重大环境污染事故罪，因此判处该单位罚金人民币 1600 万元。另外，该单位的三位主管人员也因为犯重大环境污染事故罪，被法院判处有期徒刑，并处罚金。阳宗海水体污染从表面上看是一起地表水体污染事故，但是其实质却是污染物渗漏进入土壤和地下水，并随着地下水的迁移进入阳宗海导致该重要饮用水水源地水质超标。

1.6.3　民事责任

对于那些由于长期的跑冒滴漏危险物质导致的场地污染，污染范围局限于单位用地红线内，则一般不会触犯《刑法》。但是由于场地的迁移特性，一旦污染物迁移到用地红线外，影响到周围的居民或者单位的正常生产生活和身体健康，则可能导致场地污染的民事责任。

必须指出的是，民事责任并不以是否合规为前提条件。例如，某上游企业按照环保部门的规定向一河流排放废水。由于废水排放标准远宽松于饮用水标准，因此企业排放的废水导致河流水质下降，不适合下游群众饮用。这显然侵害了下游群众合理使用该河流作为饮用水源的权益，这时这个上游企业也可能因此承担民事责任。排污不超标只是相对相应的排放标准而言，相对环境质量标准，排放标准要宽松很多，因此污染物进入环境，仍然可能导致环境质量下降，造成污染损害。

但是，由于我国还没有建立完善的和场地污染管理相配套的标准体系，如何认定场地是否受到了污染以及污染的程度还存在很大的争议。另一方面，由于污染场地对人体健康的风险总是存在概率上的可能（可能的因果关系），污染者要从技术和逻辑上证明他所造成的污染完全不可能导致被侵权方所受到的损害将是非常困难的。这些问题则需要立法机关进一步明确。由于污染物的毒理性，对受体的影响途径和作用机制等都可能有很大程度的不同，分割污染场地的侵权责任还存在很大的挑战性。另外，由于不同污染者承担责任的能力各有不同，如果某一污染者不具备承担相应责任的能力，其相应份额的责任是否需要由其他有能力的污染者分担则需要进一步观察相关的司法判例。

场地污染影响的主要是土壤和地下水，这二者是生态系统的基本支持要素。如何评估场地污染的生态损失，这需要环保部门建立专门的环境污染损害评估鉴定机构，并制订评估方法和鉴定规范，为环保行政部门和司法机关及时准确处理环境污染损害纠纷，提供组织和技术支撑。另外，从污染场地风险模型的角度，消除危险主要体现在对污染源头的清除，切断污染物对受体的影响途径，以及对受体提供额外的保护措施等。但是，如果土壤和地下水受到污染，要完全实现恢复环境质量到污染前的水平在技术上还不是很现实。污染场地修复只能从风险管理的角度出发，将场地污染的风险控制到一个可以接受的合理水平。如果被侵权方坚决要求恢复原状，这将给污染者造成巨大的修复负担。同时，场地修复往往花费巨大，历时数年，如何在确定侵权责任时确定相应场地修复费用，并建立可靠的资金保障机制也需要进一步研究解决。

由于场地污染主要发生在地下，而且引起的危害往往具有长期累积性，在场地污染发生的早期往往不易觉察。我国《环境保护法》规定当事人知道或者应当知道受到污染损害时三年以内都可以提起诉讼[25]。这一规定事实上使得场地污染责任具有相当程度的历史追溯性。这和美国的超级基金法案的立法思想有类似之处。例如，美国著名的拉夫运河事件，作为污染者的美国胡克公司为其在1940年代填埋的废弃化学品承担相应的责任，赔偿美国政府和纽约州政府数亿美元。

1.6.4 行政责任

中国的污染防治法，是分介质规定的，分别针对水、大气和固体废物等制定了专门的污染防治法。不过迄今为止，还没有出台专门的《土壤污染防治法》。当前，各级环保部门针对污染地块的行政管理依据是环保部颁布的《污染地块土壤环境管理办法》。对于污染场地管理的基本程序，《污染地块土壤环境管理办法》中也进行了规定（图1-16）[26]。污染场地的管理始于疑似污染地块名单。对所有列入疑似污染地块名单的地块，所在地的环境保护主管部门将采用书面通知的形式通知到土地使用权人。而土地使用权人在收到通知之日起的六个月内必须完成土壤环境初步调查，编制调查报告，并在调查报告中给出地块是否属于污染地块的明确结论。如果属于污染地块，则将该地块收入到污染地块名录之中；并将收录结果通知土地使用权人。土地使用权人在收到通知后应开展土壤环境详细调查，查清污染的分布范围和污染程度等，并说明污染地块对土壤、地表水、地下水和空气污染的影响情况。另外，土地使用权人还必须根据土壤环境详细调查的结果开展风险评估，编制风险评估报告。

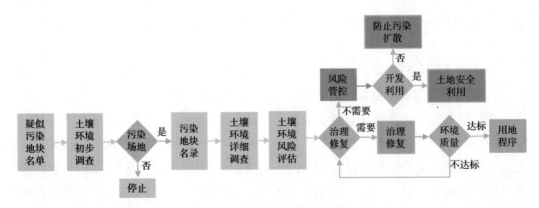

图1-16　污染地块管理工作程序

在完成风险评估之后，土地使用权人面临两种选择：（1）对污染地块进行风险管控；（2）对污染地块进行修复治理。《污染地块土壤环境管理办法》单列一章说明风险管控的要求，而且其顺序还在修复治理之前。这在一定程度上反映了未来对污染地块的管理以风险管控为主，治理修复为辅的基本思路。风险管控又分为两种情况：（1）污染地块暂不再开发利用时，强调采用防治污染扩散的风险管控措施；（2）如果污染地块拟用于居住用地和商业、学校、医疗、养老机构等公共设施用地的再开发，这时应实施以安全利用为目的的风险管控。风险管控措施主要包括：（1）及时移除或者清理污染源；（2）采取污染隔离、阻断等措施，防止污染扩散；（3）开展土壤、地表水、地下水、空气环境监测；（4）发现污染扩散的，及时采取有效补救措施

对于污染地块治理与修复，《污染地块土壤环境管理办法》在第五章也给出了具体的规定[26]。其中明确对拟开发利用为居住用地等的污染地块，经风险评估确认需要治理与修复的，土地使用权人应当开展治理与修复。该地块若继续作为工业用地，是否需要进行修复则没有明文规定。

关于治理与修复的标准问题，《污染地块土壤环境管理办法》提出了原则上的符规性要求："修复后的土壤再利用应当符合国家或者地方有关规定和标准要求"[26]。为了在技术上规范污染场地管理的各个环节，环境保护部于 2014 年颁布了污染场地系列技术导则：（1）《场地环境调查技术导则》HJ 25.1-2014；（2）《场地环境监测技术导则》HJ 25.2-2014；（3）《污染场地风险评估技术导则》HJ 25.3-2014；（4）《污染场地土壤修复技术导则》HJ 25.4-2014。这一系列的技术导则规定了污染场地管理各环节的工作原则、程序、内容和技术要求，对于行业规范有重要意义。

1.6.5　土壤污染防治行动计划

在十三五期间，中国政府郑重提出"向污染宣战"，国务院先后印发了《大气污染防治行动计划》、《水污染防治行动计划》和《土壤污染防治行动计划》。为了更好地组织实施好三大污染防治行动计划，2016 年环保部也在组织架构上进行了调整，成立了大气司、水司和土壤司，各个地方也相继成立了面向各个环境要素的专门业务部门。

《土壤污染防治行动计划》之所以被称为"土十条"，是因为它从 10 个方面提出了十三五期间的具体工作任务。"土十条"是由国务院颁布实施的，具有很高的权威性。其中规定的各项任务具体分解到了国务院的各个组成部门。根据"土十条"的要求，各个地方也相继出台了地方的土壤污染防治行动计划，层层分解任务，落实考核目标。

1.7 参考文献

[1] [美]蕾切尔·卡逊.寂静的春天[M].科学出版社.1990:5.

[2] 腾海键.环境政治史视野下的美国《1972年联邦环境杀虫剂控制法》[J].世界历史,2016,5）:
55-66.

[3] 高国荣.美国环境史学研究[M].北京:中国社会科学出版社,2014.

[4] [美]阿尔·戈尔.《寂静的春天》再版前言[M].科学出版社,1990.

[5] 40 CFR §42 National Environmental Policy Act. 1969.

[6] USEPA. RCRA's Critical Mission & the Path Forward, EPA 530-R-14-002 [R], 2014.

[7] USEPA. RCRA Corrective Action: Case Studies Report, EPA 530-R-13-002 [R], 2013.

[8] 40 CFR §300 National Oil and Hazardous Substance Contamination Contingency Plan. 1969

[9] 龚宇阳.国际经验综述:污染场地管理政策与法规框架（第三版）.美国华盛顿:世界银行,
2012.

[10] USEPA. Guidance for Performing Site Inspections Under CERCLA（Interim Final）, EPA 540-R-92-021 [R], 1992.

[11] 谷庆宝,颜增光,周友亚,郭观林,李发生.美国超级基金制度及其污染场地环境管理[J].环境科学研究,2007,20（5）:84-8.

[12] USEPA. Guidance for Performing Preliminary Assessment Under CERCLA, EPA 540-G-91-013 [R], 1991.

[13] USEPA. Hazard Ranking System Guidance Manual, EPA 540-R-92-026 [R], 1992.

[14] EBI. Remediation Market 2013 [J]. Environmental Business Journal, 2013, XXVI（4）:1.

[15] USEPA. Guidance for Conducting Remedial Investigation and Feasibility Studies Under CERCLA, EPA 540-G-89-004 [R], 1988.

[16] USEPA. Close Out Procedures for National Priority List Sites, OSWER Directive 9320.2-22 [R], 2011.

[17] ITRC. Project Risk Management for Site Remediation. RRM-1, 2011.

[18] USEPA. Superfund Remedy Report（15th Edition）, EPA 542-R-17-001 [R], 2017.

[19] 40 CFR §280 Technical Standards and Corrective Action Requirements for Owners and Operators of Underground Storage Tanks（UST）. 1969

[20] USEPA. Brownfields Road Map to Understanding Options for Site Investigation and Cleanup（5th Edition）, EPA 542-R-12-001 [R], 2012.

[21]　翁孙哲 . 英国污染场地修复的立法与实践研究 [J]. 云南大学学报：法学版 , 2016, 29（3）：98-104.

[22]　UKEA. Model Procedures for the Management of Land Contamination. Contaminated Land Report 11., ISBN 1844322955 [R], 2004.

[23]　台湾环保署 .〈土壤及地下水污染整治法〉宣导手册 . 2011.

[24]　USEPA. https://www.epa.gov/superfund/superfund-remedial-annual-accomplishments. 2017, 08.07.

[25]　中华人民共和国环境保护法 . 1989.

[26]　污染地块土壤环境管理办法 . 2017.

第2章
污染场地管理技术体系

2.1 一期环境场地评估

根据目的的不同，场地调查评估可以分为两大类：一类是以厘清污染场地责任为目的的场地评估，主要以"识别的环境条件"为核心，对场地的历史和现状信息进行收集，这类场地调查评估主要在场地交易时发生，因此又称为环境场地评估或环境尽职调查；另一类则是以超级基金场地为典型代表的场地调查评估，主要目的是建立和完善污染场地概念模型，为环境风险评估和场地修复可行性研究收集基础数据。

虽然目的和内容不同，但这两类场地调查评估有时互为补充。比如，在确定污染场地责任时，如果发现场地受到严重污染，但交易方仍然希望继续进行交易，则需要在完成交易前对污染场地的风险做进一步的调查。这时尽职调查往往会进入较为深入的场地描绘阶段。尽管这种情况下的场地描绘工作仍然属于尽职调查工作的一部分，但其工作目的和内容其实与上面提到的第二类场地调查评估更为接近。

第 1 章在介绍美国的超级基金法案时就提到场地的潜在购买方如果"对污染场地不知情或没有理由知情"，则可以认为是善意购买方，可以免除相关责任。其中提到的"没有理由知情"是指购买方通过"所有适当的调查"后，未发现场地存在污染。美国环保署定义"所有适当的调查"为"根据良好的商业实践对场地以前的所有权和使用情况做全面的调查"[1]。美国环保署制订的"所有适当的调查"条例在技术上认可美国材料与试验协会所制订的《环境场地评估标准实践：一期环境场地评估过程》(ASTM E1527-05)。如果用户按照美国材料与试验协会的标准 ASTM E1527-05 进行环境尽职调查，则不知情的土地所有者将被免于追究责任。ASTM E1527-05 在 2013 年又进行了修订，当前最新版本是 ASTM E1527-13。

2.1.1 组织实施

ASTM E1527-13 将需要进行环境场地评估的人称为"用户"；而将具体执行环境场地评估的人称为"环境专业人士"。一般情况下，用户是交易方之一。ASTM E1527-13 对"环境专业人士"定义为"接受过专门教育和培训，拥有足够的经验，能够就'识别的环境条件'作出专业的判断，并形成专业意见和结论的人"[2]。这类人必须满足如下条件之一:(1)拥有专业工程师或专业地质师执照,并有相关的 3 年全职工作经验；(2)拥有联邦政府、州政府、部落或者美国地区授予的执照或者认证的专门从事环境调查的人员，并有 3 年以上相关全职工作经验;(3)拥有工科或者理科本科或者本科以上学位，并有 5 年以上相关全职工作经验；（4）拥有 10 年以上相关全职工作经验。环境专业人士必须参加继续教育和专业活动以维持其身份。不满足环境专业人士资格的人员，必须在有资格的环境专业人士监督下开展环境调查工作。

用户通过合同等方式聘用环境专业人士开展环境调查评估工作。用户作为交易方之一，能够比较容易地获得一些商业信息。同时为了满足"不知情或没有理由知情"这一要求，用户还必须就他对场地的了解和环境专业人士进行充分的沟通。ASTM E1527-13 规定在环境专业人士开始环境调查评估工作之前，用户必须就他所掌握的如下信息向环境专业人士通报：（1）与场地修复相关的抵押权；（2）与场地相关的活动或者土地使用限制；（3）用户关于场地的专门知识和经验；（4）购买价格和市场价格之间的关系；（5）关于场地的合理且确定的信息；（6）存在污染和可能存在污染的明显程度[2]。如果用户没有就上述信息主动向环境专业人士通报，则环境专业人士有责任向用户询问，并将用户的相关答复记录在案。从美国的司法实践来看，上述信息对于法庭判断用户"是否知情"至关重要。例如，法庭在不少案例中均参考了交易价格来判断买方是否对场地污染"不知情"。

虽然环境专业人员拥有场地调查评估方面的专业知识，但是由于行业特点千差万别，其对每个行业使用的化学品以及废物的处理处置方式不可能都有充分的了解。而用户，作为交易的一方和业内人士，可能知道一些行业特有的信息。例如，从事干洗行业的人员，他们应该知道业内常用的干洗溶剂包含氯带烃等有毒物质；而且业内的常见问题是氯代烃倾倒入下水道，并从下水道的裂缝等进入土壤或地下水等环境介质中。这时，用户必须就他所掌握的专门知识对环境专业人员做充分沟通。法庭在判断用户是否"不知情"或"没有理由知情"时也会考虑这一因素。

除上述信息之外，ASTM E1527-13 还建议用户收集并提供下述信息给环境专业人士：（1）实施环境调查的原因；（2）场地类型和交易类型（产权置换、销售，购买等）；（3）场地地址、地图和联系人；（4）工作内容；（5）需要依靠一期环境调查评估报告的相关方；（6）和环境专业人士之间的特别约定；（7）其他相关信息（如以前的场地调查评估报告、与政府部门之间的往来信函、场地的关注点和环境状况等）。

ASTM E1527-13 规定场地调查评估的有效期为 180 天。如果交易不能在场地调查评估 180 天以内完成，原有的场地调查评估报告必须更新。若有非原有用户的第三方需要依赖场地调查评估报告，第三方必须按照 ASTM E1527-13 的要求履行相应责任，如向环境专业人员提供必须的信息等。

由于污染场地的法律责任重大；涉及污染场地的信息浩若烟海，纷繁芜杂；而用户给予环境专业人员的时间一般都比较短暂。稍有不慎，环境调查工作就可能不能完全满足标准的要求。这显然无论是对用户还是对环境专业人员都会带来很大的风险。事实上，ASTM E1527-13 在建议用户选择环境专业人员所在的公司时，特别提出要重点考察公司的质量控制／质量保证体系和专业服务责任险等。这是因为，一旦用户收购了污染场地，其唯一能够免责的理由就是他和他聘请的环境专业人员按照ASTM E1527-13 的要求履行了"所有适当的调查"，因此符合"不知情或没有理由知情"的免责条件。这时，环境专业人员就必须证明他所实施的场地调查评估确实满足 ASTM E1527-13 的要求。如果其中存在专业疏失，环境专业人员和他所在的公司就需要承担相应的责任。考虑到污染场地修复耗资巨大，这一责任往往超过了环境专业人员和他所在的公司所能承担的范围，因此他们很有必要借助专业服务保险来分担风险。

在就工作内容和方法作出详细规定之前，ASTM E1527-13 就环境场地评估工作应遵循的基本原则作了明确的规定：

- 不确定性不能完全排除原则。没有环境场地评估能够完全排除所有的不确定性。在综合考虑了时间和成本等因素后，环境场地评估是在合理地范围内降低不确定性。

- 非详尽无遗漏原则。ASTM E1527-13 所规定的环境场地评估并不是要求对所有和场地相关的信息都进行收集和分析。事实上，ASTM E1527-13 在规定具体的工作内容时，对信息源作了较为明确的限制性规定。

- 调查程度的差异性原则。每个场地都具有独有的特点，同时用户对风险承受水平也有很大差异，因此对不同场地的调查程度允许有一定程度的灵活性。

- 和后续调查的不可比性原则。不能仅仅因为场地调查评估没有发现"识别的环境条件"就认为该调查不满足"所有适当的调查"。另外，ASTM E1527-13 规定场地调查评估的有效期为 180 天。场地调查评估的意见和结论是基于在场地调查评估时收集到的信息。后续调查可能会发现新的信息，并得出与之前调查完全不同的意见和结论。但是不能据此否定以前的环境场地评估。

2.1.2　识别的环境条件

ASTM E1527-13 的目的就是发现"识别的环境条件"。ASTM E1527-13 定义"识别的环境条件"为"某个场地内存在的或者可能存在正在泄漏，过去泄漏过，或者有实质可能泄漏危险物质或者石油产品进入场地的结构、地面、地下水、和地表水的条件"。"识别的环境条件"示例见图 2-1。

ASTM E1527-13 将石油产品和危险物质并列，包含进了关注的化学品清单，并在"识别的环境条件"的定义中加以明确。这较好地契合了现实的需要。一直以来，石油产品在工商业界应用广泛，而由石油类产品导致的污染场地数量众多。因此，即便石油产品污染场地本身不会直接触发《超级基金法》的要求，但是有其他的法律法规对石油类污染场地做出明确的要求。显然，在场地尽职调查阶段将石油类产品包含在内

图 2-1　"识别的环境条件"示例

可以节约大量人力物力，有助于提升场地尽职调查的效率。

危险物质或者石油类产品的泄漏是指所有可能导致这些物质进入环境的行为，如危险物质或者石油类产品的溢出、泵送、倾倒、清空、发出、排放、逸散、过滤、渗透、倾置和处置等等。对于含有危险化学品的密封容器，虽然短期内密封状况良好，内含的化学品可能不会泄漏进入环境；但是从长远来看，这些密封容器可能会受到腐蚀或破损，进而导致化学品可能会泄漏进入环境。因此，废弃含危险化学物质的容器也是一种泄漏行为。另外，如果一个危险废物填埋场中的危险废物污染地表水和地下水，这时填埋场内的危险废物是污染源，而污染物质通过渗漏进入地下水或通过地表径流进入地表水的行为则也是"危险物质或者石油类产品泄漏"。要特别指出的是，这里的泄漏并没有量的限制。

很多危险物质，例如氯代烃等有机溶剂，都具有很好的挥发性。污染场地挥发出的有机蒸气可能进入室内。同时由于有机溶剂的分子量较空气的平均分子量大，因此这些气体一旦进入室内后容易在地下室等区域富积，对人体健康产生严重影响。显然，危险物质或者石油产品进入空气的行为也可以称为泄漏。不过，由于室内空气质量受室内人类活动和建筑装饰等多种因素影响。因此，ASTM E1527-13 在制定标准时将室内空气质量的评估明确排除在标准工作内容之外。而针对蒸气侵入的评估，美国材料与试验协会制定了专门的标准，即《不动产交易中蒸气侵入的标准评估实践》（ASTM E2600 - 15）[3]。

但是蒸气侵入已经成为超级基金场地的一个重要迁移暴露途径。因此，美国环保署于 2017 年 1 月正式发布了修正的超级基金场地危害排序系统，正式决定将蒸气侵入纳入超级基金场地危害排序系统的评分系统之中。因此，可以预见，今后在修订 ASTM E1527 时很有可能将蒸气侵入部分也纳入环境尽职调查的标准工作内容。

除了室内空气质量以外，ASTM E1527-13 还将石棉材料、氡气、铅基漆、饮用水中的铅、湿地、法律标准符规性、文化和历史资源、工业卫生、健康和安全、生态资源、濒危物种、生物介质和霉等排除在标准的工作内容之外。

2.1.3 工作内容

ASTM E1527-13 规定的一期环境场地评估包含文件审阅、场地踏勘、访谈和报告四个方面的工作内容。

1. 文件审阅

文件审阅的目的在于发现与"识别的环境条件"相关的信息。由于污染物具有迁移性，因此文件所涉及范围不仅仅包含场地本身，而且需要包含场地周边一定范围内的场地。很明显，场地周边不同场地的经营活动对场地的影响也有可能不同；因此，ASTM E1527-13 针对不同的场地类型设置了不同的搜索距离。

在实际操作中，环境专业人员可以结合场地所在地区的下列情况加以调整，并在报告中说明调整搜索距离的理由，如（1）场地所在地区的开发强度；（2）根据场地所在地区的地质和水文地质条件确定的污染物可能的迁移距离；（3）场地类型；（4）周边场地的现状和历史使用情况；（5）其他合理的因素。

ASTM E1527-13 要求审阅的记录分为环境文件、物理设置文件和历史文件三大类。针对每一类文件，均列明了文件的范围及其可能的来源。

环境文件为 ASTM E1527-13 规定的第一大类文件，这一类文件主要包含了场地及其周边区域可能的污染源信息。ASTM E1527-13 要求环境场地评估必须对如表 2-1 中的标准环境文件源进行搜索并审阅。

标准环境记录源 表 2-1

标准信息源	最小搜索距离（km）	标准信息源	最小搜索距离（km）
联邦超级基金场地清单	1.6	州或者部落识别的等同于联邦超级基金场地清单	1.6
已关闭的联邦超级基金场地清单	0.8	州或者部落识别的等同于联邦超级基金信息系统	0.8
联邦超级基金信息系统	0.8	州或者部落的填埋场和/或固体废物处置场数据库	0.8
联邦超级基金信息系统无进一步行动场地清单	0.8	州或者部落泄漏储罐清单	0.8
联邦固体废物法有修复行动场地清单	1.6	州或者部落登记的储罐清单	场地及其相邻场地
联邦固体废物法无修复行动，废物处理、储存和处置场地清单	0.8	州或者部落制度控制/工程控制清单	场地
联邦固体废物法废物产生者清单	场地及其相邻场地	州或者部落自愿修复场地清单	0.8
联邦制度控制/工程控制登记清单	场地	州或者部落棕地清单	0.8
联邦应急响应通报系统	场地		

除上述环境场地评估必须进行搜索的标准信息源之外，ASTM E1527-13 还建议对地方的棕地、填埋场、危险废物 / 污染场地、登记的储罐、土地的行动和使用限制、危险物质泄漏报告、污染的公共水井等记录进行搜索和审阅。这些记录一般可以在当地的健康和环境、消防和规划等部门获得。

ASTM E1527-13 规定的第二大类文件和场地的物理设置相关，其规定的物理设置标准信息源是包含场地在内的美国地质调查局 7.5Minutes 地形图。ASTM E1527-13 建议搜索和审阅的物理设置信息源包括美国地质调查局或者州地质调查局发布的地下水水文图、基岩地质图、表层地质图，以及土壤保护服务处发布的土壤地图等。

为了有效厘清污染场地责任，ASTM E1527-13 对场地的历史记录搜索和审阅给出了非常详细的规定。环境专业人员进行历史记录搜索和审阅的目的就在于通过梳理场地及其周边区域在历史上的使用情况以识别过去对场地的使用是否会导致场地存在"识别的环境条件"。

毫无疑问，场地本身的使用情况是历史文件审阅的重点。ASTM E1527-13 规定对场地的历史必须追溯到场地的第一次开发时或者 1940 年。当然，如果一个场地历史久远，早期开发的历史信息可能不易获得。根据前面介绍的"非详尽无遗漏原则"，环境专业人员可以结合实际情况加以变通。例如，某场地在 1700 年就开始开发，但是直到 1900 年，政府部门才开始对该场地建立相关档案。这时，环境专业人员可以将历史记录的追溯时间设定为 1900 年。如果场地的初次开发晚于 1940 年，环境场地评估还是必须追溯至 1940 年，以确定场地初次开发的时间。这里必须指出的是，ASTM E1527-13 所指的场地开发包含在场地上进行的农业或者场地回填等活动，而不仅仅是以工业或商业活动为基本目的的开发。

ASTM E1527-13 规定对场地的历史信息按照 5 年的间隔进行审阅。若在某一个给定的 5 年间隔内场地的使用情况发生了变化，则不强制要求对这一变化进行搜索和审阅。但是，环境专业人员仍可以视情况确定是否需要深入搜索和审阅相关信息。而如果场地在相当长一段时间内保持不变，ASTM E1527-13 规定可以跳过 5 年间隔期的要求。

场地的历史使用信息可能包含很多方面。越具体的信息越有利于发现"识别的环境条件"。但是这也意味着需要投入更多的时间和成本。为了合理确定环境场地评估的工作内容，有必要对场地历史使用信息的范围做统一界定。ASTM E1527-13 规定在识别场地的历史使用时只需要了解场地的一般用途（如办公室、零售店或者居住区等）即可。不过，对于历史上用作工业用途的场地，ASTM E1527-13 要求必须对该场地的工业使用情况做深入的了解。

此外，场地周边的场地使用情况也应该在场地调查评估报告中披露。但是 ASTM E1527-13 并不要求针对周边场地进行专门的历史文件搜索，而是将这些文件的搜索和审阅合并在对目标场地的工作之内。

ASTM E1527-13 规定的标准历史文件源包括:

- 航片:航片是指从空中拍摄的包含场地在内的并具有足够分辨率能够识别场地使用情况的照片。航片一般可以从当地政府部门获得。

- 消防保险地图:消防保险地图一般包含了在某个时间点上场地及其周边地区的使用情况。

- 财产税文件:财产税文件一般包含了场地的产权归属、公估价格、地图和照片等信息,可以在当地政府部门获得。

- 土地产权记录:土地产权记录是指按照法律规定保存的土地产权记录。

- 美国地质调查局地形图:主要是指美国地质调查局地形图发布的 1 ∶ 24000 地形图。

- 本地街区目录:本地街区目录一般会包含场地及其附近街区的地址和使用信息等,由政府部门或者私人机构定期发布;可以从当地的图书馆等处获得。

- 建筑部门记录:县或市的建筑主管部门保存的建筑物的施工许可、改建许可等文件。

- 分区 / 土地使用记录:场地所在地区的规划信息。

- 其他历史信息源:包括各种地图、新闻报道、个人日记、网站、社区组织等。

2. 场地踏勘

场地踏勘的目的是通过对场地的直接观察发现场地存在"识别的环境条件"的可能性。ASTM E1527-13 将对场地的观察分为外部观察和内部观察两部分。其中外部观察对场地的周边和场地上的所有结构的周边进行观察;而内部观察则是对场地上所有结构内部的观察。环境专业人员必须在环境调查报告中说明场地踏勘的方法(如对大型场地采用网格法等)。场地存在的客观条件(如雨雪天气、地表水体、地面硬化等)可能影响环境专业人员的观察,在报告中也应对此加以披露说明。ASTM E1527-13 规定只需对场地进行一次现场踏勘;对于客观存在的限制性条件,在报告中说明即可,而不需要对场地进行多次踏勘以减少这些限制性条件带来的不确定性。

ASTM E1527-13 要求观察的场地使用情况和现状信息包括如下两个方面:

- 场地总体设置:包含场地当前使用情况、场地过去使用情况、邻近场地当前使用情况、邻近场地历史使用情况、场地周边场地当前和历史使用情况、地质、水文地质和地形条件、场地上结构的总体描述、道路、饮用水供应、下水道系统等。

- 内部和外部观察:包含和场地使用情况相关的危险物质和石油产品、储罐、气体、液体池、桶、危险物质和石油产品容器、无法识别物质的容器、多氯联苯、供热 / 供冷、污迹和腐蚀、排水系统和积水坑、坑、塘、泻湖、有污迹的土壤和路面、枯萎植物、固体废物、废水、水井、化粪池等。场地调查评估的报告必须明确说明是否发现了危险物质或石油产品，以及这些物质的数量、类型和存储条件等。

3. 访谈

访谈的目的在于提供第三方的信息以交叉佐证文件审阅和场地踏勘获得的资料。访谈的方式可以是面对面的座谈，也可以是书面的回答或者电话沟通。访谈的对象包括场地业主、主要场地经理、场地上的经营者等。一般在场地踏勘之前，用户或者环境专业人员应该要求场地业主指定一位熟悉场地情况的代表（主要场地经理）接受环境专业人员的访谈。ASTM E1527-13 规定，环境专业人员在进行调查时必须对主要场地经理进行至少一次访谈。如果能够找到以前的场地业主并且该场地业主可能掌握有助于发现"识别的环境条件"的信息，环境专业人员应该合理地安排和该场地业主的访谈。对于废弃场地，没有业主和场地经营者可供访谈的条件下，ASTM E1527-13 要求环境专业人员对场地周边的业主或者经营者进行访谈。

环境专业人员的问题应该详细具体，被访谈人员也应本着诚实守信的原则尽量予以回答。当然，对于很多的被访谈人员，他们并没有义务必须回答环境专业人员提出的问题。如果访谈对象不回答问题或者回答的问题不完整，但是环境专业人员确实有书面记录证明他已经向该访谈对象提出了相关问题，则 ASTM E1527-13 仍视为已完成了针对该访谈对象的访谈工作。但是，如果被访谈人员是用户或者用户指定的主要场地经理，他必须回答环境专业人员提出的问题。如果他不知道或者不确定准确的答案，则可以回答不知道或者不确定，但是不能够不回答。

通过审阅场地相关的文件能够明显地提高访谈的针对性，因此，环境专业人员应在进行场地踏勘之前向业主、用户或者主要场地经理提出相关文件请求清单。这些文件一般包括：（1）环境场地评估报告及其批复；（2）环境符规性审计报告；（3）环境许可证（如排污许可证等）；（4）地下或者地上储罐登记记录；（5）化学品台账及物质安全数据表；（6）社区知情计划；（7）安全和应急响应计划；（8）场地及其周边地区的水文地质报告；（9）和环境问题相关政府通知以及和政府部门之间的往来函件；（10）环境监测报告；（11）污染物排放统计表；（12）地质勘察报告；（13）环境风险评估报告；（14）记录在案的场地活动或者使用限制等。

环境专业人员对不同的访谈对象应该访谈的内容 ASTM E1527-13 只作了原则性的规定。环境专业人员可结合场地的具体情况提出相应的问题并请求访谈对象回答。

4. 报告

环境场地评估报告是将文件审阅、场地踏勘和人员访谈发现的和"识别的环境条件"相关的重要内容按照一定的格式整理成报告。在报告中，环境专业人员应就收集的信息进行归纳整理，并在报告中就主要发现逐一进行说明。这些发现主要讨论场地是否存在或者怀疑存在"识别的环境条件"以及历史上存在的"识别的环境条件"。对于支持这些发现的信息应存档并以附件的形式体现在报告中。同时，环境专业人员还必须就这些发现对场地的实际影响出具专业意见，并给出相应的理由。

除此之外，环境专业人员还可以就是否需要进行进一步调查提出意见。注意，环境专业人员建议进一步调查并不意味着当前的一期环境场地评估不完整，而是基于逐渐减少不确定性的原则，进一步调查（如二期采样调查）可以验证或者排除"识别的环境条件"是否已经对场地造成了实质性的污染。当然，ASTM E1527-13 建议环境专业人员在确实需要的前提下才提出进一步调查的建议，并不是强制要求环境专业人员必须对进一步调查出具专业的意见。从法律的角度，美国环保署规定"所有适当的调查"条例只规定了对 ASTM E1527-13 的要求，并没有规定必须进行二期采样调查。

环境专业人员还必须就环境场地评估过程中遇到的"数据差距"以及就如何克服"数据差距"而采取的措施逐一说明。例如，环境专业人员在场地踏勘阶段因各种原因没有能够进入场地内的某一危险废物仓库，环境专业人员的经验表明这类仓库内存在"识别的环境条件"的可能性很高。这时环境专业人员必须就这一"数据差距"给出详细的说明。

环境场地评估报告必须包含结论部分。一般而言，结论部分需要说明场地是否存在"识别的环境条件"。如果存在，则必须逐一列出所有的"识别的环境条件"；如果场地没有发现任何"识别的环境条件"，按照《超级基金法》的免责条件，则用户自然可以根据环境场地评估报告完成交易。如果因为各种原因，最后发现用户所购买的场地确实存在污染情况，则用户可以声明"不知情或者没有理由知情"场地污染而获得法律保护。当然，这里的前提条件是环境场地评估工作完全符合 ASTM E1527-13 的规定。

但是在大多数情况下，环境场地评估都会发现或多或少的"识别的环境条件"。其原因主要在于：

- ASTM E1527-13 规定的关注物质的范围非常广泛，不仅包含了所有《超级基金法》中规定的危险物质，而且还将石油产品也包含在内，几乎所有的行业和地区都可以找到这些物质的痕迹；
- ASTM E1527-13 在定义物质的泄漏时并没有对泄漏量做出限制性规定，而美国的环境标准极为严格，因此即使少量的污染物质泄漏都可能导致场地内的污染物超标；
- ASTM E1527-13 涉及的开发活动范围极为广泛，这在时间上体现为必须回溯到1940 年或者初次开发时；在开发类型上更是包罗万象，不仅包含常见的工业生产，还包括农业，甚至土地回填平整等活动；
- 鉴于场地污染的责任重大，环境专业人员一般会从相对保守的角度认定污染物质泄漏，并据此认定"识别的环境条件"。

如果场地内存在"识别的环境条件"，用户仍然继续交易，那么按照《超级基金法》的规定，用户视为对场地污染知情，因此不再符合相关的免责条件。作为良好的商业实践，很多用户这时会作选择进一步调查以确定风险的大小。当然，还有一种可能就是进一步调查发现"识别的环境条件"并没有对场地造成污染。自然，这时用户仍然符合"不知情或者不可能知情"这一条件，可以免除场地污染（如果确实存在）的责任。

如果一期环境场地评估发现场地存在"识别的环境条件"，进一步的环境场地评估确认这些"识别的环境条件"确实导致了场地污染；这时的用户视为对污染场地知情。显然，这时用户不能用"不知情或者不可能知情"作为"无辜土地业主"的免责理由。不过，这时用户可以考虑是否符合"善意购买方"免责条件。

ASTM E1527-13 建议的报告内容主要包括:（1）摘要;（2）介绍;（3）场地描述;（4）用户提供的信息;（5）文件审阅;（6）场地踏勘;（7）访谈;（8）发现;（9）结论和意见;（10）背离标准要求的说明;（11）其他服务;（12）参考资料;（13）环境专业人员签名页;（14）环境专业人员简历或资格说明;（15）附件。环境场地评估报告必须要有环境专业人员的签名以示对此负责，这对于约束专业人员的专业规范有很大的作用。但是，ASTM E1527-13 并没有规定专业人员所在公司的责任。在实际的合同中，用户往往会和专业人员所在公司签订技术服务合同，其中会约定公司在专业技术服务出现质量问题时如何承担相应的责任。这些公司为了分散风险，往往还会向保险公司购买高额的专业技术服务责任险。

5. 环境场地评估交易筛选过程

美国材料与试验协会在 2000 年推出 ASTM E1527-00 的同时还发布了《环境场地评估交易筛选过程标准实践》（ASTM E1528-00）[4]。ASTM E1528-00 的目的是通过较少的投入筛选识别出高风险的场地，主要的方式是采用调查问卷来收集相关信息。这个调查问卷涉及 20 个问题，需要用户、场地业主或经营者，以及环境专业人员在现场踏勘后回答。

2.2　二期环境场地评估

一般而言，一期环境场地评估均会发现一些"识别的环境条件"。一旦场地存在"识别的环境条件"，这时，用户必须就环境风险和商业收益等做出决策。但是，一期环境场地评估以定性评估为主，并不涉及对场地污染的定量调查。ASTM E1527-13 标准中明确规定采样和分析不在一期环境场地评估的工作范围之内。显然，用户在决定是否购买场地之前有必要对场地的情况作进一步的了解。事实上，美国材料与试验协会早在 1997 年就制订了《环境场地评估标准实践：二期环境场地评估过程》（ASTM E1903-97），作为对当时的一期环境场地评估标准和交易筛选过程标准的补充。ASTM E1903-97 在 2011 年获得了美国材料与测试协会的重新批准并沿用至今（ASTM E1903-11）。

2.2.1 组织实施

由于二期环境场地评估可能证明"识别的环境条件"确实导致了场地污染，也可能证明没有导致场地污染。因此，二期环境场地评估具有两重目的：（1）验证一期环境场地评估中发现的"识别的环境条件"是否对场地导致了污染。如果二期环境场地评估证明"识别的环境条件"并没有导致场地污染，则用户符合"不知情或不可能知情"的免责条件，无需对场地污染承担法律责任；（2）收集确实存在污染的场地的环境条件（如污染的本质和范围等），帮助用户科学决策。

根据二期环境场地评估目的并结合实践中的实际情况，ASTM E1903-11 确定的二期环境场地评估的基本原则如下[5]：

- 不确定性不能完全排除原则：没有环境场地评估能够完全排除所有的不确定性。采样分析总是力求通过一个样本来获得整体的信息。从统计学的角度考虑，样本只能无限逼近总体，但是不能完全代表总体。基于时间和成本的考虑，环境介质的采样数量总是有限的，因此使用有限的采样数量刻画的环境介质的特征和实际的环境介质的特征必然会存在一定程度的误差。

- 有限检测原则：即使二期环境场地评估针对场地进行了合理限度的努力，但是仍然不能排除可能影响全面检测场地条件的所有困难条件。这些条件可能包含复杂的水文地质、污染物归趋和运移、污染物分布、地下管线和其他设施等对钻探采样等的限制。

- 前期调查依赖性原则：二期环境场地评估的主要对象是一期环境场地评估中的"识别的环境条件"。如果一期环境场地评估没有能够有效发现所有的"识别的环境条件"，二期环境场地评估显然不可能进一步去调查那些没有在一期评估中被发现的"识别的环境条件"。但是这些没有被发现的"识别的环境条件"却很有可能导致场地污染。

- 化学分析误差原则：化学分析总是存在误差。误差虽然可以减少，但是不能完全消除。环境专业人员应在工作计划中考虑质量控制/质量保证方案；并且要求实验室报告任何的异常情况。环境专业人员应就实验室分析中出现的异常情况进行分析并在报告中披露。

二期环境场地评估一般由用户聘请环境专业人员进行具体实施并出具二期环境场地评估报告。ASTM E1903-11 建议在拟定聘请合同时需要考虑如下事项：

- 向第三方或者政府部门报告的责任：用户和环境专业人员在调查过程中可能会

发现比较严重的污染情况，这些情况可能会对环境和人体健康带来严重风险，这时不排除有法律规定作为知情人员的用户或者环境专业人员应该向政府部门报告相关情况。因此，ASTM E1903-11 建议在合同阶段就这一职责加以明确。

- 书面报告和文档制作：用户可能会担心环境场地评估报告中会涉及敏感数据，而这些数据可能不适合向政府部门或者第三方披露；同时，用户还会担心在进行免责辩护时相关文件会存在利益冲突。环境专业人员则会担心报告是否准确全面地展示了所有收集的数据，是否对所有的不确定性均作了有效的声明，用户是否能够准确地理解报告的内容等。因此，用户和环境专业人员有必要就报告的格式和内容在合同阶段约定。这些约定一般应包括二期环境场地评估报告是否应作为律师—客户工作文件，是否应作为自行评估专用文件，是否在报告中包含建议的后续工作，或者建议的后续工作应另附文说明，客户需要口头报告还是书面报告，客户对报告的审阅要求等等。政府部门或者司法部门在调查场地污染责任时也可以请求上述人员提供相关的文件记录。上述人员在收到请求时应予以配合。但是如果该文件是律师 - 客户工作文件，该文件则可以不用提交给相关部门。律师—客户工作文件必须在制作之初就在显著位置标明该文件是律师 - 客户工作文件。

- 保密要求：用户和环境专业人员应就二期环境场地评估的保密事宜在合同中达成一致。保密要求不仅适用于环境专业人员本身，而且适用于所聘请的分包商。

- 工作内容、数据、信息和时间限制：场地调查评估具有很强的实效性。因此，合同阶段应就具体的工作内容，所需要的数据，已经完成所有工作的时间在合同中加以约定。

- 第三方对报告和文档的使用：如果有第三方需要使用二期环境场地评估报告，合同中必须对此进行相应约定。一般而言，环境专业人员只对用户负责。在没有约定的情况下，用户和环境专业人员一般不应将报告提交给第三方。

- 废物处置：场地勘察过程中往往会产生一些弃土和废物，不排除其中含有有毒有害物质；甚至在某些情况下，这些弃土废物具有危险废物的特征，应按照危险废物进行管理。因此，ASTM E1903-11 建议在合同阶段明确废物处置的责任。

- 勘探过程中造成的损害：勘探过程一般会涉及如钻探等动土作业。在没有完全探明地下管线或者其他设施的时候，动土作业可能会损坏地下管线或者其他设置。

ASTM E1903-11 建议在合同阶段明确用户和环境专业人员之间的责任和义务。除合同特别约定的职责之外，ASTM E1903-11 规定的环境专业人员职责还包括：

- 环境专业人员应该按照 ASTM E1903-11 和其他广为认可的工业实践标准实施二期场地环境评估。如果在实施过程中偏离了标准操作程序，环境专业人员应将此情况记录在案并说明其原因。

- 环境专业人员应及时向用户报告观察到的环境状况。

- 环境专业人员应就用户给出的时间和费用对二期环境场地评估可能带来的局限性和用户沟通。

- 在实施二期环境场地评估之前，环境专业人员应向用户确认重大的工作内容调整。

- 环境专业人员应负责二期环境场地评估的健康和安全工作。

- 环境专业人员应向用户提交书面的专业资质。

- 环境专业人员不得从事任何超过他的专业资质认可范围之外的工作。

2.2.2 现场工作

1. 制订工作方案

二期环境场地评估的工作方案应由环境专业人员根据客户的需求和目的拟定。对于采样的位置和数量应给出理由，并对应说明采样的方法，所需的工具和质量控制／质量保证体系。一般而言，环境专业人员拟定的工作方案应包括如下七个方面的内容：

- 场地的限制性条件：环境专业人员应预见到场地可能存在的影响现场工作的限制条件（如道路限制、松软基础、地下管线等），并在工作内容文件中一一列明。在选择具体的采样点位时必须充分考虑这些限制性条件。

- 审阅已有信息：通过对已有信息的审阅掌握场地及其周边地区的特征。特别需要关注的信息包括一期场地环境评估中发现的"识别的环境条件"，能够影响污染物分布和迁移的地质条件和水文地质条件，能够影响是否存在污染的场地特征。通过审阅已有信息，环境专业人员应该可以对污染物的分布有一个大致的认识，并据此确定采样的位置、深度等。如果在此阶段获得的信息足够帮助环境专业人员判断以前发现的"识别的环境条件"并不成立，环境专业人员可以据此取消以前的相关发现。

- 潜在的污染分布：环境专业人员应结合污染物的特征、行为、环境归趋和迁移以及场地的平面布置等推断出污染物的大致分布。

- 取样：环境专业人员应就所有可能影响到的环境介质给出针对性的采样方案。该方案所涉及的工作量应能合理有效地识别场地存在的高浓度区域。一般而言，二期场地环境评估涉及的主要环境介质是土壤和地下水。

- 健康和安全：工作方案中应提出符合国家法律法规规定以及客户和场地要求的健康和安全计划。

- 实验室分析检测：实验室分析检测应覆盖场地存在的所有危险物质或者石油类产品。实验室分析检测还应明确检测限，质量控制／质量保证样品的分析项目等。由于化学物质众多，在一期调查过程中可能不能完全掌握所有的化学品清单，因此在实际工作中所涉及的分析检测项目一般均较为广泛。实验室为了简化工作程序，将化学品根据其特征分为几大类供环境专业人员选用。常见的化学测试项目包括金属、总石油烃、挥发性有机物和半挥发性有机物四大类。部分情况下，环境专业人员还可以补充分析检测有机氯农药、有机磷农药和多氯联苯等。一般而言，这七大类测试项目包含了绝大多数的常见污染物。针对这些常见污染物，美国环保署发布了专门的化学测试方法，并汇总在 SW-846 文件之中供实验室采用。

- 质量保证／质量控制程序：质量保证／质量控制程序应包括现场使用设备的校准和维护、测量精度、设备清洗、和样品处理和保存等。为了检查实验室分析数据的可靠性，质量保证／质量控制程序一般还应包含一定数量的平行样。为了证明采样过程中和运送过程中没有交叉污染，质量保证／质量控制程序一般还应包含一定数量的设备淋洗样和运输空白样。实验室内部应该有完备的质量保证／质量控制程序。环境专业人员在准备工作方案时应验证相关文件。如果法律规定需要相关证明、执业许可或者认证等，环境专业人员也应一一核实。

2. 土壤样品采集

土壤样品的采集有很多种方式，其中搅动土样不要求保持土壤原有结构，适合大多数分析项目；原状土样要求最大可能保持土壤原有结构，适用于土壤物理性状和某些化学性质的测定。对于浅表土壤，可以使用铲子、铁锹、铁刀或竹片等；对较深层土壤的采集，可使用手钻、螺旋钻、槽式土钻、劈管采样器、薄管采样器、双套管采样器等。

钻孔工作应在环境专业人员的指导下由有资质的勘探公司实施。钻探过程中，观察记录土壤的外观特征和土质性质，视觉判断受污染的可能性，为了帮助现场的环境专业人员迅速识别潜在的污染，现场还可以使用 PID 检测挥发性有机物，XRF 检测重金属。任何液体、水和气体等在钻探过程中不允许带入土孔中。在钻探中遇到砂或其他非稳定土层时，应使用临时套管以稳定井壁。假如钻探中遇到明显松动易坍塌土层影响或非水相液体的存在，必须采用适当的措施防止污染物垂直迁移通道的形成。每个土孔钻探前，对钻机井下设备和采样工具进行清洗，以防止交叉污染。清洗包括使用自来水，不含磷清洗剂和蒸馏水的反复漂洗。

在钻孔现场应记录土壤类型、颗粒大小和分布、颜色、水分、地下水深度、气味、是否存在明显污染的痕迹以及其他所见到的特征等。关于土壤的现场鉴别和描述可以参考《土壤鉴别和描述标准实践》（ASTM D2488-00）或者中国的《岩土工程勘察规范》GB 50021-2001[6, 7]。现场记录的信息非常重要。这是因为实验室分析检测其实只能提供对于给定位置给定深度处采集的样品的信息，而现场观察可以提供整个钻探剖面的信息，辅以现场 PID 和 XRF 筛查数据，可以提供更为完备准确的场地信息。

对于用于挥发性有机物测试的土壤样品，可以考虑劈管采样器或双套管采样器。在采样器达到预定采样深度后取出，将采样器内层的采样管取出，两端以带特氟龙垫片的塑料盖封好，以尽可能减少挥发性有机物在保存和运输过程中的损失。常见的 Geoprobe 钻机具有自己特有的双管采样系统，能够保证土样的完整性，取样方便。内管尺寸为 25.4mm，每次钻进 300mm 后取出内管，外管钻进到内管终孔位置处，再用新的内管继续向下钻进，这样循环往复，取样的效率很高，而且能够得到保存完好的土芯。内管取出之后立即对内管两端密封。内管是透明材质，现场专业人员可以目视检查土壤的性状，初步判断是否有异常的污染指示。然后用剪刀剪取不同深度处的土壤进行现场筛查，并根据筛查结果决定实验室送检样品。为了保证送往实验室检测的样品尽量少地流失挥发性有机污染物，还可以在使用上述土样采集设备采集土样后，使用塑料注射采样器从土芯中采集分样。

3. 地下水样品采集

地下水样品采集一般通过安装地下水监测井或利用已有水井进行。监测井可以利用土壤采样形成的土孔。一般在土孔中安装内径为 56mm 的 PVC 管。对于特殊的污染物，还可以选取特氟龙或者不锈钢管材。

井管由三部分组成，一般包括底部 0.3m 长的沉砂管，其上是长度一般不超过 3m 的滤水管，再上是延伸至地表的白管。滤水管的顶部应安装应在水位以上约 0.5m 处，同时满足雨季和旱季水位变化的监测要求。将预先洗过的，分选良好的石英砂放入监测井套管与钻孔之间的环形空间中，填充高度应高于滤水管顶部 0.5m 左右处。剩余的钻孔空间用颗粒膨润土密封，地表以下 0.5m 至地表处应用水泥浆填充。监测井地面部分用带锁的金属护筒或窨井盖予以保护。典型的现场记录和地下水监测井结构见图 2-2。

除了传统的安装地下水监测井后再采集地下水样的方式之外，还可以采用直接插入方式进行地下水实时采样。该采样方式通常在直接插入过程中将滤水管密封于外套管中，贯入到预定深度后，将外管套拉起暴露滤水管于含水层，然后以抽水泵或吊桶采集水样。采样结束后，可用灌浆设备在套管拔出过程中完成封孔动作。该方法具有快速、可进行特定深度取样以及更容易掌握污染物浓度分布等优点，可用于初步调查和快速筛查等。

为了掌握地下水的流场情况，还应在现场测量所有地下水监测点的标高和水位。在完成标高和水位测量之后，所有监测井都应进行清洗以稳定滤砂和沟通井管周围含水层，保证从监测井中能采集到有代表性的地下水水样。一般可以采用一次性吊桶和潜水泵等进行监测井清洗。洗井应一直进行到地下水清澈没有沉积物为止。一般洗井的水量应不少于 5 倍井管内积水量。

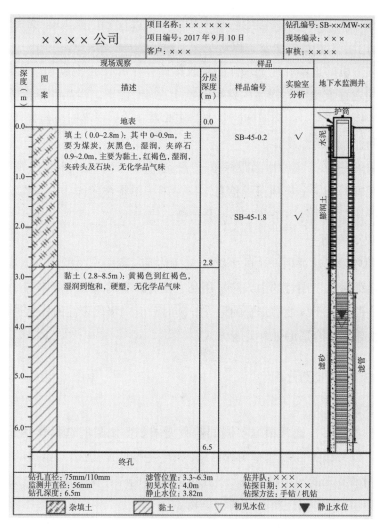

图 2-2　典型的现场记录和地下水监测井结构

根据取样的指标不同,可以使用一次性吊桶或低速泵来采集地下水样。样品采集前,还应抽出至少相当于井容量 3 倍的地下水进行洗井。洗井过程中应同步测量地下水的水温、pH 值和电导率至其稳定。连续三次测量 pH 误差在 ±0.1 以内,水温和电导率的相对误差在 ±10% 以内可以视为地下水已经达到稳定状态。

采集地下水样品应立即放入由实验室提供的样品瓶中。样品瓶将详细记录样品编号、采样日期时间以及分析项目等。样品按如下顺序采集:挥发性有机物,半挥发性有机物,石油烃,有机氯农药,有机磷农药,多氯联苯和重金属。对于测量水溶性重金属,还需要在现场采用 $0.45\mu m$ 滤纸过滤,然后保存于预先加有硝酸的塑料瓶中。

4．现场采样质量保证／质量控制

现场工作人员在设备使用前应预先进行校正或标定,所有钻孔和取样设备为防止交叉污染,都必须进行清洗。一般的设备清洗程序包括先用无磷洗洁剂清洗,自来水冲洗，最后用去离子水冲洗并晾干。在采集土样及进行 PID 或 XRF 现场筛查测试时，必须始终使用干净的一次性手套，以避免交叉污染。

所有采集分析的土壤和地下水样品将收集储存在放有足够冰排的冷藏箱中，然后通过快递公司送往实验室。样品的保存温度应在4℃以下。样品的分析测试必须满足各分析检测指标的储存时间和温度的要求。实验室在收到样品时应检查样品的完整性，并记录下收到样品时的温度。

在样品采集完后，应填写样品跟踪单，详细记录每一个样品的样品性质、编号、数量、采样日期、采样时间、分析项目等信息。样品跟踪单将跟随样品的采集、运输以及分析的整个过程，保证在每一个环节都不会出现差错。

5.废物处理处置

所有二期环境场地评估产生的废物，包括钻探过程中产生的废弃土壤、钻井采样设备清洗产生的废水、用过的个人防护用品、洗井产生的地下水废水等，均应收集在合适的容器中并暂存于场地中安全的地方。同时，应采集代表性的样品进行分析测试，并根据结果决定最终合适的处理处置方式。

2.2.3 实验室检测分析

1.分析参数

污染物种类繁多，通常根据不同的监测要求和监测目的选择样品分析指标。选择分析参数可以考虑:(1)场地有明确信息(如环境影响评估报告)给出的特征污染物;(2)标准中明确要求的污染物;(3)潜在可能在场地内存在的危害大、毒性大、影响范围广的污染物;(4)出现频率高的污染物。

化学性质分析指标包括金属、挥发性有机污染物、半挥发性有机污染物、石油类、有机氯农药、有机磷农药、多氯联苯等。美国环保署公布的水环境129种优先污染物中，包括15种金属和无机物、20种农药、多氯联苯、26种卤代脂肪烃、12种单环芳香族化合物、7种醚类化合物、11种酚类、6种酞酯类、16种多环芳烃、3种亚硝胺和4种其他化合物。

2.分析方法

环境样品分析方法选择原则主要是:(1)优先选用国家或行业标准分析方法;(2)尚无国家行业标准分析方法的监测项目,可选用行业统一分析方法或行业规范;(3)采用经过验证的国际标准方法或与美国环保署等效分析方法,其检出限、准确度和精密度应能达到质控要求;(4)采用经过验证的新方法,其检出限、准确度和精密度不得低于常规分析方法。

相对而言，目前大多数现有国家或行业标准分析方法所针对的化合物比较有限，难以满足众多参数分析的需要。美国环保署制定了一系列标准分析方法用于环境监测领域，其中 SW-846 系列标准分析方法主要用于固体废弃物试验分析评估，分析对象包含水体、淤泥、固体（包括土壤）、油、有机液体、多相混合物、浸出试验毒性提取液、毒性浸出试验提取液和气体等九大类；分析项目包括有机物、金属和一些常规项目。

SW-846 系列标准分析方法在场地调查评估中应用较为广泛，主要的方法包括：（1）1300 系列—毒性试验方法；（2）3000 系列—金属元素的提取方法；（3）3500 系列—半（非）挥发性有机物的提取方法；（4）3600 系列—净化、分离方法；（5）5000 系列—挥发性有机物的提取方法；（6）6000 系列—测定金属的方法；（7）7000 系列—原子吸收法测定金属元素；（8）8000 系列—有机物分析方法；以及（9）9000 系列—常规项目分析方法。

2.2.4　数据分析和报告编制现场工作

二期环境场地评估的目的在于识别场地是否存在污染，因此最为简单的方式是参考相关标准进行对标分析。当前中国和场地评估相关的标准包括《土壤环境质量标准》GB 15618-1995，《地下水质量标准》GB/T 14848-2017，《展览会用地土壤环境质量评价标准（暂行）》HJ/T 350-2007 等。在北京、上海、湖南等地还有地方的标准可以参考。

由于中国现有的土壤和地下水质量标准涉及的污染物种类相对较少，因此在缺少国内相关标准时还可以参考国外的相关标准，其中比较常用的标准是荷兰土壤 / 地下水干预值标准。荷兰土壤 / 地下水干预值标准涵盖了重金属、有机污染物、石油类和农药等多种污染物，所设定的标准值较好地体现了土壤和地下水的环境保护目标，因此在欧洲和亚洲多个国家和地区得到了广泛的参考应用。

二期环境场地评估报告一般应包括：（1）执行摘要；（2）简介；（3）场地基本情况；（4）工作内容；（5）结果；（6）发现和结论；（7）建议（如果用户需要）；（8）附件。

2.3　修复调查

2.3.1　污染场地优先级的确定

根据超级基金的工作程序，在场地评估阶段包括初步场地评估和场地检查两个步骤，其主要目的在于确定场地的相对有限级别。只有达到一定条件的场地才能进入超级基金场地名录，才能获得超级基金的资助。为了确立污染场地的相对有效级别，美国制定了超级基金场地危害排序系统。根据对大量污染场地的调研，污染场地的风险途径可概化为地下水、地表水、土壤暴露及地下侵入、空气四类。其中，地下水途径和空气途径均仅针对单个威胁而言，而对于地表水和土壤暴露及地下侵入则必须考虑多个威胁。其中，地表水途径涉及饮用水、食物链和环境三类威胁，而且还必须考虑地表水／洪水和地下水到地表水两个要素。土壤暴露及地下侵入则涉及居民、附近居民和地下入侵三个威胁。美国超级基金危害排序系统的基本结构如表 2-2 所示[8]。

美国超级基金危害排序系统的基本结构　　　　　　　　　　　　表 2-2

	地下水	地表水			土壤暴露及地下侵入			空气
		饮用水	食物链	环境	居民	附近居民	地下侵入	
泄漏／暴露可能性								
废物特征								
受体								
	S_{GW}	$S_{SW}=$ 饮用水 + 食物链 + 环境			$S_{SESSI}=$ 土壤暴露居民 + 土壤暴露附近居民 + 地下侵入			S_A

美国超级基金危害排序系统就是通过对表 2-2 中各个途径逐一进行评估量化，最终给出场地的风险分值。总的算法见方程 2-1，其中，S 是场地评分（0 ~ 100）；S_{GW} 是地下水途径分值；S_{SW} 是地表水途径分值；S_{SESSI} 是土壤暴露及地下侵入途径分值；S_A 是空气途径分值[8]。

$$S = \sqrt{\frac{S_{GW}^2 + S_{SW}^2 + S_{SESSI}^2 + S_A^2}{4}}$$　　　　　　（方程 2-1）

每一个途径的分值则由方程 2-2 给出，其中：$S_{途径}$ 是某个途径的评分值（0 ~ 100），如果计算结果大于 100，直接取值 100；WC 是废物特征因子值（0 ~ 1000）；LR 是污染物泄漏可能性因子值（0 ~ 550）；T 是目标因子值；SF 是比例因子（取固定值 82500）。

$$S_{途径} = \frac{(WC)(LR)(T)}{SF}$$　　　　　　（方程 2-2）

以 2017 年新修订的土壤暴露及地下侵入途径为例。这个途径包括土壤暴露和地下侵入两个成分。其中土壤暴露成分又包括居民和附近居民两个部分，对于每一个部分，通过方程 2-2 计算相应的分值。两部分分值之后是土壤暴露成分的分值。土壤暴露成分和地下侵入成分分值之和就是土壤暴露及地下侵入途径的分值。图 2-3 说明了这一计算过程及在计算过程中需要考虑的各个因子。

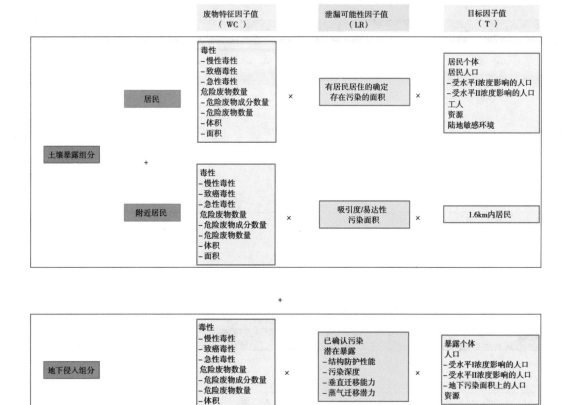

图 2-3　土壤暴露及地下侵入途径评分 [8]

　　必须指出的是，虽然危害排序系统是一个定量的评分系统；但是它是基于初步场地评估和场地检查的数据给出的，寻求的是给出场地的相对优先程度，因此其在数据处理时做了大量的概化。以废物特征因子为例，系统首先把收集数据从高到低分成 A、B、C、D 四个等级，在进行排序时优先使用高等级的数据（表 2-3）。

危险废物数量值标准化转化 [9]　　　　　　　　　　　　　　表 2-3

等级	测量对象	单位	废物数量值标准化转换方程
A	废物中污染物净质量	kg	$M/0.454$
B	废物质量	kg	$W/2270$
C	填埋场体积	m^3	$V/1911$
	地表渗坑（未回填）体积	m^3	$V/1.911$
	地表渗坑（已回填）体积	m^3	$V/1.911$
	桶体积	L	$V/1893$
	储罐及非桶容器体积	m^3	$V/1.911$
	污染土壤体积	m^3	$V/1911$

续表

等级	测量对象	单位	废物数量值标准化转换方程
C	堆体积	m³	$V/1.911$
	其他体积	m³	$V/1.911$
D	填埋场面积	m²	$A/316$
	地表渗坑（未回填）面积	m²	$A/1.2$
	地表渗坑（已回填）面积	m²	$A/1.2$
	土地处理系统面积	m²	$A/25.1$
	堆面积	m²	$A/1.2$
	污染土壤面积	m²	$A/3160$

注：M 代表质量；W 代表废物质量；V 代表体积；A 代表面积。

根据表 2-3 获得的废物数量值，查找表 2-4 可以获得废物数量因子值。

废物数量因子值查找表　　　　　　　　　　　　表 2-4

废物数量值	废物数量因子值	废物数量值	废物数量因子值
0	0	$10000 \leqslant 1000000$	10000
1-100	1	>1000000	1000000
$100 \leqslant 10000$	100		

　　废物数量因子值和污染物毒理特性因子值的乘积称为废物特征积。其中，污染物毒理特性因子值是污染物毒性或生态毒性和移动性、持久性、生物累积性等的乘积。根据评估途径的不同，具体的因子组合方式也有所不同。例如，地下水途径中的污染物毒理因子值取决于污染物本身的毒性和移动性。在不同的情景中，污染物的移动性有所不同。在评分系统中设立了如下五大类污染物移动性情景：(1)液体/喀斯特；(2)液体/非喀斯特；(3)非液体/喀斯特；(4)非液体/非喀斯特；(5)污染物已泄漏进入地下水。在确定了污染物移动性情景后，还需要明确污染物名称。美国环保署对污染物质的毒性、生态毒性、持久性、生物累积性等根据其原始的毒理学数据进行了分级概化，并总结于一个数据表格之中供选用。污染物毒理性因子值乘以污染物数量因子值就得到废物特征积。根据废物特征积，查找表 2-5 就可以获得废物特征因子值。

废物特征因子值查找表　　　　　　　　　　　　表 2-5

废物特征积	废物特征因子值	废物特征积	废物特征因子值
0	0	$10^6 \leqslant 10^7$	32
$0 \leqslant 10$	1	$10^7 \leqslant 10^8$	56

续表

废物特征积	废物特征因子值	废物特征积	废物特征因子值
$10 \leqslant 10^2$	2	$10^8 \leqslant 10^9$	100
$10^2 \leqslant 10^3$	3	$10^9 \leqslant 10^{10}$	180
$10^3 \leqslant 10^4$	6	$10^{10} \leqslant 10^{11}$	320
$10^4 \leqslant 10^5$	10	$10^{11} \leqslant 10^{12}$	560
$10^5 \leqslant 10^6$	18	10^{12}	1000

根据对污染场地概念模型的高度概化和标准化，可以实现对污染物泄漏途径因子、受体因子等的定量化，并最终形成每个途径的评分和场地的总分。详细情况可以参考美国超级基金危害排序系统的相关文件。

超级基金危害排序系统的目的是识别最需要进行场地修复的场地，并将这些场地列入超级基金场地名录。自从该系统实施以来至2016年10月，共对52859个场地进行了调查评估，其中共有1782个场地被列入超级基金场地名录，还有5063个场地被转移给其他修复计划[8]。

2.3.2　场地概念模型

在初步场地评估和场地检查阶段只是建立污染场地的总体概念模型场。根据这个场地概念模型可以进行危害排序系统的评分，但是距离指导场地修复还有较大的距离。如果一个场地列入超级基金名录则意味着有很大可能性需要进行后续的修复治理，这时就必须进行深入详细的修复调查。

修复调查是围绕完善场地概念模型展开的。场地概念模型综合描述场地污染源泄漏的污染物通过土壤、地表水、地下水、空气等环境介质，进入场地周边及接触场地上人群等受体并对受体的健康产生影响的关系模型。它是对污染物迁移暴露途径的形象化描绘，可以帮助加深对污染潜在影响和风险的认识及支持选择相应的修复治理措施。

场地概念模型包括污染源、污染物的迁移途径、受体接触污染的介质和接触方式等，主要在于识别污染源、污染迁移途径与受体之间的关联。通过建立场地概念模型，可以定性了解污染物如何由污染源进行迁移，以及潜在人体或环境受体暴露发生的介质和迁移途径。潜在风险危害仅在源—迁移途径—受体的关联完整（即源、迁移途径、受体三者均存在）时才会发生（图2-4）。场地概念模型需要同时考虑污染影响到受体的可能性，以及其影响的大小。

建立场地概念模型的目的（用途）主要在于：（1）收集整合案头研究、场地踏勘及场地调查评估所收集的资料信息；（2）分析数据缺口，指导下一阶段进一步调查工

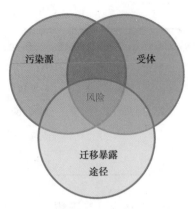

图2-4　污染场地风险管理框架

作范围的确定;(3)帮助对数据进行分析;(4)指导监测方案设计;(5)识别场地内存在的风险,确定风险评估的范围;(6)制定修复策略(修复行动方案选择及修复系统设计等);(7)确认修复措施的实施是否切断了所有的源—迁移途径—受体的关联。为了达到这些目的,场地概念模型涉及的主要内容见表2-6。

场地概念模型的主要内容　　　　　　　　　　　　　　　　表2-6

项目	主要内容
场地概况	场地历史和现状,主要污染源,潜在的主要源—迁移途径—受体的关联
地质条件	地层组成及其对源、迁移途径和受体的重要性,可能迁移途径评估
水文地质条件	各地层含水层划分及其可能的渗透性,地下水流程,地表水/地下水相互作用,地下水的径、排、补条件,人为改变(如地下设施、下水道系统、地下储罐、基础等)
污染源识别	已知、可能或怀疑存在的物质和特性详情
污染源表征	污染介质(如土壤、底泥、地下水、地表水、气体等),污染源空间分布,污染物的溶解度、挥发性、密度、吸附能力、毒性等,污染物状态(如固体、吸附态、气态、液态、轻质非水相液体、重质非水相液体等)
潜在迁移途径	地下水,地表水和沉积物,包气带,下水管道/设施管道,空气(灰尘、颗粒物、蒸气吸入),直接接触(摄入、皮肤接触),植物摄取,食物链等
潜在受体	地下水,地表水,人群(如成人、儿童、工人、居民、来访者、闯入者等),生态系统(如濒危物种栖息地、水源地、重要湿地、渔场等),其它(如作物、牲畜、文物古迹)等
潜在的主要源—迁移途径—受体的关联	依次考虑每个受体的潜在关联,并解释认可或否定的缘由,使用图表等进行评估
风险驱动因素	可能导致最大风险的物质,一般可考虑高毒性,高迁移性和持久性污染物
限定条件	假定条件,不确定性等

建立场地概念模型的一般步骤包括[10]:

• 文献资料研究:收集历史记录、地图、航空图、报告等资料,并研究与场地概念模型相关的信息。

- 污染物识别：识别土壤、底泥、地下水、地表水、空气、生物体内的污染物。
- 建立背景浓度：场地修复的目的在于治理人为影响带来的污染，因此必须在建立场地概念模型时有效确立污染物的背景浓度范围。除此之外，对于多个污染源同时对于某一个污染物浓度均有贡献的情况下，场地概念模型也应对此加以说明。
- 污染源描绘：对污染源所在的位置、范围、体积等进行检查测量或者估计，并给出污染物的浓度，以及污染物从污染源泄漏的开始时间、持续时间、泄漏速率等。
- 识别迁移途径：针对每一个污染源，必须仔细评估地下水、地表水、空气、生物体、土壤、底泥等介质中的污染物迁移途径。
- 识别受体：受体的范围包括所有和污染源有直接接触或者在迁移途径之上的人及重要环境资源。
- 场地概念模型展示：可以用文字描述，图表等多种形式展示构建的场地概念模型。
- 场地概念模型可以多种形式表述，如表格、图形、文字描述等。图2-5是用流程框图的形式表示的某污染场地的场地概念模型；图2-6是用图形的方式表示的污染场地蒸气侵入的通用场地概念模型。

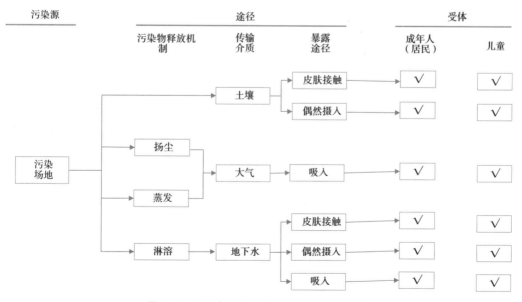

图 2-5 流程框图表示的场地概念模型示例

图 2-6　图形形式表示的场地概念模型示例

2.3.3　修复调查现场工作内容

二期环境场地评估主要针对土壤和地下水，基本目的在于识别场地是否存在污染，厘清相关责任；而修复调查则需要系统说明场地的环境风险，构建完整的场地概念模型，为修复治理的可行性研究提供坚实的基础。因此，修复调查的工作内容要更广泛，这表现在针对的环境介质除了土壤和地下水之外，还一般需要包括底泥、地表水、土壤气体等等。在采用的技术手段上除了传统的钻探技术之外，还包括采用大量的创新技术，如膜界面探测仪、物探技术和现场快速测量技术等等，这些创新技术作为场地调查评估中的最佳管理实践，会在第 5 章中予以详细介绍。

1. 底泥样品采集

根据水体深度、采样深度、样品类型（原状或扰动土壤）、污染物以及底泥类型等，可选用不同的采样方法和设备。表层底泥采样可使用抓取式采样器或钻取式采样器，如铲子、手钻等直接采集。对于深度超过 15cm 的深层底泥，可以使用钻取式管状采样器或其他专用采泥器进行采样。

2. 地表水样品采集

在地表水采样前需要测定 pH 值、水温、电导率、氧化还原电位和溶解氧等基本水质参数，以了解水体水文特征，确定水体是否存在分层现象、水流方式以及合适的采样点位与深度。

根据地表水体大小、深度、采样目的、采样安全等因素，可考虑船只采样、桥梁采样、涉水采样或近岸采样等方法。对于容易到达的水体，可以考虑使用样品容器直接采集。采样时，一般是采样者位于水体下游方向，采样容器位于上游方向，并且尽可能避免搅动底泥。

常用地表水采样设备包括水桶（适用于表层水采集）、桶式水样采集器（可用于水质或浮游生物分析采样，尤其适用于分层采样）、重力瓶采样器（深水采水器）以及各式自动采水器。

3. 土壤气体采集

土壤气体测试技术最初应用于农业研究和石油勘探，后作为场地污染的间接测量手段逐步应用于场地污染筛选。该技术快速、低成本、可提供较为丰富的场地污染信息，可用于污染场地调查评估、风险评估、修复方案设计和监测，以及蒸气入侵调查。适用于土壤、地下水和土壤气体中有机污染物的调查。

通常，土壤气体调查采样方法可分为主动式和被动式两种：

- 主动式土壤气体采集通常使用机械设备钻探一个 1m 左右或更深的土孔，然后使用真空泵通过不锈钢探头或塑料管抽取土壤气体样品到气体容器中（如空气采样罐、玻璃球胆、气体采样袋、铝箔袋和针筒等）或吸附采样管（吸附剂主要有活性炭、多孔聚合物等）。样品在现场由移动实验室或送固定实验室进行检测分析。通过设置不同的探头贯入深度，可以测定不同深度的土壤气体浓度。主动式方法比较适合于关注污染物仅为轻质挥发性有机物、土壤渗透性较高、湿度较低的情况；不适合土壤渗透性低或地下水水位很浅的土壤环境。由于主动式采样使用采样泵，可能采集到环境空气或不一定代表采样范围的实际非搅动状态下的气体浓度。

- 被动式土壤气体采集则是将含有吸附剂的采样器安装到地下，放置一段时间待吸附剂被动吸附污染物后将采样器收回并送实验室进行检测分析。被动式采样器可鉴别更大范围的挥发性有机物和非挥发性有机物。使用的疏水性吸附剂可以在高湿度条件下有效吸附污染物，适合于土壤渗透性低的土壤环境。被动式土壤气体调查可为风险评估提供数据。

2.3.4 污染场地调查评估的发展演变

经过几十年的实践，发达国家积累了丰富的污染场地的调查修复经验，意识到场地水文地质和污染分布等信息是成功选择修复方案和实施污染修复的关键所在。区别于地面常规污染（如地表水、工业污水、固体废物等）的治理，地下污染因为其隐蔽性和高度不确定性，常常导致污染修复的针对性难于把握；而污染位置、污染范围、污染程度、污染物的迁移转化、地理化学条件等都会对修复技术和规模的选择产生重大影响。

场地水文地质和污染的调查通常是一项漫长而艰巨的任务。发达国家的实践中均花费大量的资源用于场地调查。特别是在一些政府管理的修复项目中（如美国的超级基金项目），很多项目自从立项以来，在过去几年甚至十几年时间里都在进行调查工作，但仍然难以完全弄清楚污染状况，所以至今仍没采取真正意义上的修复行动。

导致场地调查评估非常困难的原因有很多。一方面是因为场地水文地质和污染本身的复杂性。另一方面也是因为现场的采样和定量的实验室分析往往费用高昂，所以每次调查通常只选择较少的取样布点和样品采集分析，希望达到目的；可是结果却往往不尽人意，反而需要多次反复进出场地进行调查。在多次调查中，因为相关利益方较多，加之信息的缺失，常常每次都需要花费很长的时间进行讨论、决策。甚至因为多次调查的时间间隔较长，影响数据的可比性和适用性，为决策制定带来新的挑战。

为了克服类似困难，更好地帮助完成修复方案的可行性研究以及后续的修复设计甚至工程实施，近来场地调查评估的认识和技术方法逐渐有了新的发展，其中较为重要的发展包括：

- 更加重视场地调查评估。因为场地调查评估的重要性，即使其投入可能较大，但是高精度的场地调查评估带来的修复成本的节省将远大于前期的额外投资。
- 快速现场检测技术的推广应用。为了解决场地调查评估的多次反复问题而耽误时间，近来被美国环保署积极推动的集成"三脚架"场地调查评估决策方法逐渐得到推广并发展成熟。如图 2-7，通过系统的规划，动态的现场工作策略，辅以同步发展的现场实时检测技术仪器，可以加速场地污染分布的调查和对应的管理决策进展。
- 强化场地概念模型的集成优化。如前面已经讲到，场地概念模型是对污染源 - 迁移暴露途径 - 受体风险链的形象化描绘，可以帮助深化对污染潜在影响和风险的认识，并帮助选择相应的修复治理措施。一方面，快速详尽的现场数据采集和集成可以帮助场地概念模型的建立和完善，尤其是环境"大数据"时代，各种精度的水文地质图件、工程地质勘查报告、污染物迁移归趋数据库等资料开始实现数据库化、公开化，这为快速建立场地概念模型提供了基础。另一方面，场地概念模型的建立过程也可以指导现场数据采集的布点、确立监测分析指标等，使其更具有针对性。

图 2-7 "三脚架"场地调查评估决策方法

2.4　风险评估方法

2.4.1　人体健康风险评估

人体健康风险评估是用来评估污染场地对人体健康危害程度，其主要步骤包括危害识别、暴露评估、毒性评估和风险表征[11, 12]。在具体的场地评估时多采用层次评估方法，上述四个步骤又在每一层次中得到体现。从第一层次到第三层次，暴露途径和参数的引用由简至繁，所需调查量亦逐层增加。根据场地环境调查的结果，结合污染场地风险评估启动值，确定是否启动风险评估。

1. 危害识别

危害识别阶段的主要任务是通过和相关标准或筛选值的比对识别场地的关注污染物及其分布。另外，还需要掌握敏感受体，如儿童、成人、地下水体等的基本信息。

2. 暴露评估

暴露评估的具体内容包括：

- 根据场地利用方式下人群的活动模式，确定该用地方式下的典型暴露情景。
- 确定可能的暴露途径，并根据实际情况分析确定特定用地方式下的主要暴露途径，尽可能根据现场调查获得风险评估模型的参数。如有可能，应考虑饮用地下水的暴露风险，将地下水作为保护目标之一。
- 分别对各种土地利用方式下的各种暴露途径计算单一污染物的暴露量。

3. 毒性评估

污染物对人体健康的危害效应包括致癌效应和非致癌效应。针对这些效应，相关机构建立了毒性数据库，可以提供诸如污染物的各种理化性质，人体健康剂量 - 效应关系等。

4. 风险表征

风险表征的具体内容包括：

- 计算污染物浓度对应的致癌风险和危害商值，划定场地污染范围；
- 对单一关注污染物，先分别计算不同暴露途径下的致癌风险，然后计算所有途径下的致癌风险；
- 对单一关注污染物，先分别计算不同暴露途径下的非致癌危害商值，然后计算所有途径下的非致癌危害指数；
- 计算关注污染物所有途径下的致癌风险和非致癌危害指数总和；
- 从暴露情景假设、评估模式适用性、模型参数取值等多方面分析风险评估结果的不确定性。

5. 分层次的健康风险评估方法

分层次的人体健康风险评估的暴露情景假设和暴露参数引用从第一层次至第三层次由简单至复杂。其中第一层次的健康风险评估适用的预设的通用情景和数值，采用场地现状调查的数据较少，评估的暴露途径属于直接暴露途径；第二层次健康风险评估的暴露情景也多使用预设的情景，评估的暴露途径也属于直接暴露途径，但是暴露参数则以场地现状调查的结果为主要依据；第三层次健康风险评估的暴露情景更复杂，暴露参数也用统计分布代替定值（即需要更多的场地现状调查，包括周边场地调查评估，甚至于整个区域的调查）。

人体健康风险评估的启动及层次划分基本原则包括：（1）如有立即性危害，则须立刻进行应急措施，而非健康风险评估，待应急措施结束后，再重新考虑实行健康风险评估的必要性。（2）关注污染物如有生物累积性，且可能发生间接暴露，则应直接进入第三层次健康风险评估。（3）如场地本身或周边环境（关注污染物可能影响的区域）含有农业用地或畜牧养殖业用地，且可能发生间接暴露；或土地利用类型属于非工业用地，商业或住宅用地，同时不属于第一层次风险评估的暴露情景，则应直接进入第三层次健康风险评估。（4）如场地本身或周边环境（关注污染物可能影响的区域）和其生态保护价值的区域重叠，且可能发生间接暴露，而受体可能不限于人体，需以较复杂的模型进行评估时，应直接进入第三层次健康风险评估。

6. 健康风险评估不确定性分析

导致污染场地风险评估中的不确定性因素主要包括暴露情景、评估模型和模式、模型参数取值等。暴露情景不确定性主要包括场地未来土地利用方式改变的不确定性。参数不确定性主要包括场地资料是否有不确定性，是否会造成风险过高或过低估计，环境介质、采样误差和实验室分析误差的潜在变异性，以及毒性数据的不确定性，是否会有关注污染物的毒性是无法量化的，对评估结果影响程度多大。模型不确定性则包括暴露评估中的污染物迁移传输模型是否与实际相一致，例如当前通用的污染气体侵入模型则未考虑优先传输通道和生物降解。

在健康风险评估中减小不确定性的方法主要包括尽量应用场地获取的数据和可靠的数据质量。当场地信息不能获取时，应用合理保守的假设来提高评估结果的安全余量。另外，还可以采用蒙特卡罗等随机模拟的方法来分析各种暴露途径或关注污染物对风险水平的影响和参数的敏感性。

2.4.2 基于风险的修复目标制定

目前，污染场地的风险管理主要针对人体健康风险，通过风险表征的逆向计算推导出相应的风险目标值。对于可接受的环境风险水平，国内外的规定有相当大的差别。

一般而言，对于致癌风险的可接受水平在 10^{-6} 到 10^{-4} 之间，我国规定的可接受水平为 10^{-6}。而对于非致癌风险水平危害商值通常都定为 1.0。

确定关注污染物场地修复建议目标值可以参考下面的计算步骤。

1.计算基于致癌（非致癌）风险的限值

对于给定的关注污染物，需要计算场地上存在的各个暴露途径下的限值，主要包括经口摄入、皮肤接触、吸入土壤颗粒物、吸入室外空气中气态污染物、吸入室内空气中气态污染物等途径致癌（非致癌）风险下的限值。

2.计算保护地下水的土壤限值

土壤中污染物可通过降雨淋溶作用发生垂直迁移而进入地下水，影响地下水环境质量。污染场地所在区域的地下水作为饮用水源时，应计算为保护地下水目的对应的土壤限值。

3.分析确定修复建议目标值

比较上述计算结果，选择较小值作为污染场地修复目标建议值。根据污染场地实际情况，如采取暴露途径阻断措施控制风险，而不是通过削减场地土壤和地下水中污染物浓度来降低场地污染风险，则修复的目标应调整为阻隔等风险管控技术的性能指标。当然，确定场地修复目标还应综合考虑修复技术、经济和时间等方面的可行性。

2.5 土壤地下水污染修复技术

2.5.1 物理修复技术

1.开挖回填

对于污染的土壤，最为直接的处理处置方式就是将污染的土壤挖出，然后进行处理处置。开挖工作必须高度依赖于前期的调查确定的污染范围。很多案例表明场地调查和实际的污染分布会存在较大的偏差。在实际执行过程中，有必要结合开挖过程中揭示的新情况，不断地修正开挖范围。在确定污染范围之后，采用开挖设备（挖土机或推土机等）将污染土壤从场地挖除并将其运输到垃圾填埋场或其他异位处理场地进行进一步处理（如土壤淋洗或生物堆肥等）。如果处理后的土壤可以达到相关标准的要求，那么可以将挖除的已处理的土壤回填到原场地，这种方法称为回填处理法。如果采用其他场地的干净土壤回填开挖场地,则该方法称为客土回填法。在完成回填工作后，可以在回填区域上种植植被或添加覆盖，避免回填区域土壤风蚀或降雨侵蚀造成水土流失。

开挖处理可以适用于广泛的污染物治理，并没有特定的目标污染物。但一般而言开挖处理不是最为经济适用的修复技术，工作安全问题以及后续处理的困难性也限制了该种方法的应用。因此，该方法的应用大部分是在其他技术不适用或费用过高的情况下才被采用。此外，对人体有急性毒性的污染物，土壤开挖处理也是一种常见的应急处置方法。

开挖后如果采用客土回填法则必须了解回填土的来源，必要时应对回填土方进行采样监测分析，防止重新从场外引入新的污染物。此外，也应该考虑回填土的性质与场地水文地质状况的相关性，避免对后续修复工作造成影响。

2. 固定化／稳定化

污染物，特别是重金属，之所以对环境造成重大的风险就是因为这些污染物不仅有毒有害，而且在环境中还具有相当的可移动性。通过加入固定／稳定材料封闭或物理围堵污染物，或通过引入稳定剂使其与污染物发生化学反应降低污染物可移动性的方法称为固定化／稳定化技术。固定／稳定化技术与其他修复技术不同，它并不是试图通过物化方法去消除污染物质量，而是通过介质捕捉并固定污染物。浸出试验是检验污染物固定／稳定化程度的常用方法。采用固定／稳定化技术的目标污染物通常为无机污染物（包括放射性核素污染物）。对于半挥发性有机物以及农药等，该方法部分适用；但是对于挥发性有机物，该方法效果欠佳[13]。

图 2-8 是某污染场地采用固定化／稳定化技术的流程图。在很多时候，固定化／稳定化后的土壤还需要进入填埋场，因此在评估固定化／稳定化效果的时候还需要考虑固化体的物理性质，主要的考核指标是固化体的抗侧压强度。另外，从环境的角度还必须考察固化体的毒性。当前比较常见的方法有采用酸性溶液模拟卫生填埋场的浸出方法和采用纯净水模拟自然降雨情况下的浸出方法。但是无论采用何种方法都必须对固化体进行破碎并研磨，这其实破坏了固化作用，因此基于浸出的毒性试验在很大程度上针对的是稳定化的效果。

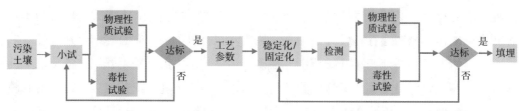

图 2-8　固定化／稳定化技术的流程图

原位玻璃化技术使用电流融化土壤或填土材料到极高温度（1600～2000℃），在裂解有机污染物的同时将无机污染物融入冷却后的玻璃体中。蒸气及有机裂解产物则收集至尾气处理系统。玻璃化产物是种具有化学稳定性、无渗滤液产生的玻璃结晶化物质，类似于黑曜石或玄武岩。原位玻璃化工艺可以分解以及去除土壤、底泥中有机污染物并且固定大多数无机污染物。该技术已经应用于挥发性及半挥发性有机物，或其他有机物包括二噁英和多氯联苯等的污染场地，对于其他的优先污染物和放射性核素污染物修复方面有部分小规模应用[14]。

3. 热解吸／热脱附

通过加热废弃物导致水分及有机污染物挥发而去除污染的方法即为热解析技术。通常处理过程中挥发的气体及水分通过抽气或真空抽提系统运送至尾气处理系统。热解析技术为物理分离工艺，处理系统并不分解污染物，而是通过加热废弃物至水分及污染物挥发而去除污染物。

根据加热温度的不同，热解析／热脱附又可以分为高温热解析／热脱附和低温热解析／热脱附：

- 高温热解析／热脱附将废弃物加热至320～560℃之间，后续的尾气处理包括焚烧、吸附等手段。目前高温热解析广泛应用于多环芳烃、汞等污染物。
- 低温热解析加热温度通常在90～320℃之间，并且成功应用于各种土质类型的石油烃污染场地，并且处理后的土壤仍可以保持其物理特性。低温热解析技术不能分解有机污染物，但处理后的土壤可以利用微生物活动进一步修复。

图2-9是某汞污染场地采用热脱附的流程图。在高温下土壤中的汞化合物会发生一系列反应，最终形成易挥发的单质汞，并以蒸气的形态存在于烟气中，因此通过热脱附系统可以回收单质汞。

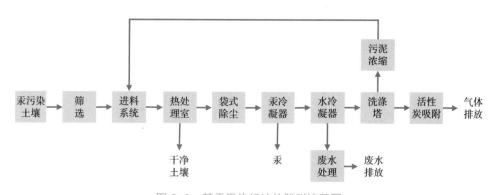

图2-9　某汞污染场地热脱附流程图

4. 地下水原位曝气法

地下水原位曝气法通过向污染含水层中注入空气，空气在污染区域内水平或垂向上通过土壤孔隙而吹脱挥发性污染物的技术。吹脱的污染物会进入包气带，通过配合使用的土壤气体抽提系统将污染物去除。应用该技术需要设计高流量空气喷射地下水井。地下水原位曝气法同时也将氧气注入污染区域内，提高包气带和含水层内的好氧微生物降解速率。注气法的目标污染物主要为以苯系物、氯代烃溶剂等为代表的挥发性有机物以及石油类污染物。

5. 土壤气体抽提

土壤气体抽提通过在土壤中维持一定的真空度的方式促进挥发性有机物进入气相，然后通过气相的运移进入地面处理系统来去除土壤中单位污染物质量。抽提井是土壤气体抽提的关键组成，通常分为水平井及垂直井两大类。垂直井通常深度为大于或等于地面以下1.5m。水平井则根据场地地质状况来决定，通常安装在开挖沟渠中或水平钻孔中。为了避免抽提井和地面连通，形成气流短路，一般还需要在处理区域覆盖土工膜材料。如要处理低渗透性土壤或饱和层污染物，则需结合曝气法注入空气以抽提分布较深的污染物。除了污染物本身的挥发性之外，土壤湿度、有机质含量以及孔隙率也会对土壤气体抽提技术造成影响[15]。

6. 地下水抽出处理

典型的地下水抽提系统见图2-10，一般由抽出井和地上处理系统两大部分组成。个别场地还将处理后的地下水回注到地下，形成循环井模式的地下水抽提/土壤冲洗联合修复系统。

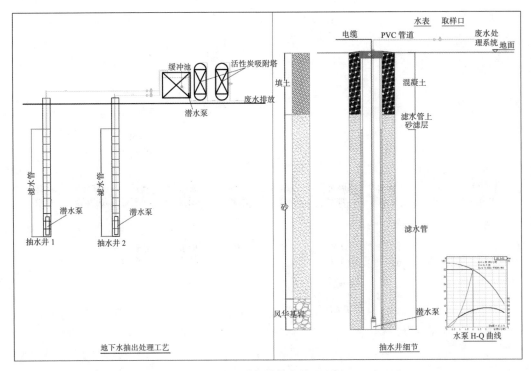

图 2-10　地下水抽出处理系统

在20世纪80年代，人们对污染物的迁移过程理解不够深刻，认为简单将地下水抽出自然而然就能实现去除地下水中污染物质量的目的。但是经过多年的实践发现问题并不是如此简单。土壤和地下水密不可分，其中相当一部分污染物通过吸附、相交换等机制赋存于土壤，特别是细颗粒土壤，如黏土等。这些污染可以解析出来污染地下水，但是这个过程非常缓慢。另外，从水文地质的角度分析，能够抽出大量地下水的位置往往是含有砂、砾石的含水层，这些含水层中并不会富集大量的污染物。因此，试图通过抽水的方式去除大量的污染物质量其实是不现实的。

后续研究发现，由于反向机制扩散等原因，地下水抽出处理对污染物的质量去除效果并不是很理想，要达到预定的修复目标往往需要很长的时间[16]。因此，采用地下水抽提方法去除污染物必须制定详细的地下水监测计划以确定抽出处理是否有效，并且根据监测结果修改场地处理修复方案。

地下水抽出处理又常常用于污染羽的水力围堵，通过减低场地部分区域的地下水水位，防止污染物的场外迁移（图 2-11）。

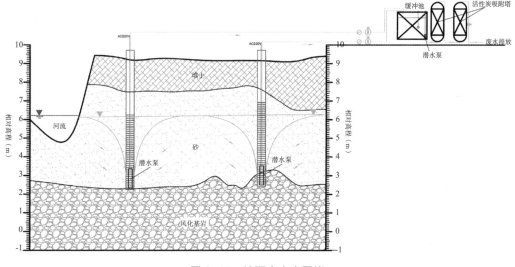

图 2-11　地下水水力围堵

7. 多相抽提

有别于土壤气体抽提，多相抽提实现的真空度要高得多，主要针对的污染场地是各种轻质非水相液体污染场地。该系统通过抽提降低抽提井附近水位，污染物通过抽提区域进入抽提井内后被移除。如果目标污染物中含有长链烃类则双相抽提技术通常会与生物曝气或生物通风联合使用。根据多相抽提的构造形式可以分为单泵双相抽提技术和双泵双相抽提技术。双相真空抽提在高度异质性或细砂场地的应用比土壤气体抽提技术更为有效[17]。

8. 原位加热解吸处理

热处理强化土壤气体抽提技术使用电阻、电磁、射频加热或使用热空气／蒸汽注入等方式提高半挥发性有机物挥发并进行抽出处理以去除污染物。该技术类似于土壤气体抽提的强化技术。

六相土壤加热技术利用六根电极之间通过低频电流的方式加热土壤，当前应用较为广泛。电阻加热方法使用电流直接加热低渗透性土壤如黏土或细颗粒底泥，使吸附在黏土及底泥中的水分及污染物挥发，再通过真空抽提系统抽出。土壤受热后开裂，因此能部分提高土壤宏观渗透性，有利于配套的土壤气体抽提技术将污染物抽出。同时，电极加热还可以迫使吸附在土壤中的水分蒸发。蒸发的蒸气通过污染区域并由土壤气体抽提系统抽出去除[18]。

射频加热利用电磁能加热土壤，强化土壤气体抽提。射频加热技术需要在待处理区域中植入两排接地电极，并在两排电极中植入第三排通电电极，三排电极类似于埋入地下的三重电容，当在电极中通电时，电极自上而下对土壤加热。

热空气/蒸汽注入同样则是利用注入的热空气或者蒸汽作为热源以加热污染的土壤或者地下水从而促进污染物的挥发或溶解，实现场地修复的目的。挥发的气体可以通过土壤气体抽提系统收集去除，而富集在热水中的污染物则可以通过地下水抽提的方式去除[19]。

湿度太大会影响土壤气体抽提效率，而热处理后却可以很好地解决这个问题。射频加热及电阻加热都可以利用蒸发水分的方式减低土壤湿度，提高土壤的渗透性能。热处理系统在设计之初是为了处理半挥发性有机物，但同时也可以处理挥发性有机物，特别是氯烃溶剂形成的污染场地。

2.5.2 化学修复技术

大多数污染物都有一定的可氧化性或者可还原性。利用污染物的化学活性开发出来一系列的化学修复技术及配套的药剂。基于化学氧化的药剂包括芬顿试剂、类芬顿试剂、高锰酸钾、过硫酸盐、臭氧等等；而基于化学还原的药剂则包括零价铁、铝及合金，乳化零价铁混合物，以及二亚硫酸盐类等。

2.5.3 生物修复技术

1. 生物堆肥

生物堆肥为在地面构筑污染土壤堆或单元，通过通风加速污染土壤的生物好氧反应而去除污染物的技术。该技术还可以通过加入水分及氮磷营养盐等强化微生物活动，促进微生物对污染物的分解作用。传统的生物堆肥在结构上必须构筑防渗基础防止渗滤液污染土壤和地下水，堆内基础上设置穿孔管网并连接到鼓风机，由此对生物堆通风。某些应用案例中还设置了渗滤液回收装置，尤其是对设置了保湿装置的生物堆肥。生物堆肥还必须设置表层覆盖防止风蚀和降雨淋洗而造成污染物流入大气及地表环境中[20]。

2. 生物堆

生物堆肥一般用于处理有机质含量较高的污染土壤或废物,堆肥处理完成后的土壤或者废物可以作为生物质肥。而生物堆主要针对的污染物是石油类。这个技术涉及把开挖的受污染土壤堆成堆场和通过通风和/或者添加矿物质、营养物和水分来强化土壤中好氧微生物的作用。通过强化微生物的呼吸作用来去除石油烃组分。实践证明,生物堆场可以有效地处理几乎所有的石油烃组分。轻质石油产品(例如汽油)主要通过挥发去除,较少通过微生物呼吸去除。中等分子量的碳氢化合物产品(例如柴油、煤油)比汽油含有更低百分数的轻组分,生物降解作用比挥发作用更重要。分子量更大(不挥发)的石油产品(例如燃料油、润滑油)在生物堆场通风的时候不挥发,主要的去除机制是生物降解[21]。

3. 生物通风/注气

生物通风/注气通过向不饱和污染土层内注入空气(抽提及注入空气),提高氧气传输量的方法加速土壤微生物活动,促进污染物的生物降解。生物通风是一种具有前景的新兴修复技术,其通过提高氧气输送量,加速可好氧分解污染物的原位生物降解率。对比土壤气体真空抽提,生物通风仅需要提供低流量的空气保持微生物活性。此外,残余的吸附相污染物也能通过生物降解将挥发性气体缓慢地从土壤中逸散出来[15]。

4. 强化生物修复

通过加入生物添加剂或者浓缩菌剂以促进污染土壤中的微生物降解。氮营养盐、氧气、接种微生物或其他添加剂都可以用于强化生物降解。在提供充分氧气含量以及氮磷营养元素的条件下,好氧微生物可以将有机物污染物代谢为二氧化碳、水分以及微生物细胞内物质。对于浅层土壤可以使用喷淋或渗透方式传输营养盐,对于深层土壤则主要依赖注入方式。尽管原位生物修复技术已经在寒冷气候区域得到成功应用,但是低温仍会降低修复效率。对于低温污染土壤可采取电热毯加热土壤以保持微生物活性。

生物修复技术已经成功应用于土壤、底泥以及地下水中石油烃、氯代溶剂、农药、木材防腐剂以及其他有机物污染的治理修复。生物修复不需要使用加热或其他造价高昂的投入,所添加的氮营养盐不会产生残余污染。相比于化学处理技术等其他修复技术,生物修复无需添加化学氧化剂等化学药剂,以及无需使用过多能耗进行加热等。由于针对半挥发性有机物的修复不能依靠污染物的挥发性进行处理,因此生物修复技术在半挥发性有机污染物的处理方面具有很好的成本优势。虽然生物修复无法降解金属,但其可以改变金属的价态,或通过吸附将金属固定在土壤颗粒中,或通过沉淀、生物摄取及富集等方式固定化金属。虽然目前有很多处理技术还处于试验阶段,但其前景十分乐观。

5. 植物修复

植物修复是采用植物吸收、转移、固定以及分解污染物，达到修复目的的技术。应用于地下水的植物修复技术包括强化根系吸收、水力控制以及植物降解和植物蒸腾。强化根系吸收是通过植物根系向土壤中释放氮磷营养盐供给土壤微生物，构筑有利于土壤微生物分解代谢有机污染物的植物根系微环境的方法。植物根系同样还能疏松土壤，促进土壤通风以及土壤水流动。当树木根系伸入含水层时，其根系可以作为有机泵体吸收大量地下水，构筑密实稳定的根系环境，从而达到水力控制的目的，当然其效果取决于树木类型、气候环境以及季节变化。植物降解方法是通过植物自身组织产生的酶，如脱卤素及加氧酶等促进酶的底物降解。目前研究表明，大多数芳烃及氯代脂肪烃类均可通过植物降解方式去除。植物蒸腾挥发是通过水中污染物被植物吸收并通过植物叶片释放到大气中的方法。植物本身也可以在此过程分解有机污染物最后将终端产物释放到大气中去。植物修复可以用于地表水、地下水以及渗滤液中有机污染物，以及市政和工业污水处理。植物还可以产生酶如脱卤素及加氧酶等，有助于酶催化有机污染物降解[22]。

6. 监测自然衰减

地下自然衰减过程，如稀释、挥发、生物降解、吸附以及化学反应等过程都可以将污染物降解至可接受的浓度水平。自然衰减过程不是一项人为设计的技术。通常在讨论是否采用自然衰减方法时需要借助模型评估及预测污染物的降解速率、迁移扩散范围以及下游方向上受体风险等因素。场地模拟的主要目的还在于评估污染物是否能通过自然衰减达到法规要求水平。此外，采用监测式自然衰减方法，还需要长期对污染区域进行监测以确定自然衰减能否达到修复目标。尽管通常情况下不需要对场地进行特定的行动，但是自然衰减不等同于"无行动"。污染物自然衰减方法应用依据场地而异，美国环保署等部门也制定了相关的技术导则供参考。自然衰减的目标污染物为挥发性有机物及半挥发性有机物以及石油类等。农药污染场地也可以考虑使用自然衰减方法，但其降解效率可能较低以及仅对部分化合物有效。此外，对于部分通过自然衰减改变价态而转化为无毒性或稳定化的金属也可以采用自然衰减方法，如六价铬等[23, 24]。

2.5.4 制度控制

因为污染的地下水对人体健康产生影响的主要途径为体表接触，挥发气体吸入和意外摄入等。针对受污染的地下水，可以暂时停止其使用，并在污染场地边界处建立警示牌和栅栏以防止人员进入，从而有效地减少或完全杜绝人通过体表接触，挥发气体吸入和意外摄入等途径受到污染物的影响。制度控制的方法虽然不能从根本上消除污染源，而且也不能从根本上消除地下水中的污染物迁移；但是该方法能在相当大程度上减少污染物对受体的影响，从而降低受体的环境风险。

2.5.5 工程控制

工程控制主要立足于切断污染物和受体之间的暴露途径和控制污染物的迁移扩散。常见的工程控制措施包括地面隔离、覆盖，气体侵入控制和地下水防渗墙围堵等。

1. 地面隔离、覆盖

污染物的主要迁移途径为降雨淋洗。该途径可导致污染物进入其下的土壤并被土壤吸附截留，从而产生土壤污染。经雨水渗沥出的污染物在重力作用下向下迁移直到地下水水位，从而导致地下水污染。因此，可以考虑用各种防渗材料如水泥、黏土、石板和塑料板等覆盖污染区域表面，以阻断降雨对污染物的淋洗效应，从而减少或者消除污染物从其源头迁移到地下水的通量，控制地下水污染的进一步恶化。

常用于固体废物或者污染土壤的多层覆盖技术包括最上层的植被覆盖、导水层以及厚度大约在 0.6m 的低渗透性土工合成材料的压缩黏土垫层。黏土垫层可以有效地保持填埋区的湿度，但黏土垫层内水分干涸则容易发生开裂。因此在干旱气候环境下必须重新设计填埋覆盖层。表层覆盖技术并不能降低污染物毒性和流动性，或减少污染物的体积。表层覆盖技术仅仅能阻隔污染物在垂直方向上的渗透，但是不能阻隔地下水的迁移。因此，常常需要配合垂直防渗墙以减少污染地下水的流动和迁移。表层覆盖的使用寿命必须依赖长期的监测和维护；覆盖区域不能种植根系生长较深的植物，此外，必须采取预防措施防止覆盖区域内的活动对覆盖层完整性造成破坏。

2. 垂直防渗墙

防渗墙技术主要用于长期渗漏场地污染物的迁移控制。通常防渗墙技术应用还会配合表层覆盖技术。在较为特殊的场地中，某些污染物会侵蚀防渗层，降低其长期性能。大多数防渗墙均采用膨润土、填土以及水的混合物作为基本填料。膨润土主要作为支撑开挖的沟槽，防止坍塌。在沟槽内填入填土与膨润土混合物主要用于构筑阻隔墙体。通常构筑墙体过程都会根据最小化成本的原则投入材料和化学药剂；对于某些需要强化结构强度或某些特定污染物存在的场地，则需要使用混凝土／膨润土、火山灰／膨润土、有机改性膨润土或泥浆／土工膜材料合成物进行构筑防渗墙。随着施工技术的进步，现场采用高压旋喷技术建造防渗墙的工艺也日趋成熟。

2.5.6 修复技术组合

大部分污染事件不外乎是化学品储罐泄漏、管线腐蚀渗漏及人员操作管理不当等因素所造成。当化学品泄漏发生后，污染物首先渗透到不饱和层，然后依据污染物的特性、土壤结构以及场地状况等因素，污染物可能渗透至含水层，污染地下水。尤其是当渗漏的污染物量非常大时，污染物将吸附在土壤中形成非水相液体，并缓慢脱附而形成长期污染源，对地下水水质造成长期危害。因此，存在非水相液体的污染场地的修复，其难度高于其他场地，不易使用单一修复技术达到预期目标；这时往往需要采用多种修复技术组合方能奏效。

2.5.7 污染场地修复发展演变

美国超级基金计划实施 30 多年来积累了相当丰富的技术经验和教训，其对修复技术的选择也经历了一个较为曲折的过程。无论是美国的立法机构、行政部门还是民间组织、学术团体都低估了污染场地管理的复杂性和艰巨性。在立法之初，美国国会设立了总规模为 16 亿美元的超级基金，并授权《超级基金法》的有效期为五年。显然，当时几乎所有的人都乐观地认为用五年左右的时间，16 亿美元的代价应该可以基本解决美国的污染场地问题。但事与愿违，到 1985 年末《超级基金法》法律授权期截止时，16 亿美元的超级基金也花费殆尽，在此期间陆续发现了数以千计的污染场地，可是到 1985 年年底时连一个污染场地的修复治理都没有完成。显然，当人类把环境保护的关注点从地面以上转移到地面以下，借助从废水、废渣和废气中积累的环境保护技术来实现场地修复显然是不够的。

美国超级基金计划实施初期的主流方法是开挖填埋，其实质只是一种污染物转移的办法，不能从根本上消除污染物带给人类或者生态环境的风险。随着可以用于进行上述填埋场地的日益减少，美国通过了禁止采用土地进行污染土壤和地下水处置的法案。美国开始转向更为积极的最终处置方法。在 20 世纪 80 年代后期和 90 年代初期，场地修复逐渐从简单的开挖填埋转变为开挖焚烧，化学处理、生物处理等。但是由于处理费用的大幅上升，这些处理处置方式逐渐引起了广泛的质疑。20 世纪 90 年代后期，修复技术的选择更为务实，综合考虑修复经费来源、未来土地的利用方式、污染物对敏感受体的作用方式及其真实的环境风险等因素。另一方面，修复技术的研发也进入了一个新的阶段，大量创新技术从实验室走向现场应用，这使得对修复技术的选择更具灵活性。如为了节省费用，将场地修复至指定用途的环境质量，这种因地制宜的基于风险的污染场地修复策略不仅受到工业界的广泛欢迎，也得到了相关监管部门和普通民众的高度认可。

同时人们还认识到，在一些场地采用非处理手段（如表面隔离和制度控制）也是一种可取的污染场地管理策略。美国超级基金项目的统计资料表明，2009～2011 年期间，67% 的地下水污染场地都采取了制度控制或者监测自然衰减等措施[25]。

随着技术的进步，原位土壤和地下水修复技术得到了长足的发展，其性能有了大幅度的提升，而成本却呈逐年下降的趋势，因此原位技术逐渐取代异位技术，获得越来越多的实际应用。根据美国对 2005～2011 财年的超级基金项目的统计分析（图 2-12），在此期间，土壤原位修复治理技术的选用呈现缓慢的上升趋势，从 2005 年的 18% 上升到 2008 年的 24%，其后又缓慢回落到 2011 年的 20%；但是，同期地下水原位修复技术的选用则呈现更为明显的增加趋势，2005 年有 28% 的场地选用原位技术，到 2009 年时上升至 39%，2011 年时也保持在 37% 的水平[25]。

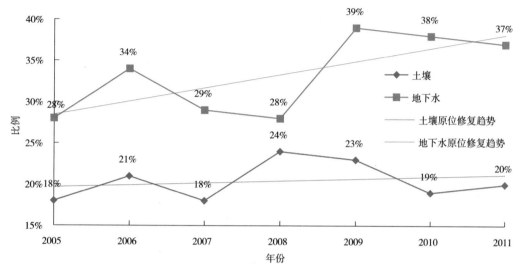

图 2-12 超级基金 2005～2011 财年所选用的原位修复技术发展趋势

2.6 污染场地调查评估修复现场工作健康和安全措施

2.6.1 常见危险识别和劳动保护

环境场地评估和治理修复期间的常见健康安全问题包括恶劣天气、交通、噪声、化学品接触、重物搬运、动土作业、机械防护、电工作业、有毒生物等等；因此在开始现场工作前必须仔细分析场地的特点，制定详细的健康安全计划。健康安全计划需要逐一分析在现场的工作,识别相关的潜在健康安全问题,然后给出有针对性解决办法。

在现场作业的工作人员必须在接受了基本的现场健康安全培训之后方可进入现场，并且根据实际需要佩戴相应的个人劳动保护用品。基本防护用具包括能够防静电、防穿刺的安全鞋，安全帽，安全眼镜和劳保手套等。对于有高噪声的环境，还需佩戴耳塞。对于存在严重污染的场地（如存在大量非液体的污染场地），还必须佩戴防化手套，防化（毒）面具，甚至全身（连体）防化（毒）衣，应急呼吸面具（吸氧设备）等。

2.6.2 地下管线防护

无论是现场调查还是治理修复项目都涉及地下作业。场地地下设施一般较复杂，可能存在各种地下线缆、管道、储罐、地下储物池、建筑基础和各种历史填埋物。如不能准确判别这些地下设施的埋藏位置和特性，在现场作业时可能会造成各种意想不到的风险。因此，在项目开始前必须查明各种地下设施。这包括搜集查阅早期各类电缆、通信、供排水管道、供气管道和地下设施的布设图和竣工测量图，实地验对地上标识。对于可能涉及市政管线的场地，还必须和供水、供电、燃气等相关部门联系，标识出相关管线的位置和走向。

为了确保场地的地下管线安全，在现场作业之前，还可以用探地雷达等物探设备对场地拟作业区域进行扫描，识别存在异常响应的区域。另外，一般采用手钻开始地表浅层的作业直到潜在管线埋深位置之下，然后再专用机械作业。

2.7 参考文献

[1] 40 CFR §312 All Appropriate Inquiry Final Rule. 2006.

[2] ASTM. Standard Practice for Environmental Site Assessment: Phase I Environmental Site Assessment Process, E1527-13 [S], 2013.

[3] ASTM. Standard Guide for Vapor Encroachment Screening on Property Involved in Real Estate Transactions, E2600-15 [S], 2015.

[4] ASTM. Standard Practice for Environmental Site Assessments Transaction Screen Process, E1528-00 [S], 2000.

[5] ASTM. Standard Practice for Environmental Site Assessment: Phase II Environmental Site Assessment Process, E1903-11 [S], 2011.

[6] ASTM. Standard Practice for Description and Identification of Soils, D2488-00 [S], 2000.

[7] 中华人民共和国建设部，国家质量技术监督检验检疫总局. 岩土工程勘察规范，GB 50021-2001 [S], 2001.

[8] 40 CFR §300 Addition of a Subsurface Intrusion Component to the Hazard Ranking System. 2017.

[9] 40 CFR §300 National Oil and Hazardous Substance Contamination Contingency Plan. 1969.

[10] ASTM. Standard Guide for Developing Conceptual Site Models for Contaminated Sites, E1689-95 [S], 1995.

[11] 中华人民共和国环境保护部. 污染场地风险评估技术导则 [M]. HJ 25.3-2014. 2014.

[12] ASTM. Standard Guide for Risk-Based Corrective Action, E2081-00 [S], 2000.

[13] USEPA. Handbook for Stabilization Solidification of Hazardous Wastes, EPA 540-2-86-001 [R], 1986.

[14] USEPA. Engineering Bulletin In Situ Vetrification Treatment, EPA 540-S-94-504 [R], 1994.

[15]　USACE. Engineering and Design: Soil Vapor Extraction and Bioventing, EM 1110-1-4001 [R]. United States Army Corps of Engineers, 2002.

[16]　NEWELL C. B R, , ALPERIN E.,. Matrix Diffusion Challenges & Potentianl Solutions [J]. Pollution Engineering, 2012, 23-8.

[17]　USEPA. Multi-phase Extraction: State-of-the-Practice, EPA 542-R-99-004 [R], 1999.

[18]　USACE. Design: In Situ Thermal Remediation, EM 200-1-21 [R]. United States Army Corps of Engineers, 2014.

[19]　USEPA. Steam Injection for Soil and Aquifer Remediation, EPA 540-S-97-505 [R], 1998.

[20]　USEPA. An Analysis of Composting As an Environmental Remediation Technology, EPA 530-R-98-008 [R], 1998.

[21]　NFESC. Biopile Design and Construction Manual, TM-2189-ENV [R]. Naval Facilities Engineering Service Center, 1996.

[22]　ITRC. Phytotechnology Technical and Regulatory Guidance and Decision Trees, Revised. Interstate Technology & Regulatory Council, 2009.

[23]　ASTM. Remediation of Ground Water by Natural Attenuation at Petroleum Release Sites, E1943-98 [S], 1998.

[24]　USEPA. Monitored Natural Attenuation of Inorganic Contaminants in Ground Water Volume I – Technical Basis for Assessment, EPA 600-R-07-139 [R], 2007.

[25]　USEPA. Superfund Remedy Report (4th Edition), EPA 542-R-17-001 [R], 2013.

第3章

绿色可持续修复的
框架体系

3.1 绿色可持续修复的发展

自进入工业革命以来，人类对自然的改造和破坏能力比农耕时代和封建时代都有了前所未有的提高。联合国千年生态系统评估报告指出，在过去的五十多年里，人类对生态系统改变的广度、速度和程度超过了人类历史上的任何时期[1]。欧美国家在最先步入工业化时代的同时，也最早面临了污染场地管理与场地再开发的问题。从 20世纪 70 年代末期开始至今，欧美国家开展了一系列的污染场地治理项目，在修复技术和法律法规建设方面积累了大量的经验。近十年来，随着对污染场地问题及其解决方案复杂性的理解，人们逐渐意识到污染场地的管理需要考虑人体健康、环境保护、空间规划、法律法规和社区需求等多种因素，远远不是通过工程手段就可解决的"技术问题"。污染修复的目的也不仅仅是保护人体健康和改善环境，还应结合未来场地再利用的可能，充分考虑社会、环境和经济需求等因素，以探寻到可以使利益相关方利益最大化的整体解决方案。通常，污染场地管理应确保解决方案（如修复等）符合国家或地方的政策和法规规定，并受到其他利益相关方的监督。然而，传统的制约监督主要集中在有关人体健康和修复过程中潜在环境风险披露情况等方面，而较少追踪修复过程中其他因素，如碳足迹、气体排放和能源利用效率等，以及修复完成后如何实现经济与社会效益的最大化等。因此，绿色可持续修复这一概念在国际上越来越受到关注[2]。

由于污染场地管理模式、与修复相关的环保规划部门权力不同，以及修复过程中考虑因素的侧重点不同，各国政府和各行业协会对绿色可持续修复的理解和定义也略有差异。比如，英国可持续修复论坛侧重于场地的再开发，故常使用"可持续修复"一词[3]，而美国环保署偏向于修复技术本身，故使用"绿色修复"一词[4]。从广义上来说，二者均属于绿色可持续修复的范畴[5]。随着有关绿色可持续修复的主题论坛和会议交流日益增多，各国政府和各工业团体对这一概念的定义、实施框架和评估方法等有了更深刻的理解。根据重要文件或报告的发布时间，我们将绿色可持续修复这一概念的发展分为萌芽阶段和发展与完善阶段。

3.1.1 萌芽阶段

绿色可持续修复萌芽阶段的发展历史较为漫长。早在 1961 年，威尔士 Lower Swansea Valley 重建项目（世界上首个修复项目之一）的可行性研究报告就首次提到了社会利益和经济利益这两个关键词，但未能就两者的具体内涵，以及实现方式进行详

细的描述 [6]。这份报告可谓绿色可持续修复概念的肇始。1979～1985 年，北约现代社会挑战应用委员会在研究污染场地治理方案时，建议采用固化包裹或填埋等对环境影响较小的技术方案。1978～1983 年，发生在荷兰 Lekerkerk（1980～1981）和美国的拉夫运河（1978）和时代海滩（1983）等污染场地事件引发了公众对土壤污染的关注，污染场地的社会效应开始显现。1995 年,荷兰发布了"风险 - 环境 - 成本"法（即"REC方法"），第一次提出污染场地修复决策应考虑风险降低、环境优点和费用三个指标 [7]。1999 年和 2000 年，英国环保局发布的一系列报告中强调了污染土壤和地下水的修复需要进行涵盖范围更广的环境价值分析和费用效益分析 [8, 9]。2002 年，欧盟组织污染土地复垦环境技术网络发布的报告中提出了在制定污染土壤管理政策时，应将基于风险的土壤管理方案作为首要考虑内容。此外，还明确提出可持续性也应作为考虑因素之一 [10]。此后，学术界和工业界对绿色可持续修复进行了大量的研究并推动其发展。

3.1.2 发展和完善阶段

2006 年可持续修复论坛在美国的成立，标志着绿色可持续修复进入快速发展和完善阶段。表 3-1 总结了这一阶段的主要事件。

可持续修复概念的主要发展历程 表 3-1

年份	主要事件
2006	可持续修复论坛在美国成立。作为第一个跨部门的代表不同利益相关方的论坛，明确提出应将可持续性列为评估修复结果的考虑因素
2007	英国可持续修复论坛成立
2008	美国环保署提出了绿色修复的理念，并确定了绿色修复的五个核心元素，即能源消耗、大气污染物排放、用水量及对水资源的影响、土壤与生态系统的影响、原材料的消耗与废弃物的产生 [11]
2009	（1）澳大利亚和新西兰的可持续修复论坛成立；（2）可持续修复论坛发布了《可持续修复白皮书》，评估了当时的可持续修复的情况，提出在修复决策制定时，需要建立一个综合的考虑到各种可持续性指标的框架 [12]；（3）美国州际技术管理委员会成立了绿色修复小组
2010	英国可持续修复论坛发布《可持续修复框架》，是首份被国家监管组织接受的跨部门的可持续修复指导文件 [3]
2010-2013	可持续修复论坛在多个国家或地区建立,包括荷兰（2010）、巴西（2010）、加拿大（2011）、意大利（2012）、中国台湾（2012）和哥伦比亚（2013）
2010	欧洲工业场地修复网络发布《可持续修复路线图》，该路线图成为首份国际上共同认可的可持续修复指导文件 [13]
2011	美国可持续修复论坛发布《可持续修复框架》 [14]
2011	美国州际技术管理委员会发布《绿色可持续修复：实务框架》和《绿色可持续修复：技术和实践进展》 [15, 16]
2012	国际标准化组织开始起草可持续修复描述性标准（ISO/IDS 18504）
2013	美国材料与试验协会发布《在修复中集成可持续目标的标准指南》（E2876-13） [17]，其规定了场地清理过程中需要考虑可持续的目标；以及《更绿色治理指南》（E2893-13），其提出了可以参考利用的各种最佳管理实践 [18]

续表

年份	主要事件
2013	污染场地国际委员会在南非德班举行了首次有关绿色可持续修复内容的论坛（www.iccl.ch）
2016	国际标准化组织发布《土壤质量 - 可持续修复导则》ISO/PRF 18504，对可持续修复的标准方法、可持续修复评估的关键指标和内容以及修复策略可持续性评估的建议等进行了规定[19]
2017	中国可持续修复论坛在北京成立

据统计，与绿色可持续相关的报告和文献数量在近十年间成指数增长的趋势（图3-1）。可持续修复论坛官网上也整理了大量与绿色可持续修复相关的文献和资源（ http://www.sustainableremediation.org/remediation-resources ）。中国可持续修复论坛的成立促进了中国与国外关于污染地块风险管控与可持续修复技术的交流，不仅对中国土壤环境管理政策的完善、土壤修复产业的发展起到了积极推动作用，也带动了绿色可持续修复概念的更进一步发展，标志着绿色可持续修复不仅在世界范围，而且在中国将逐渐成为污染场地修复领域的一个主流观念和必要元素。

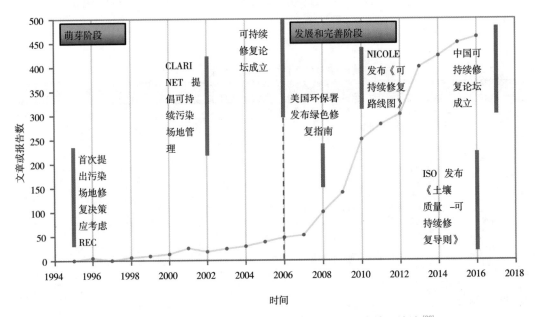

图 3-1 绿色可持续修复发展历史及文章或报告发表情况统计[20]

3.2 绿色可持续修复的内涵

3.2.1 定义

1987 年，联合国世界环境和发展委员会发表《我们共同的未来：世界环境和发展任务》，正式提出了"可持续发展"的概念："既满足当代人的需要，又不对后代人满足其需要的能力构成危害的发展"[21]。欧洲工业污染场地网络组织认为可持续修复项目是在考虑了环境、社会和经济因素后，利益相关方一致认为的最佳解决方案。英国可持续修复论坛 2010 年发布的报告中将绿色可持续修复具体定义为"在均衡地考虑到环境、经济和社会因素的各个指标后，实施修复行为带来的利益大于修复行为本身的影响，这种优化的修复方案即可被认定为绿色可持续修复"[3]。

根据美国可持续修复论坛 2009 年发布的白皮书，绿色可持续修复被定义为"通过对有限的资源进行合理精细的使用，使一个或多个修复实践中带来人体健康和环境的净收益的最大化"[12]。美国环保署的组织功能由于受到其法律授权的约束，不能对修复过程的社会和经济影响做更多的干涉[20]。因此，美国环保署没有对绿色可持续修复给出定义，仅对绿色修复发布了一系列的指南和技术文件，并将其复描述为"考虑到修复工程中所带来的所有环境因素，并采取一定的措施尽可能减少修复过程中产生的环境足迹的实践"[4]。而美国材料与试验协会 2013 年在其发布的两份指南中，分别对可持续性目标和绿色目标进行了规定。其中，在《在修复中集成可持续目标的标准指南》（ASTM E2876-13）中规定了场地清理过程中需要考虑可持续的目标并描述了在修复工程中减少环境足迹的评估和实施流程[17]；在《更绿色治理指南》（ASTM E2893-13）中提出使用最佳管理实践来综合定量评估修复工程，以减少其环境足迹，并描述了识别、评估和实施最佳管理实践的步骤[18]。

此外，美国其他联邦政府机构对绿色可持续修复的内涵也进行了更深层次的延伸。2011 年美国州际技术管理委员会认为绿色可持续修复是一种超越传统的决策方式，它是"技术、产品、流程"等在特定污染场地的应用。这种应用在控制土壤和地下水中潜在受污染风险的同时，以"净效益最大化"为目的，综合考虑社区情况、经济影响以及环境效益，对修复进行全生命周期（从场地调查到项目结束的各个阶段）的优化[15]。

当前对绿色可持续修复并没有统一的定义。在本书中，综合目前流行的几种描述，将绿色可持续修复定义为它总体考虑了在污染场地调查和修复过程中的资源和能源利用情况，以及在场地管理整个过程对社区、区域和全球范围内的环境、社会和经济方面可能带来的正面或负面效应。

综合考虑场地污染情况和空间规划而制定的，能够保障人体健康，并且使环境、经济和社会总体效益最大化的一种或多种技术组合的土壤修复策略及土地利用规划。

理论上三者关系　　实际上三者关系　　三者关系发展潜能

图 3-2　绿色可持续修复概念发展示意图

环境、经济和社会是可持续发展的三大支柱，自然也就成了绿色可持续修复的基础。从理论上说，修复活动的最终目标是实现社会、经济和环境三者的均衡（图3-2左）。但是当前的现实是这三者之间正在逐渐融合，远远没有达到均衡的状态（图3-2中）。由于场地修复主要从环境状态的改变入手，着眼于土壤和地下水等环境介质的质量改善，因而不是很关注其过程和全生命周期的环境影响，特别是对社会的影响。另外，场地污染带来的环境风险通过法律手段后上升成为潜在责任方的法律责任。出于对责任法定这一基本原则的尊重，经济上的考量也就让位于法律强制措施的执行。

将改善环境作为首要目的的这种架构在理论上看似很完备，但是在实务操作上却存在技术不可达、经济不可行、全生命周期净负收益、环境权益不平衡等诸多问题。事实上，美国超级基金计划的早期实践就已经证明了这一点。究其原因还是在于当初在制定《超级基金法》的时候迫于当时的形势，突出强调了对狭义层面上的场地环境的修复和质量改善，而没有从立法层面上充分考虑可持续性的另外两个支柱——社会和经济。纵观美国超级基金早期相关技术指南和标准，根据其确立的"适用或合适并相关的要求"选取的修复目标中往往选择了保障饮用水安全的最大污染水平浓度值，这显然过于严苛。

因此，面对新的形势，系统总结过去30余年来美国的污染场地修复实践，强调环境、经济和社会的协调均衡自然就成了当前的潮流（图3-2右）。

3.2.2　基本原则

从绿色可持续修复的定义可以看出，绿色可持续修复并非新兴的技术，而是一种新的修复理念。在绿色可持续修复理念的指导下，我们期望可以获得以下一种或多种潜在效益：（1）通过选择最优的土壤和地下水修复方案产生额外价值；（2）有效识别并控制项目风险；（3）与政府和/或企业要求的可持续发展的政策或目标相符；（4）为传播企业社会责任，提供企业信誉和与改善公众关系做出积极贡献。

为了充分考虑不同的利益相关方的利益，使修复方案制定得更全面，绿色可持续修复倡导吸引不同类型的利益相关方介入到修复的过程中。然而，这一模式也可能会使决策过程变得漫长而复杂，进而增加项目管理的时间和费用。因此，绿色可持续修复目前在多数国家仍属自发行为，其推广需要采取一定的激励措施。

绿色可持续修复中的可持续性评估通常被认为是污染场地人体健康和环境风险评估的简单替代方式，因而缺少足够的重视。此外，由于绿色可持续性是一种理念，因此，其评估指标的设定具有主观性，且评估方法也缺少一定的透明度。表3-2总结了污染场地绿色可持续评估中存在的一些限制因素。

绿色可持续评估中的限制性因素　　　　　表 3-2

因素	相关性和限制条件
主观性	将"绿色可持续性"的理念贯彻到修复行为中具有一定的主观性，因此，在做决策时，要基于一种灵活的、系统的、透明的和可记录的可持续修复框架或决策工具
利益相关方的参与和透明度	利益相关方的参与可以更好地了解修复带来的潜在价值和可持续性。简单的（定性的）方式会有助于利益相关方对信息的理解，并最大限度地参与决策之中
评估范围	绿色可持续的评估需要考虑到环境、经济和社会三个维度
全生命周期的考虑	通过全生命周期评价，可为有效的绿色可持续评价提供评价方法，确定目标和边界条件等信息。这些信息可能是定性、半定量或定量的
评估和决策费用的确定	假定采取的方法已经充分地论证并考虑到了利益相关方的意见，则定性、半定量或定量的评估方式均可接受。总的来说，由于定性评估较少涉及数据的收集和计算，其费用最低。定量评估则相反。需要注意的是，定量评估也需要通过框架建立和实际参与来获取相关数据

　　由于绿色可持续修复在风险评估和污染场地管理决策过程中存在上述限制性因素，英国可持续修复论坛有针对性地提出了绿色可持续修复决策应遵守的六个首要原则（表 3-3）。

英国可持续修复论坛定义的可持续修复的首要原则[3]　　　表 3-3

原则	说明
原则 1：保护人体健康，改善环境	修复（基于场地特定风险管理的）应在满足现在和未来土地利用条件下，保护人体健康并改善环境。修复方案的选择需要考虑成本、效益、有效性、持久性和技术可行性
原则 2：安全规范的操作	修复过程应保护所有现场人员和周边居民的身体健康，并尽可能地减少对环境的影响
原则 3：前后一致、清晰的和可重现的基于证据的决策过程	基于风险的绿色可持续修复决策的制定考虑了环境、社会和经济的因素，以及目前的影响和未来可能产生的影响。这种基于可持续的和风险控制的模式可使潜在的利益最大化。效益与影响发生变化时，应对这一过程进行解释并提供清晰的基本原理
原则 4：详细的记录和公开透明的报告	为了向公众或其他对项目有兴趣的团体或机构证明已经采用（或者未能采用）可持续的修复方案，需要将修复决策制定的过程，包括假设条件和数据完整而清晰地记录下来
原则 5：良好的监管和利益相关方的参与	修复决策的制定应该考虑到利益相关方的意见，并清晰的列出其可以参与到的环节以及参与方式
原则 6：体现科学性	修复决策的制定还应考虑到科学性，即详实而准确的数据、合理的假设条件、不确定性分析和专业的判断；以保证决策的合理性和可重现性

　　备注：由于存在其他比效益更重要的因素，某些项目无法做出最优的修复决策。因此，在考虑法规的实施并记录相应的分析理由的过程是决策制定时的最低要求。

　　此外，美国可持续修复论坛和其他研究学者也提出了类似的绿色可持续修复的原则（表 3-4）。虽然各自表述不同，但可以看出，与传统的修复理念相比，这些绿色可持续修复的原则不只是考虑修复工程自身的时间与经济成本，而考虑修复工程总体行为对环境、社会和经济的综合影响。

其他机构或研究者定义的绿色可持续修复的原则 表 3-4

机构或研究者	主要内容
美国可持续修复论坛[12]	（1）减少或不用能源及其他资源；（2）减少或禁止污染物的排放；（3）修复过程尽量利用或模拟自然过程；（4）循环利用土地和其他废物；以及（5）提倡采用破坏或降解污染物的修复技术
Bardos 等[22] 和 Harbottle 等[23]	（1）修复工程带来的长期效益远大于修复工程本身付出的代价；（2）修复工程对环境产生的不良影响较不采取修复工程对环境的影响有所减少；（3）修复工程的实施对环境的不良影响最小化，并且可以用具体的环境指标衡量；（4）修复方法的选择应考虑是否会给后代带来的环境风险；（5）决策过程注重各利益相关方的参与性

3.3 绿色可持续修复的框架

一般来说，修复工作通常只是主体工作计划的一部分，例如对于一个废弃工业场地再开发的项目，还会涉及大量与项目可行性、融资和风险管理相关的决策。这些基于项目的决策容易受到更高一层决策的影响，如国家和区域有关污染场地管理政策、场地风险管理的优先排序、污染场地所在区域发展需求等。可以说，不同的项目背景条件决定了绿色可持续性评估的差异性，而决策过程又决定了未来绿色可持续修复理念的实施范围。在污染场地管理中，土地利用和场地开发有关的决策经常在修复前已经确定，此时绿色可持续修复可以被单纯地看作筛选最佳修复方案时的一个因素。那么，绿色可持续性修复这一概念在整个决策过程中何时以及如何被应用？从全面可持续性收益的角度，决策的哪个阶段最适宜采用绿色可持续性的理念？为解决以上两个问题，需要在污染场地管理的决策过程中制定一个"框架"，在框架的许多节点都需要考虑"绿色可持续性"。以下就目前各个国家或地区被广泛使用的几种框架进行介绍。

3.3.1 美国可持续修复论坛的框架

早在 2009 年，美国可持续修复论坛在发布的白皮书中就提到需要建立综合考虑修复过程中各种可持续性因素的框架，以确保修复工程在改善人体健康和环境的同时，还能达到公众与法规的要求[12]。随后，美国可持续修复论坛于 2011 年连续发表了三篇论文讨论如何实施绿色可持续修复，污染场地绿色可持续修复评估参数的选择，以及如何使用足迹分析法和全生命周期分析法等评估方法对修复过程的绿色可持续性进行评估等内容[14]。这些研究共同构成了《可持续修复框架》，为修复过程中可持续性参数的选择和记录提供了一个完整系统的基于过程的方法。

在该框架的指导下，场地特定的参数、利益相关方的需求、修复完成后土地情况及未来建议的利用途径等均可在修复的全生命周期评价中进行评估。通过识别出用于分析绿色可持续性的各种可靠的数据来源，参与者可以选择最适合的分析类型和分析等级，对绿色可持续性评价结果进行妥善存档，并将评价结果用于决策制定过程中。总的来说，修复参与者可以根据该框架：（1）实施分层评估法；（2）基于评估结果更新场地概念模型；（3）识别有效的绿色可持续性方法并加以实施；（4）在决策过程平衡绿色可持续性因素和其他考虑因素。

　　然而在实际操作中，修复工程的实施往往是分阶段呈线性进行（表 3-5）。可以发现，如果仅简单地在修复过程的各个阶段考虑绿色可持续性因素，则会使各个阶段互相割裂而不符合绿色可持续性最基本的要求。因此，在参考该框架时，利益相关方必须秉持"从摇篮到坟墓"的全生命周期思想来使绿色可持续理念渐进而连续地融入修复的各个阶段，以不断对修复行为进行回顾，及时汲取经验和教训，并将其应用到未来的修复工程中。比如，在修复项目的规划阶段就需要考虑到后续土地利用情况，并帮助利益相关方根据土地利用可能性形成一个或数个可行的策略。一个合作和不断更新的模式可以使不同的利益相关方进行充分的交流，使修复项目符合法规要求并使修复过程中可持续因素最大化。

修复各阶段工作内容

表 3-5

修复阶段	工作内容
场地调查阶段	主要是识别出污染介质、污染物、对人体健康和环境带来的风险程度等。基于人体健康风险评估结果确定场地特定的修复目标并估算修复范围。为了建立初步场地概念模型，现场需要尽可能地收集场地周边环境信息，如周边土地利用情况和敏感受体分布情况，以及利益相关方的信息
修复技术制定和选择阶段	主要是利用调查阶段获取的信息评估并筛选出可使用的修复方案。修复方案的制定需要考虑到场地未来的利用情况，并保护人体健康和环境。修复方案的选择时，需要结合环境、社会和经济的可持续性得到的结果对场地概念模型进行优化并向场地管理者提供可行的修复方案
修复方案设计阶段	修复方案设计者应确保可持续性指标在项目实施过程中可以得到不断的改善和优化。可持续性的措施还应在修复工程设计、实施和维护阶段得到记录和监督，并规定在何种情况下当前的修复工程需要进行再次评估
修复工程实施和管理阶段	随着修复项目的进行，场地条件、利益相关方和周边环境信息可能会发生改变，修复参与者需要及时评估是否存在持续改善可持续性的内容，并在必要的条件下采用更适合的修复技术
修复完成后退场阶段	修复完成后，应确保场地已达到最初设定的目标，场地可以进行再利用。此外，修复参与者还需要评估可持续性的目标是否已经达成，并总结经验和教训

3.3.2　英国可持续修复论坛的框架

污染场地修复需要考虑环境保护和空间规划两个方面。保护是指消除污染对人体健康和环境质量的影响。而空间规划则是管理污染场地以减轻对土地利用方式的影响，如重新建设成为工业区，或用作住宅、农用地、绿地或建立自然保护区等。环保主义者常会坚持污染场地需要被修复到可满足多种功能的一步到位法，为了达到这一目标，往往需要投入大量的时间和金钱。空间规划者的观点则倾向于修复只要满足当前或近期规划的土地利用方式即可。然而，在改变土地使用用途的情况下，这种最低标准的修复会给未来的土地使用者带来负担。因此，一个好的修复框架需要提供一个综合整体的解决方案以同时解决环境保护和空间规划问题。

2010年3月，英国可持续修复论坛颁布了《可持续修复框架》[3]。该份框架建立了可持续原则和选择最优的土地利用规划标准的联系。在起草该份框架期间，该论坛广泛征集了各利益相关方对污染场地和棕地管理的意见，充分讨论了修复过程中的绿色可持续性问题和场地再开发和风险管理中潜在的绿色可持续性的机会。该论坛指出，在针对一些特殊的污染场地进行管理时，基于绿色可持续性的决策过程可以适用于以下几种情况：（1）来自国家/区域机构的较高层次的区域空间规划和政策；（2）来自地方管理机构的地方层面的土地利用规划和政策；（3）基于项目的修复目标制定的决策；（4）基于项目的修复方案筛选和实施的决策。

通常，决策的层级越高，关注的决策指标可能会更抽象，而涉及的绿色可持续性问题就越广泛。比如国家或区域层面的决策问题会关注流域管理、住房和基础设施建设目标、区域就业和经济增长指标等，最终提出一套较全面的规划方案用于强调区域多样性和地方差异性。地方层面的决策主要针对小区域（数十到上百平方公里）的污染场地会出现的环境、经济和社会问题，在根据土地开发和利用的实际情况进行区域规划管理的同时，会考虑较为具体的交通运输和基础设施建设、土地的历史使用用途、洪涝灾害和地方棕地管理制度等因素。基于项目级别的决策（修复目标制定和修复方案筛选）则强调项目的可行性和绿色可持续性标准实现的可能性。这些具体的绿色可持续性标准的指标可在地方或国家政策法规中明确规定或是最佳管理实践，如减少化石燃料的使用、绿色可持续的市政排水系统、减少水资源的消耗和二次污染的控制等。

英国可持续修复论坛的框架包括两个主要阶段，即项目规划设计阶段（A阶段）和修复实施阶段（B阶段）（如图3-3）。该框架有效地区分了项目设计阶段的决策和单纯用作修复方案筛选的决策。当基于场地或项目的决策已经制定时（A阶段的最终成果，规划或环评批复等已下发），B阶段只能根据A阶段确定的基于场地特定修复目标制定的规划/项目设计方案进行修复方案的选择和实施，并在修复方案实施的过程中考虑各种绿色可持续修复指标的实现。

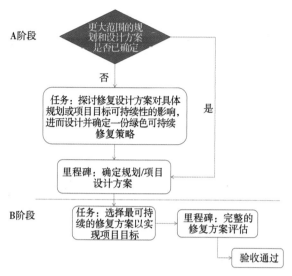

图 3-3　英国可持续修复论坛框架[3]

英国可持续修复论坛的框架的可操作性十分灵活，可以用于不同尺度下的污染场地的修复项目中。由于不对任何特定的修复技术或方案有偏向性，该框架仅为评估者提供一个寻找最佳综合解决方案的流程图。而针对不同场景，英国可持续修复论坛还详细提供了一份总的实施流程和时间节点图（图 3-4）。

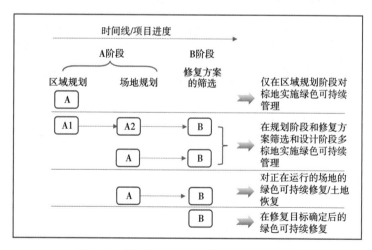

图 3-4　基于不同场景下的可持续修复流程

可以看出，较高层次的决策通常限制了可选用的修复方案，而绿色可持续修复框架要考虑的影响不能仅限于修复方案的筛选，需要更多地涉及场地管理规划和局部区域土地利用规划。这将有助于提高修复的绿色可持续性，最大限度地避免不必要的修复（如过度修复等），而且能将修复与其他可持续发展的机会联系在一起，最大程度地增加修复带来的"净收益"。

3.3.3　美国州际技术管理委员会绿色可持续修复框架

从前文可以看出，美国可持续修复论坛的框架要求用全生命周期的思想对具体的污染场地进行绿色可持续修复，并在修复各个阶段完成后进行回顾总结，以真正地将绿色可持续的理念贯彻到修复工程中。而英国可持续修复论坛的框架则先从规划层面考虑修复工程的必要性和绿色可持续性，再选择实施绿色可持续的修复方案。这里规划层面中需要考虑的内容包括污染场地所在区域的总体规划和污染地块的详细规划，修复工程的类型也包括棕地的再开发类型和运营工厂中的污染场地修复。英国可持续修复论坛的框架比美国可持续修复论坛的框架增加了规划部分，而且实施阶段涉及的场地类型（包括棕地等，而不局限于污染场地）更为广泛。

除了美国可持续修复论坛框架 2011 年，美国州际技术管理委员会也颁布了《绿色可持续修复：实务框架》，包括了绿色可持续修复计划和绿色可持续修复实施两个部分（见图 3-5）[15]。

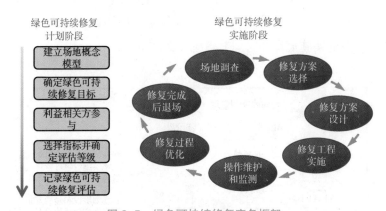

图 3-5　绿色可持续修复实务框架

该框架内容与英国可持续修复论坛建立的框架有很多相似之处，比如对土地用途的考虑和对修复过程可持续性的要求。然而，二者仍有不同之处，主要体现在：

- 前提条件不同。英国可持续修复论坛的框架首先考虑是否有较高层次的规划，而美国州际技术管理委员会的框架中则从概念模型的建立开始。
- 各个阶段的内容不同。英国可持续修复论坛框架的规划设计阶段是根据区域总体规划或针对场地的特定规划来确定修复目标，修复实施阶段是修复方案的选择和实施。美国州际技术管理委员会的框架中计划阶段主要由场地概念模型的建立开始，在利益相关方加入后对绿色可持续修复的评估等级和评估指标进行筛选，并对评估结果进行记录存档。在修复实施阶段主要包括场地调查、修复方案的筛选和设计，以及修复完成后的退场等。相较而言，英国在项目规划设计阶段主要强调了污染场地的规划，而美国在规划阶段主要指项目层面上绿色可持续修复的计划（包括目标确定和绿色可持续指标的选择）。

- 适用范围不同。英国可持续修复论坛对不同情景下的污染场地的绿色可持续修复均有较为详细的流程，包括棕地、不改变污染土地用地性质的再利用、改变污染土地用地性质的再利用，以及污染场地的恢复和修复等（图 3-4）。美国州际技术管理委员会则对污染场地的绿色可持续修复提供了一个总体的框架，使用者需根据项目的实际情况对某些环节进行取舍。

- 绿色可持续修复指标的选取不同，该部分详见第四章。

3.3.3.1　绿色可持续修复计划

绿色可持续修复计划的主要目的是将绿色可持续修复的基本原理和实施方式纳入到场地修复过程中，对正在进行的或已经完成的修复项目进行评估和优化。根据图 3-5，计划的主要内容包括场地概念模型评估/更新、目标的确定、利益相关方参与、评估指标、评估等级和评估边界的确定，以及评估结果的记录和保存等五个通用步骤。以下将就这五个步骤进行详细介绍。

1. 场地概念模型的评估/更新

绿色可持续场地概念模型的建立可以直观地描述人类和环境可能受到污染场地本身带来的及修复活动可能带来的影响，进而帮助参与者和管理者做出最为合理的决策。在构建场地模型的过程中，修复参与人员可以思考并收集关于以下问题的资料：（1）该地的周边环境描述是否充分？（2）场地污染物浓度在何种水平，总量有多少？（3）处理过和未处理的地下水可否利用？（4）采用的技术可否使修复目标完成？（5）达到修复目标后，如何改变场地的风险？

传统条件下，场地概念模型主要关注污染源、污染介质的结构、暴露途径，现在和未来的土地利用方式，以及受体等，而较少关注污染场地修复项目整体的绿色可持续性。如图 3-6 所示，绿色可持续场地概念模型的传统要素与可持续要素（如投入的资源、二次污染物、对生态系统的影响等）可以互相补充。当然，图 3-6 识别的绿色可持续性元素不是完整的，需要针对实际项目识别并补充（如物种的多样性、洪水泛滥的风险、对社区的经济影响和对当地社会的影响等）。

场地概念模型建立的基础是对场地已知信息的掌握，包括污染物环境行为、运移和归趋，污染物的释放机制，敏感受体的暴露途径等。通过对这些信息的分析以及对修复项目的全生命周期考虑，决策制定者对修复方案的筛选、设计和实施进行指导。随着修复的进行，当现场获取到新的信息和数据时，还应对场地概念模型及时进行重新评估或更新。场地概念模型重新评估或更新时需要获取的信息有：（1）现场或周边区域可能受到的生态影响；（2）附近的废弃物处理设施；（3）附近的废弃物回收利用设施；（4）现场污水处理设施及污水处理能力；（5）现场的电力供应及来源（是否为可再生能源发电）；（6）现场是否供应蒸汽；（7）现场地下水再利用的可能性；（8）大气污染排放源；（9）现场可再生能源的使用；（10）是否紧邻公共绿地或其他公共设施；（11）未受污染土壤的使用。

图 3-6   绿色可持续场地概念模型要素

通过绿色可持续性的评估和绿色可持续性场地概念模型的建立，场地修复者可识别出可以带来潜在绿色可持续性影响的活动，进而最大限度地减少产生负面影响的活动，增大可以带来绿色可持续性的正面影响的活动。通常，有助于提高修复活动绿色可持续性的措施主要有：（1）尽可能地采用原位修复技术；（2）回收或回用未受影响的土壤或拆除的设备；（3）场地运行时采用可再生能源（如太阳能、地热等）；（4）尽量减少交通（间接减少化石燃料使用）；（5）训练和使用当地的员工；（6）与当地社区进行积极互动。

此外，采用绿色可持续的人体健康风险评估和环境影响评价也是提高修复活动可持续性的主要措施，例如充分考虑到场地内外工人可能受到的影响（长期在污染现场工作可能引发职业病），以及当地社区居民受到交通情况的影响。虽然通常情况下，现场修复活动带来的职业病危害的影响较小，但是考虑到可接受的修复水平往往在 $10^{-6} \sim 10^{-4}$ 之间，因此为了达到如此之低的保护水平而让修复从业人员承担较大的风险确实需要仔细评估，以寻求到最佳的平衡点。将上述信息在传统的场地概念模型上予以集成，就可以形成绿色可持续修复的概念模型。

2. 修复目标的确定

确定修复目标是绿色可持续修复计划阶段中最为关键的一个环节，具体包括绿色可持续性指标的实现、利益相关方的要求、法律法规的规定等。基于当地法律法规要求、政策和指南，或者是修复背后的利益驱动。修复目标常在绿色可持续修复计划的早期进行确定。

结合美国环保署的绿色修复的五大核心要素，常见的绿色可持续修复目标包括：降低能源消耗，减少修复过程中产生的废物（固体废物、大气污染物和废水等），尽可能减少修复工程对正常运营的干扰，以及在达到环境问题改善的同时，考虑社会和经济因素的平衡等。

根据绿色可持续修复框架，专业的修复技术人员可以识别出修复项目中增加价值的潜在机会，从而进一步改善修复工程的财务状况。增加的价值包括减少对环境的影响，增强与当地社区的关系，和扩大投资需求等。表3-6总结了在整个修复项目周期中可增加价值的潜在机会。

绿色可持续性修复过程增加价值的潜在机会　　　　表 3-6

修复阶段	举例
调查阶段	进行充分而有效的计划以：（1）减少入场次数；（2）尽可能使用修复现场资源；（3）采集利于决策的最优最有必要的数据
修复技术选择阶段	在考虑绿色可持续因素条件下对修复方案进行评估，并选择一个最优的修复方案
修复方案设计阶段	按照筛选的修复技术进行设计，平衡考虑操作细节和绿色可持续性。如有必要，可根据更新的信息修改设计方案
修复工程实施和管理阶段	根据现场情况，调整或改变修复工程的周期和进度
修复后退场阶段	平衡继续进行修复活动的影响（以保护人体健康和环境为前提）和其可能带来的价值。比如，当场地已不对人体健康和环境产生负面影响时，可以关闭修复工程，防止过度修复，并可使资源得到充分利用

场地修复的目的是为了实现土地的再开发。因此，需要对修复后土地最适宜的利用方式进行论证分析。土地利用方式有多种，包括居住用地、商业服务业设施用地、绿地或工业用地等，且不同用地方式有不同的规划和健康安全方面的要求。因此，所有的规划、活动和资源的分配都应以达到规划土地利用条件为前提。修复参与者对修复过程进行持续的改善和评估显得尤为重要。此外，可持续性还可以带来其他额外的效益，包括增加绿地或野生动植物栖息地。在对污染场地再利用时的土地性质进行规划时，需要考虑：（1）当地场地开发再利用的相关法律法规或条例；（2）实现制度控制的可能性或基础条件；（3）长期的技术、环境、生态和土地利用问题，包括雨水管理或地表水质量管理；（4）潜在的责任、法规要求和当地社区需求；（5）最可接受的土地再利用的条件和／或为利益相关方带来最大的利益；（6）场地再开发阶段可以融入可持续因素的环节。

在场地规划阶段，可以在有最大灵活度的时候确定场地未来利用计划，以最大限度满足关键的利益相关方的需求，如场地紧邻的受体和当地社区等。对于有些利益相关方来说，土地再开发利用计划与土地修复同等重要，或者更重要。因此，需要通过签订合同、政府确定规划或其他用途限制的激励确保土地规划用途未发生改变。

3. 利益相关方的参与

为了将对社区有直接影响的可持续修复的内容引入到修复过程中，可持续修复框架设有鼓励利益相关方的广泛参与和讨论这一环节。顾名思义，利益相关方是指受到修复活动直接或间接影响的个人、团体或机构。比如污染场地的责任方和管理者、场地修复工人、当地和周边社区以及公共服务提供单位等（表3-7）。

典型的利益相关方

表 3-7

利益相关方类别	典型利益相关方
责任方	业主、实施者、运输者、处置者、责任方代表的组织
管理部门	国家环保部、当地地方政府、社区组织
当地和周边社区	居民、访客、政府官员、当地从业者、非政府组织、市政人员
专业服务提供者	环境咨询公司、修复公司、环境监测公司、技术工人和其他服务人员、处理和处置设施操作人员
现场工人	修复设备操作工、废物处理工人
其他特殊利益团体	学术研究机构、投资和保险公司

在识别出所有的利益相关方后，需要对以下几个问题进行思考，即每个利益相关方在修复项目中所代表的角色，在决策制定时可能带来的影响，利益相关方可以在何时介入修复项目中以及如何介入等。利益相关方介入到修复过程中的方式可以多种多样，一些相关法规也规定了其介入节点和程序。当就修复项目绿色可持续性相关信息进行交流时，利益相关方应明确修复的目的是保护人体健康和改善环境。绿色可持续修复的实施并不意味着因为修复活动会带来一些影响而不采取或尽量少采取修复行为。相反，绿色可持续实施的目的是识别出修复活动中带来的影响后（如温室气体排放、水资源消耗、废物的产生、交通问题和噪声等），努力寻找方法来改善或减少相关影响。建立开放的对话平台有助于修复单位了解利益相关方的诉求。利益相关方可以采用多种形式的对话平台参与到修复活动中，但应注意避免采用太过于形式主义或耗时耗力的方式。

4. 评估参数的确定

绿色可持续修复评估指标用来评估场地修复各个阶段（从场地调查阶段到修复完成）计划采用或已经采用的方法。评估指标应具有具体的、可测量的、可实施的、有相关性和实时性等特点。通常，为了选取合适的评估指标，需要考虑测量方法的选择、边界条件的确定、合同中相关条款的规定、资金情况、项目进度安排、相关工作人员经验和评估等级等。

在绿色可持续修复计划中，不仅要识别出评估指标，还需要确定对评估指标进行评估的方法。比如，水资源的保护和回用是对水资源匮乏地区进行绿色可持续修复中常需要设定的一个目标，那么水的体积则为评估指标。然而，在确定水的体积时，可以计算相较于假定的基本情形下每年节省了多少水，也可以将地下水抽取量与降雨量的关系进行比较。此外，评估指标可以是主观的，也可以是客观的。客观的绿色可持续修复评估参数可以包括项目全生命周期中温室气体排放、能量的消耗、废物的回收和减量化、自然资源的消耗和工作机会的增加。主观的绿色可持续修复评估参数包括社区资产的增值（如绿地或动植物的栖息地的增加等）和社区形象的改善等。

随着社会的发展，沟通交流的媒介越来越多样化和快捷化。绿色可持续修复评估指标的数量随着利益相关方的关注越来越多。美国可持续修复论坛整理了一份度量指标工具箱，其中列举了修复各阶段常见的度量指标[24]。英国可持续修复论坛对绿色可持续修复指标进行了综述，并列举了各个时间节点，复杂修复项目中需要注意的评估指标[24, 25]。关于评估指标的详细内容详见第四章。

5. 评估等级和评估工具

目前，绿色可持续修复组织和各国政府已经形成了多种污染场地修复的绿色可持续性进行评估的方法。其中，基于风险控制的等级评估应用最为普遍，目前已被美国材料与试验协会和英国可持续修复论坛等机构采用[18, 19]，其简化图见图3-7。在选择合适的等级进行评估前，需要收集并审阅一系列的项目因素，包括但不限于以下内容：

- 项目目标：对基于场地整体开发角度提出的项目，其目标包括项目整体目标和阶段目标。修复参与者在选择评估级别时应同时考虑这两个目标。比如，在项目规划阶段考虑场地未来的规划用地性质是考虑整体目标的一种体现。在项目开展阶段及时地完成阶段目标并优化资源的利用是实现阶段目标的体现。

- 工作范围：项目的范围是指时间范围和空间范围，通常由污染介质、污染物、污染程度和修复目标来确定。空间上，项目的边界与污染物的边界不同。修复者应采用一个更详细的方法来考虑影响区域（可能比项目边界更大）。比如，资源的输入（原材料等）和输出（固体或液体废物等）的运输路径常大于污染场地的物理边界。时间上，修复者在对修复项目各时间节点工作制定计划时，应考虑项目的复杂程度和利益相关方的期望结果等。

- 复杂性：项目的复杂性和项目的范围有关。项目的复杂程度又决定了绿色可持续评估的复杂性。因此，评估等级也常常根据项目的复杂程度来选择。通常，项目的复杂程度和下列因素有关：（1）污染物类型和程度；（2）修复技术难度和成熟度；（3）数据的可获得性，包括用来评估绿色可持续性的数据；（4）利益相关方的类型和数量；（5）绿色可持续性分析水平的要求；（6）项目拟采用的修复技术的数量（一种或多种）。

- 预算和资源：修复项目常受到预算和资源限制。修复参与者应根据预算和可获取的资源来平衡绿色可持续性分析的水平。预算的充裕程度会决定可获取的资源的种类和数量。这里的可获取资源包括修复技术、原材料使用、能源使用、设备选择以及人工费等。通过采用绿色可持续的方法、过程或技术，可以提高资金的利用效率。比如，根据被归为废物的材料进行适当的再利用可以减少费用，或者在修复过程中通过对中水的再利用可以减少对新鲜水的购买或抽取。需要注意的是，有些绿色可持续修复方案的前期投入费用可能较高，但长期运行修复效率更高从而实现总体费用更低。

- 利益相关方的需求：可持续性评估的一个关键环节是鼓励利益相关方的参与，确保他们关于修复过程的观点和需求得到重视，并在修复过程中有所体现。修复参与者应该用简单易懂的语言解释修复过程，和利益相关方进行交流。尽量不用或少用专业词汇。

图 3-7 绿色可持续修复的分级评估

　　总的来说，等级评估方法与绿色可持续首要原则和工作范围指导文件等相结合，提高了可持续性评估的参与度、连续性以及决策依据的质量和透明性，减少了费用和决策制定的复杂程度，确保了决策结果的有效性和可靠性。在绿色可持续修复评估中，第一级是标准化的通用定性评估。第二级是基于项目本身和其他非项目信息的半定量评估。第三级是最详细的，基于特定项目的定量评估。不论级别如何，其评估的目的都是增加项目的绿色可持续性，减少降低绿色可持续性的因素。具体描述如下：

- 第一级：其目的是将可以提高资源保护水平和利用效率的最佳管理实践应用到修复活动中。通常情况下，采用与其他项目进行类比的方式进行评估，如填写清单、表格、指导文件、方法和评估指标等来进行。由于仅考虑项目中影响绿色可持续性比较重要的几个方面，而忽略其他因素，因此第一级评估费用较少。
- 第二级：半定量的评估可以利用一些简单的数学计算或软件工具来实现。第二级的评估需要对不同修复方案的绿色可持续修复评估指标进行打分，并按照权重进行排序。与第一级评估相比，利益相关方在这一级参与度增加。这一级评价由于需要对部分数据进行收集和分析，因此费用会相应增加。
- 第三级：该级评估常使用足迹分析、生命周期评价、费用 - 效益评估和净环境效益分析等方法进行定量评估。在这一级，利益相关方的参与度最大且在决策制定过程中担任一定的角色。因此，该级的评估需要投入更多的时间和费用。

一般而言，在项目开始阶段，修复工程参与者应至少实行第一级的评估。随着项目的深入开展，再确定是否施行更高级别的评价。例如，修复团队会在场地调查阶段采用第一级的评估，在修复技术选择阶段选择第二级评估。若场地条件发生了显著改变，可以采用第三级评估。项目操作和维护阶段，以及修复后退场阶段可以采用第二级评估。

以下就三级的评估方法应用分别进行举例说明：

- 案例一：某修复单位计划采用开挖和填埋的方式处理约 4000t 的铅污染土壤。危险废物填埋场位于场地以东约 500km。本项目采用第一级评估方法。首先，列出该项目主要的任务，并把各项任务中需要用到交通工具和机械设备的频率从高到低排列。分析结果显示，异地处理需要进行运输且排放大量废气，故在卡车的使用、大气污染物排放和汽油使用方面排名较高。相对而言，原位稳定化更有优势，因为其允许处理后的土壤直接在当地作为非危险废物进行填埋。这样，原位技术可以减少大约 15 万 km 卡车的行驶距离。

- 案例二：某石油污染场地的地下水抽取处理技术系统已经运行五年，污染物浓度已经大幅降低，但仍高于修复目标值。现考虑是否需要改变修复技术。以下四种修复技术纳入考虑范围：（1）维持现有的修复系统直至达到修复目标值；（2）拆除现有系统，改用在污染源区域进行化学药剂注入的方式降低污染物浓度后用自然衰减技术；（3）拆除现有系统，注入增氧剂进行强化生物修复，并使污染羽自然条件下扩散稀释；（4）拆除现有系统，使污染羽自然扩散稀释。本项目采用了第二级评估，综合考虑了修复效果、修复年限、修复成本、工程实施的难易程度和废物排放（主要考虑温室气体）。结果发现，方案一由于需要进行 10 年的抽取处理，需要耗电，因此会产生最大的温室气体排放量；方案二由于化学试剂的注入会产生中等的温室气体排放量（注入过程设备操作等）；方案四的温室气体排放量是由于 10 年的监测自然衰减时需要的交通产生的；方案三由于仅需要投入少量增氧剂进行强化生物修复，温室气体排放量最低。因此，方案三由于其较短的运行时间、费用低、温室气体排放量低以及易于操作（可利用现有的监测井）而被选中。

- 案例三：某制造厂现需要退场进行再开发。历史上该厂使用过清洗剂。土壤和地下水调查发现一个约为 400m³ 的三氯乙烯和 1,4- 二氧己环的污染羽，主要集中在浅层地下水和承压层。污染羽还迁移到附近的海湾，并影响海湾的沉积物。由于身体健康和经济来源受到影响，当地的渔民和社区组织有很强意愿积极参与到修复方案制定过程中。在可行性研究报告中建议了几种地下水和沉积物的处理技术。地下水的修复方案包括抽取处理、原位强化生物修复和可渗透反应格栅。底泥的修复方案包括疏浚、覆盖和控制利用方式。提交可行性研究后，当地管理部门要求修复单位进行深度的全生命周期分析以便更好地做出决策。全生命周期分析评价的内容包括温室气体（二氧化碳）排放、特征污染物（如三氯乙烯、1，4-二氧己环等）风险控制、能量消耗和海洋生态毒性。当地社区和渔民还要求考虑不同修复方案的社会和经济影响。该案例采用了第三级评估，考虑到场地环境的复杂性，存在人体健康和环境风险，利益相关方的需求，未来土地再利用情况以及修复费等因素。生命周期评估结果和费用 - 效益分析相结合，并把结果告知当地社区和管理部门以支持决策。由于可渗透反应格栅对未来发展的影响较低，保护地表水、地下水和其他生态资源等，还可以使用当地可用的建筑材料，实现更低的气体排放，以及较低的能源需求；因此可渗透反应格栅被选为最终的地下水修复技术。由于当地有清洁的疏浚沉积物，以及实施过程中较低的干扰，因此薄层覆盖被选为最终的底泥修复方案。疏浚出来的底泥被存在离现场约 5km 的处理点，减少了卡车的气体排放以及噪声等对当地居民的影响。

目前有多种公开的和专有的工具和方法用来进行绿色可持续修复评估。修复单位可以根据项目性质选择这些工具和方法。可持续修复论坛官方网站上列举了一些工具和方法，但可持续修复论坛不推荐使用同一种工具对不同项目进行绿色可持续修复评估，而是建议在不同的评估等级使用有针对性的评估工具。不同级别绿色可持续修复评估需要的数据、适用性和可用的评估工具也有所不同，相关情况总结如表 3-8。关于评估工具的详细介绍见第四章。

不同级别绿色可持续修复评估需要的数据、适用性和可用的评估工具　　　　表 3-8

评估级别	分析内容	适用性	可用的评估工具
第一级	基于项目中最重要的绿色可持续因素进行定性评估，如能源消耗和利益相关方的参与程度	小规模场地，时间、费用和资源有限，已证明是低风险，低复杂程度，采用更高等级的评估不能显著增加好处	清单、最佳管理实践、导则、法规、度量方法、评分系统
第二级	针对场地特定的一些信息进行半定量分析，是对第一级评估的补充	场地复杂程度中等或需要利益相关方进行更进一步的参与	清单、评分和权重系统、监测数据评估、暴露模拟、排放量计算、简单的费用 - 效益评估
第三级	场地特定的，深度的，定量的分析各种实践、过程和技术	场地极为复杂，需要利益相关方广泛参与，并有可用的数据	生命周期评价、详细的费用 - 效益评估、空间和时间边界计算、能源分析模式、社会回报分析、净效益模式

6. 数据的记录和保存

无论绿色可持续修复目标是否实现，都应做好数据的记录并保存。首先，及时详细的记录可以增加项目的透明度，让利益相关方了解绿色可持续性评估按照框架的实施情况以及与绿色可持续修复相关决策的制定情况。其次，利益相关方可以对绿色可持续修复目标未能实现的项目进行回顾，重新思考其他可行的行动计划，或者调整绿色可持续修复目标。

需要记录和保存的文件包括但不仅限于项目规划和场地调查阶段的记录，绿色可持续修复评估结果的正式报告以及修复运行或优化阶段有关绿色可持续修复的更新文件。绿色可持续修复评估报告中应该包括采用的合理假设、评估方法、使用的工具或资源、边界条件等内容。详实的记录可以确保结果的可重复性和有效性。若评估过程中受到一些限制条件，也应进行相关记录。在实际操作中，不同等级的绿色可持续修复评估需要记录和保存的文件会有所不同。

3.3.3.2　绿色可持续修复实施

1. 场地调查

场地调查阶段主要是为了确定土壤、地下水、沉积物、土壤气和其他介质的污染物种类、污染程度和水文地质参数，识别出潜在的受体，并由此构建场地概念模型。场地调查前进行系统的规划可以明确调查目标、提高调查效率，进而使修复利益最大化。与绿色可持续修复计划中进行总体的绿色可持续评估不同，场地调查阶段可以根据实际情况有选择地确定评估等级并进行详细的绿色可持续修复评估。

绿色可持续修复实施的关键是应将绿色可持续修复的要求列为程序文件和工作计划的一部分，承包商或工人在进行钻探或样品采集等活动时才会认真执行。另外，在对现场工作人员进行培训时，也需要强调绿色可持续修复的重要性及其实施方法。

2. 修复方案评估和筛选

为了达到场地特定的修复目标，需要对可能采用的修复方案进行评估和筛选。修复方案确定后，会影响到后续修复方案的设计和修复系统的建设。绿色可持续修复评估和实施的目的是选用影响最小的修复方案。在该阶段，需要考虑的绿色可持续修复的内容包括：尽早了解利益相关方的需求、识别定性的和定量的修复目标、确定需要进行修复或管理的区域和体积、针对不同的污染介质有效地选择修复方案、修复技术的组合、利益相关方意见的征集（如专家评审等）以及最优的修复方案的确定等。根据修复场地的情况，以上内容可以部分或全部进行考虑。比如，针对某一加油站的修复方案评估，由于污染物质单一、污染区域有限且利益相关方简单，可对上述需要考虑的内容进行适当的删减；而对某大型污染场地，由于可能存在复合污染、污染区域大且利益相关方较多，则需要对修复方案进行多轮的筛选和利益相关方意见的征集。因此，绿色可持续修复评估等级也需要针对场地情况进行确定。

3. 修复方案设计和执行

此阶段主要是完成修复技术施工图纸和参数的确定，并对修复方案加以实施。根据法规要求和修复技术的复杂性，修复方案设计的难度会有所不同。绿色可持续修复的评估包括比较修复系统的性能和所选修复技术的总体表现。绿色可持续修复评估的方法和技术可以选择最有效的设计方案。不管选取哪种修复方案，在方案的设计和执行中都会有很大的空间贯彻绿色可持续修复的原则。和场地调查阶段一样，有一系列的最佳管理办法可被整合到最终的修复方案设计和执行中。比如，对使用较多卡车的大型污染场地，修复单位应和当地交通部门合作，选取优化的卡车运输路线，减少对当地交通的负面影响；采用含硫量低的柴油以减少污染物排放；合理区分场地内修复区域和清洁区域，并防止卡车倾洒等意外事件带来的交叉污染；以及定期与利益相关方进行沟通，汇报项目的决策和进度，主动对修复进展和监测结果进行公示等。

需要注意的是，绿色可持续修复的评估报告和现场记录报告应作为场地调查阶段的资料进行存档，修复方案的可行性研究和其他相关文件也应妥善保管，修复方案设计和执行中的各种决策和监测也需在必要的情况下进行公示。良好的文件管理可以方便利益相关方及时回顾总结经验，或作为后续阶段调查和修复工作参考。

3.3.4 美国材料与试验协会的绿色可持续修复框架

美国州际技术管理委员会的框架主要针对污染场地再开发情况下的绿色可持续修复。然而，并非所有废弃的土地都遭受过污染，也并不是所有受到污染的土地需要完全地修复为净地。事实上，工业场地再开发可以通过"开发控制"或"土地使用规划"机制进行。政策的制定者和监管者，以及其他的利益相关方就需要为污染场地再开发制定最优的策略。美国材料与测试协会发布的一系列标准指南即构建了相对比较完善的土地利用控制技术体系，用于规范和指导土地利用控制技术的筛选、方案制定、监测与维护，以及评估等。这些指南较好地体现了绿色可持续场地修复这一理念，以下进行详细介绍。

3.3.4.1 活动和用途限制

随着城市的发展和扩张，出现了越来越多由于工业搬迁带来的可能受到污染的土地。修复污染地块除了需要投入大量的时间和资金，还伴随着一系列的法律责任问题，如污染主体的确认等。为了避免这些问题，开发商或购买者会优先考虑开发未受污染地块。因此，一旦地块被污染或处于潜在污染状态，则往往会被闲置，不能充分利用其价值。发达国家比中国更早经历城市化过程，并且由于国土面积的限制（如英国等），可以进行选择的可替代地块并不多。因此，这些国家正在或已经开发出了基于风险控制的污染场地整治计划或棕地管理计划以充分利用有限的土地资源。经过数十年的发展，这些自发的、受利益驱动的行为使土地资源得到有效的利用，并产生巨大的经济和社会效益。基于风险控制的污染土地利用方案的核心是对"可接受的风险"和"无明显风险"的阈值进行准确的把握。例如，可以要求场地责任方将污染地块修复到可以用于工业或商业用地的水平（也可以用于其他用地），而不是使地块达到"仅"可用于商业或工业用地的水平。在修复方案选择过程中，要充分考虑污染场地对未来开发的限制性因素。考虑到污染场地修复在技术上几乎不可能恢复到"净地"时的原始状态，因此总是存在残余的环境风险。针对残余的环境风险水平必须制定相应土地利用策略和风险防范方法。根据修复后地块的用地规划，以及目前地块规划的缺点（如地块的规划过于严格，可操作性差）来决定可行的修复方案。最有效的修复方案应全方位地考虑修复计划与后续发展规划结合的有效性、技术的可操作性和实用性、费用的经济性、修复效果长期稳定性和利益相关方的可接受性等因素。由此可见，绿色可持续修复在修复目标的选取上必须考虑土地的未来利用方式，这自然就需要从社会、经济和环境三个维度加以考虑。可以说，污染场地修复和再开发之间的有机联系决定了其绿色可持续性的内在需求。

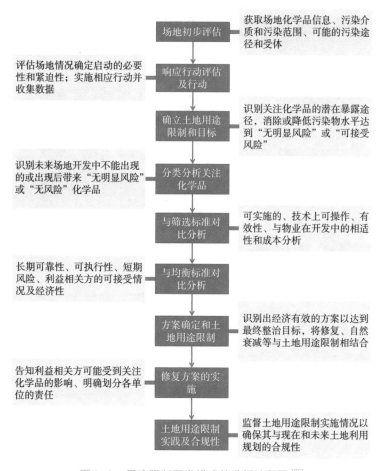

图 3-8　用途限制开发模式的选择流程图 [26]

所谓活动和用途限制，是指利用法律规定或物理区域隔离的方式对地块或工厂的使用或进入途径进行限制，以消除或减少关注化学品的潜在暴露途径，或阻止可能对应对措施有效性起到阻碍作用的活动，确保场地维持在对人体和环境处在"可接受风险"或"无显著风险"的情况。物理隔离的方式包括设立隔离墙、覆土、地下水水力控制、渗滤液收集等方式。法律规定是制度性控制的一种方式之一，包括通过法规或条例的规定，设立禁止进入或开发区域[26]。

活动和用途限制常用于政府对于可能受到污染的地块的基于风险的决策过程。在进行基于用途限制开发模式之前，土地开发者应在基于风险控制的整改计划或其他类型的修复活动的不同节点，评估用途限制开发模式的可行性和适用性。图3-8为活动和用途限制开发模式的选择流程图。

需要注意，修复方案选择过程中，不仅需要考虑活动和用途限这一因素，还应准确地记录筛选过程。通常情况下，可以根据图3-9中流程进行评估。

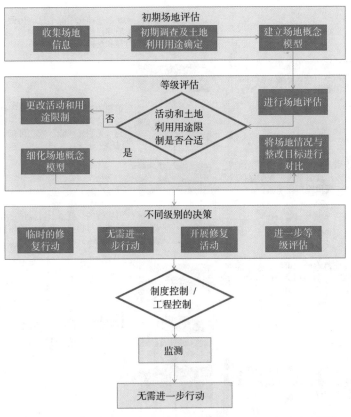

图3-9　基于风险控制行动计划下的活动和用途限制流程图[26]

与修复工程手段的可行性评估类似，活动和用途限制的选择也是以场地概念模型为基础系统评估关注化学品、污染源、可能的暴露方式（如皮肤接触、消化吸收和吸入等）、暴露途径（如空气、地表水、地下水和土壤等）、可能的受体（包括人类和生态环境），以及合理的未来土地开发利用用途规划（如工业用地、商业用地、商住混合或住宅用地等）之间的关系，重点在于识别是否存在完整的环境风险暴露链，并据此提出相应的活动和用途限制措施（表 3-9）。土地使用者应注意到虽然活动和用途限制是修复方案的一种可选方案，但不能作为唯一的方案。土地使用者还应咨询当地的管理部门，了解是否有当地的强制性行政要求。

环境风险暴露链完整性评估表　　　　　　　　　　　　　　表 3-9

一次污染源	二次污染源	迁移机制	暴露途径	受体
化学品存放点 管道 操作过程 废物存放区域 地下水池 地下油管 其他	受污染的表层土 受污染的深层土 地下水污染羽 非水相液体	风力侵蚀和大气扩散 挥发和大气扩散 挥发和密闭空间积累 淋溶和地下水迁移 非水相液体的迁移 雨水/地表水的迁移	土壤：皮肤接触或摄入 空气：吸入气体或颗粒 地下水：地下水饮用 地表水：景观用水或栖息地	农民 居民 商业/工业人员 建筑工人 其他生态受体

备注：需要考虑场地现在和未来可能的利用情况。

活动和用途限制开发模式最重要的部分是识别出可能存在的暴露途径。若有数据缺失，可进行合理的假设，进而对每一种可能的用途限制情景进行分析。一方面，土地开发者需要识别出未来会存在的土地利用形式，保证其在"可以接受风险"或"无显著风险"的条件下进行开发。另一方面，要识别出未来不可进行的土地利用形式（除非再采取进一步的评估或修复）。其原因是人体和环境生态在这些土地利用形式下有暴露于关注化学品的可能，并且达不到活动和用途限制开发模式的条件。此外，活动和用途限制开发模式还应建立一种长效机制，即适时的发布监管报告和对工程控制系统的表现进行周期性的监测和评估，确保用途限制开发模式一直符合最初设立的目标。

为方便理解，以下列举了一些关于用途限制开发模式的例子：

- 案例一：某场地地下水受到污染，而且现场会使用地下水。因此，在除地下水监测情况下，现场应就地下水的使用做出限制。或者，就地下水监测井的安装或地下水处理系统的评估做出相关的规定。
- 案例二：某场地由于资金和现场条件的限制，目前只修复到可以适用于工业和商业用地的水平（直接接触的条件下），因此，除非采取了进一步的修复措施的条件下，修复后的地块仅能进行工业或商业开发，而不能用于居民用地开发。
- 案例三：某场地在污染区域进行了物理隔离（如覆盖物或道路等）。注意，这种处理方式仅适用于目前的用途和使用限制。并且需要对污染区域作出明显标识及规定在该区域禁止从事开挖工作等，防止关注化学品存在完整的暴露途径，进而产生不可接受的风险。此外，还应对覆盖物或隔离物的完整性进行周期性的检查和维护。

- 案例四：在正在进行修复作业的区域也应有相关的限制。比如在地下水抽水井、监测井或其他修复系统的建设、运行和维护阶段都应进行适当的隔离。

3.3.4.2 制度控制

制度控制是指通过制定和实施各项条例、准则、规章或制度，减少或切断受体（人类等）对污染物的暴露，从而降低人体健康风险。常见的制度控制包括：颁布条例、法规，实施分区规划，颁发建筑许可证等限制土地的使用，或以公告或通告的方式提供有关场地上可能残留或封存污染物的相关信息以帮助公众了解污染场地的具体情况。

根据美国超级基金场地修复相关数据，2005～2008年统计的595个污染场地中有62%的场地使用了制度控制；2009～2011年统计的459个污染场地中有67%的场地使用了制度控制技术；而2009～2011年的288个修复场地（包括对土壤和沉积物等使用源控制手段的场地）有超过75%的场地使用了制度控制技术，其中单独使用制度控制场地为75个[27]。当然，这些场地在实施制度控制之前都实施了其他形式的修复或污染物消除措施。从采用制度控制污染场地的比例变化可以看出，制度控制已越来越受到重视，并作为实现基于风险的土地管理的一种重要辅助措施与其他修复技术联用来达到污染场地管理的目的。在制定制度控制具体措施时，应充分考虑能否实现保护人群免受潜在污染物的危害和保障其他修复措施顺利进行这两大目的，确保制度控制在修复工程中能很好地发挥作用，实现预期目的。

下面以某垃圾填埋场为例来介绍制度控制是如何实现的。该垃圾填埋场位于美国康涅狄格州，于2010年开始修复，目标污染物是挥发性有机物，实施制度控制的介质为土壤和地下水，主要通过法律（政府控制）和行政手段（契约通告）来实现制度控制的目的，包括禁止该地块用于未来的住宅和商业发展用地、禁止使用地下水、禁止实施破坏制度控制完整性的措施，以及禁止任何可能损害垃圾填埋气体收集系统的行为等，旨在通过对土地和水资源的限制利用来保证修复工程的顺利完成和实现潜在污染暴露的最小化。

3.3.4.3 工程控制

对于已经进行过初步场地环境调查，确认受到化学品污染且存在不可接受风险水平的场地在再开发或继续使用之前，也可以考虑实施工程控制对污染场地进行管理。工程控制技术是指采用阻隔、堵截、覆盖等物理措施控制污染物的迁移，或阻断污染物的暴露途径，从而降低和消除污染物对人体健康和环境的风险。工程技术主要实现方式包括水平阻隔技术和垂直阻隔技术，具体有泥浆墙、灌浆墙、土工膜和衬层技术等。如果污染场地的污染物未达到不可接受风险水平，业主可以自主选择是否采取工程控制措施。但需要注意，在改变土地利用的条件下，土地所有人应根据更新的受体和暴露途径对不可接受的风险水平进行评估，并根据计算结果对工程控制措施进行适当的调整。

在修复过程中（如开挖污染土壤和抽取污染地下水等）也可能产生新的暴露途径。因此，在采用工程控制之前，需要对建设阶段和修复后土地利用阶段进行基于风险的整治计划分析。此外，场地的开发管理计划中还应考虑受污染土壤或构筑物的转移和运输带来的暴露途径，以及废物的运输处理的费用等。一般地，为更安全更经济地对污染场地进行再开发，需要考虑以下内容。

（1）暴露概念模型：暴露概念模型考虑了关注化学品在生物、物理和化学等过程作用条件下的迁移和转化。其建立的目的是确定污染物的污染范围，理解污染物的迁移转化机理和识别出可能的人类受体。

- 受污染的环境介质：对污染介质的范围和程度的充分表征有助于建立暴露概念模型和选择适合的工程控制方案。对受污染环境介质表征的内容包括污染范围、饱和区和非饱和区的土壤性质（如粒径和土壤类型）和地下水层的性质（如水力梯度、厚度和孔隙率等）等。此外，该评估还应考虑在自然条件下可能对人体产生不可接受风险的物质，如氡和甲烷等。

- 可能的完整暴露途径和整治计划目标：根据受污染的环境介质特征和场地特定的潜在完整暴露途径，结合场地目前和规划的发展情况得出场地特定的整治计划目标。

（2）短期建设和物业利用的限制因素：受到化学品污染的地块的使用或再开发的过程中，会较少考虑到设计和施工建设阶段的问题，包括建筑工人的短期暴露；在污染地块的开发期间或开发后期关注化学品在环境介质中的迁移和污染介质的转运（如灰尘、开挖和下渗至地下水）等；污染介质的产生，需要作为危险废物采用特定的贮存、处理、和处置方式；根据法规要求采用工程控制措施或活动和用途限制（如土壤渗滤液控制系统或污染土壤表面覆盖，减少污染物在雨淋等条件下下渗进入地下水中）或其他与物业利用的相关法规。

（3）工程控制再评估：在地块规划用地性质，法规要求和土地使用现状改变的条件下，需要对所有的工程控制措施的有效性进行评估。若不能满足减少或消除不可接受的风险的要求，应及时更改工程控制措施。

工程控制的实施方案要根据现场特定的暴露途径来选择。对于现场已经存在的工程控制措施，如路面和覆土，需要评估其隔离暴露途径的有效性，并在必要的情况下进行整改。目前主要的三种暴露途径包括表土的直接接触，室内或室外蒸气暴露和污染地下水对地下设施和结构的影响。下面就其常见的工程控制方案进行简单介绍，其设计、安装和维护要求等请参见表 3-10[28]。

- 表土直接接触：在污染化学品在表土或浅层土壤的情况下，人类暴露途径包括偶然的摄入，直接的皮肤接触或颗粒的吸入。土壤中的化学物质还可在风的作用下或由于浅层土的开挖绿化等活动进入空气。有效的工程控制措施应起到阻碍：（1）人类和化学品污染土壤的接触；（2）风的侵蚀下的污染物的释放。具体的例子包括但不限于：沥青隔离、水泥硬化、柔性薄膜衬里、净土覆盖和植被覆盖等。

- 室内或室外蒸气暴露：在土壤和地下水受到污染的地区，污染物挥发进入空气，人体会以蒸气吸入的方式接触污染物。有效的工程控制措施应起到防止：（1）污染物从受污染土壤和地下水中释放至空气；（2）污染物通过地基、地下室或其他地下构筑物等进入室内空气。具体的例子包括但不限于主动气体隔离、建筑物负压和主动土壤气抽提等。

- 污染地下水对地下设施和结构的影响：在地下水污染地区，人体的暴露途径包括偶然的地下水摄入和直接接触，如果地下水可以进入地下结构，雨水收集塘或其他地下的缝隙等。有效的工程控制应起到阻隔地下水进入上述介质中。具体的技术包括但不限于渗流阻隔，密封管道、地基或其他连接处处理，沟渠截留、泥浆墙和可渗透反应格栅等。

工程控制技术的设计、安装和维护要求　　　　　　　　　　　　表 3-10

目的	工程控制技术	设计考虑因素和参数
预防与污染土壤直接接触	沥青隔离，水泥硬化，柔性薄膜衬里，净土覆盖和植被覆盖	（1）位置和边界的确定：进行工程控制的边界等；（2）尺寸和材料选择：根据土地利用规划（如公园、娱乐场地、停车场或地基等）确定工程控制的稳定性和持久性要求，选材注意不同地区气候差异等因素；（3）安装和维护要求：如有必要，需对下层土壤进行加厚加固处理并安装合适的排水系统等，周期性检查隔离工程的完整性
预防室内或室外蒸气暴露	主动气体隔离、建筑物负压系统和主动土壤气抽提	（1）位置和边界的确定：识别所有可能的蒸气入侵点位，确定气体隔离设施安装位置及边界，计算换气次数和换气体积，充分考虑负压系统的安装对相邻通风系统的影响；（2）尺寸和材料选择：主动气体隔离设计中需要考虑隔离墙厚度、材质强度、在光照下的老化速度、与土壤中气态污染物之间的反应性；主动土壤气抽提设计需要考虑泵的规格和抽提点位的位置和数量等参数；（3）安装和维护要求：安装预警系统，周期性的采样分析确保系统的有效性，土壤气抽提还需考虑管道的深度和长度等
污染地下水对地下设施和结构的影响	渗流阻隔，密封管道、地基或其他连接处处理，沟渠截留、泥浆墙和可渗透反应格栅	（1）设计基本信息收集：场地信息包括地下水水位、含水层厚度、水力传导系数、地下水流向、通过模拟计算抽水速度对污染地下水流动的影响，切断污染地下水的暴露途径；（2）尺寸和材料选择：建筑材料和滤料的选择，截留沟的长度、宽度和深度，监测井的口径和深度，可渗透反应墙的长度、深度和厚度以及填充物质；（3）安装和维护要求：周期性的检查系统（泵等）工作情况，测量地下水水位变化，采样分析污染物浓度变化，适时调整系统或处理技术

在通常情况下，工程控制和活动和用途限制的方式常常联合使用。某些情况下，某些场地不适合采用工程控制技术，因此只能采用活动和用途限制的方式来减少或消除不可接受的暴露。目前，主要的活动和用途控制的类型包括：（1）专有的契约限制或条款限制；（2）州或当地政府的管理，包括划分限制区、准入许可和禁止挖掘钻探等；

（3）强制性的工具,包括法令和许可证;（4）信息的公告,如契约公告和地理信息系统等;
（5）环境地役权。

3.3.4.4 城市棕地再开发

土地的价值不应因历史的使用而贬值,并妨碍后续的土地再利用。基于风险的土地管理是确保有效配置资源、盘活土地资源的必要前提。因此,秉持这一理念的绿色可持续修复在本书的内涵也不仅仅局限于污染土壤的修复,还包括棕地的再开发。对于棕地一词,国际上目前并没有统一的定义。根据欧盟的定义,棕地是已经遗弃或未充分利用,但是受到过场地以前利用或周围土地的影响,主要位于全部或部分开发的城市区域内,但可能存在污染问题,需要进行适当的干预措施才能进行开发的场地[29]。美国《小型企业责任减轻和棕地复兴法案》中,棕地则被定义为:"房地产（不动产）的扩展、再开发或再利用可能会因为有害物质、污染物的存在或可能存在而变得复杂的地块"。因此,较为统一的观点是,与历史上未经过开发的场地相比,棕地可能会对土地的再开发造成障碍。

城市棕地再开发是一个自发的行为,其涉及了利益相关方（如物业、开发商、政府机构和社区）等对场地的积极整改,经济评估以及采取的可以促进棕地长期有效利用的活动。棕地再开发并不是一个严格的环境问题,相反,环境问题只是其中需要关注的一个方面。可持续的棕地再开发需要更加注重金融、法规和社区参与等内容。棕地的再开发目的是减少对新增土地的使用需求,在满足当代人对土地资源需求的条件下,又不损害后代对土地资源未来的需求。因此,棕地的可持续性开发需要考虑当前的环境状况和未来的用地规划。

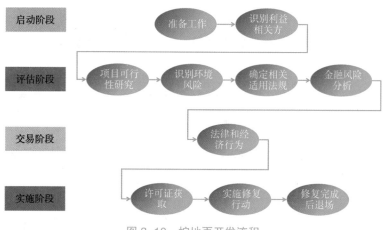

图 3-10 棕地再开发流程

在美国材料与试验协会发布的有关棕地管理的框架中,棕地的可持续开发可以划分为启动、评估、交易和实施四个阶段（图 3-10）[30]。为保证棕地再开发过程的利益最大化，需要利益相关方的广泛参与以从不同的视角对再开发过程提出意见。当然，并不是在棕地开发的每个阶段都需要对所有的利益相关方意见进行征集。在实际操作过程中，需要识别出不同阶段主要的利益相关方。不同利益相关方的关注点不同，有些利益相关方会关注棕地再开发所能带来的利益，而有些则对修复行为是否可以达到预期目标更为关注。

1. 启动阶段

利益相关方具有自身需求或存在其他商业利益时，往往会触动棕地再开发。因此，在棕地开发启动后，需要对主要的利益相关方及其目标进行识别，并在进行开发阶段之前充分了解他们的诉求。以场地所有者 / 潜在承让方 / 开发商为例，他们需要了解当地规划限制以及变更土地利用规划的可能性。一方面，他们要咨询当地的健康和环境管理部门了解该物业及其周边是否有活动和用途限制及其对棕地再开发的影响；另一方面，场地所有者 / 潜在承让方 / 开发商要避免经验主义或简单的范式。比如，某块区域总体规划为工业园区，但是某化学品污染区域的地块规划为混合区（工业和居民用地混合），因此，在对该区域进行风险评估时，不能只简单地考虑在工业利用场景下的风险水平。启动阶段关键利益相关方及其诉求总结见表 3-11。

启动阶段的利益相关方及其诉求　　　　　　　　　　　　　　表 3-11

利益相关方	诉求
社区	美化环境，社区和经济的改善
政府机构： 再开发部门； 环境和健康管理部门	经济复苏，增加税收 符合环境健康安全法规要求，识别出需要改善和提高的区域和内容
转让方和承让方	增加物业价值，使用费用低、时间短的手段，识别和减少风险，以及责任转让的可能
潜在承让方	更好地理解项目的机会和障碍，获取潜在的投资回报或对社区条件的改善有益。对不是由他们造成的环境问题做到尽职管理
开发商	增加物业价值的机会，对不是由他们造成的环境问题做到尽职管理

2. 评估阶段

评估阶段的目的是确定棕地再开发的可行性，以及是否有其他可选方案。可持续棕地再开发的成功实施取决于对环境情况的充分了解，以及可能带来的经济利益的预期。评估阶段首先要识别风险，包括土壤、地表水和构筑物的污染等环境风险，以及棕地再开发周期过程中存在的不可接受的人体健康风险。其次是对物业进行评估，包括非侵入评估和侵入评估。非侵入评估主要是对物业及物业周边区域的历史和现在的土地利用信息进行收集和分析，识别关注化学品（如有）的可能存在区域。特别地，需要关注未来的土地利用情况和地下水使用情况。侵入评估主要是确定是否有污染物泄漏，并充分收集数据分析污染区域和污染源，建立场地概念模型并进行初步的修复方案筛选。再次，进行风险评估及修复方案筛选，以及风险交流。修复方案包括主动方式和被动方式，或两者结合，包括污染源去除、污染介质处理、自然衰减、工程控制措施和管理控制措施等。要对每个修复方案的有效性、可实施性、可接受度和费用进行综合分析，以确定一个可以长期有效的，满足金融风险管理要求和责任要求的方案。与周边社区和其他利益相关方在项目的各个阶段进行有效的风险交流是棕地再开发项目成功的关键。风险交流的目的是让所有的参与方对棕地存在的风险和风险控制措施进行沟通，通过合作建立互信。开发商不能作为风险交流的唯一负责人，所有的利益相关方都应做出努力。沟通的方法包括发放项目文件，组织公众论坛，透过新闻媒体公开发布相关信息，利用工会和网络等平台组织进行交流等方式。最后，需要对棕地开发相关的法律和规定进行掌握。目前还没有一套完全针对棕地开发的法律法规。因此，需要在项目最开始阶段对地方和国家政策进行解读，了解棕地开发各个阶段可能涉及的政府管理部门（不仅仅是环境方面）及其具体的规定。这些法律和规定包括许可证、法律条款、对风险评估的规定、对工程控制和制度控制的规定以及其他政治、社会和经济相关的规定（如贷款等）。评估阶段关键利益相关方及其诉求总结见表 3-12。

评估阶段的利益相关方及其诉求　　　　　　　　　表 3-12

利益相关方	诉求
社区	参与评估过程，以寻求合适的提高棕地价值的方式
政府： （1）再开发部门 （2）环境和健康管理部门	让社区从经济层面了解到再开发的必要性 确保整改计划对人和环境的保护作用，社区充分了解项目目标，以及满足多个管理部门的要求
转让方和承让方	增加物业价值，使用费用低、时间短的手段，识别和减少风险，以及责任转让的可能
潜在承让方	更好地理解项目的机会和障碍，理解金融和责任风险的管理手段
开发商	理解会带来金融和环境风险的因素

3. 交易阶段

交易阶段会造成土地所有者的变更。通常，对于已经采取自发整改措施的场地，与场地有关的许可证和通知会被转移到新业主。因此，新业主不会因为场地历史污染而被政府管理部门起诉。在交易过程中对环境条款的起草常常是基于对物业已有的或者假想可能需要的环境责任，又或者是潜在承让方对可能存在的人体健康或物业的损害。承让方要在购买前对购买物业的环境责任进行充分的了解，包括业主是否完全披露了环境信息，是否存在其他的环境风险，以及场地环境本底值调查等。同样，转让方也需要对自身获取的环境许可，以及对土壤和地下水环境质量进行调查。对于借贷方，对借款人可能承担的环境风险的了解也十分重要，以防止借款人承担了超出预估的金融风险。对于交易阶段关键利益相关方及其诉求总结见表3-13。

评估阶段的利益相关方及其诉求　　　　　　　表3-13

利益相关方	诉求
社区	交易可以满足社区的再开发的目标
政府： （1）规划部门 （2）管理机构	交易可满足利益相关方的目标；土地使用性质的批复 交易达到公众和健康的目标
转让方和承让方 潜在承让方（新业主）	交易满足各自的金融和责任风险控制目标
	交易满足各自的金融和责任风险控制目标 在有限的长期的责任风险下，采用经济有效的整改行动
开发商	交易满足他们的项目要求
保险公司	配置和价格政策
借贷方	配置和价格贷款

4. 实施阶段

项目实施阶段会涉及拆除、翻新和整治等内容。整治计划是基于一个综合的土地利用情景的分析，了解土地使用限制条件等信息下开展的。根据与利益相关方达成的协议，当地政府部门可能会下发相关行政许可。虽然利益相关方的参与和制度控制可确保修复项目的开展，但该阶段利益相关方的要求应尽量简化且参与环节和参与的时间节点应尽量灵活，以确保风险控制措施得以有效实施。在棕地再开发退出环节，要建立清晰有效的退出机制。对于实施阶段关键利益相关方及其诉求总结见表3-14。

实施阶段的利益相关方及其诉求　　　　　　　表3-14

利益相关方	诉求
社区	物业再开发带来的正面收益
政府： （1）规划部门 （2）管理机构	再开发项目满足利益相关方的目标 再开发项目满足环境和人体健康的目标
转让方和承让方	及时地完成项目再开发工作，并获得可接受的投资回报
开发商	及时地完成项目再开发工作，并获得可接受的投资回报
保险公司	再开发项目与保险要求一致
借贷方	再开发项目满足融资要求

从表3-12至表3-14可以看出，除了交易阶段和实施阶段还包括保险公司和借贷方等，棕地开发四个阶段的利益相关方有很大的一致性，均包括社区、政府部门、转

让方和承让方、开发商等。虽然利益相关方的类型没有太大差异，但是其诉求随着棕地开发阶段的推进而变化。因此，修复参与者需要用动态的、不断回顾的模式对棕地开发中利益相关方的需求进行及时而准确的把握，以保证项目在各个阶段的绿色可持续性。

3.3.5　欧盟棕地再生综合管理

棕地再生常被认为主要在硬再利用（如住房或基础设施开发）背景下进行，而往往忽视棕地其他可能的利用途径，即软再利用（如绿色空间或生物质生产）[31]。目前，专业人员逐渐就棕地的软再利用达成共识，希望通过棕地的软再利用加强土地再生并提高整体可利用性。例如，近年来，利用棕地进行可再生能源发电可以带来更广泛的环境和经济效益[32]。城市绿色空间也是另一种软再利用方式，可以带来环境改善和刺激当地经济发展等多重效益[33]。

1. 棕地开发机会矩阵的起源和内容

棕地再生综合管理是 2010 年欧盟第七研发框架计划（FP7）资助项目。棕地开发矩阵是该项目的一项重要成果，用于帮助国家政策顾问以及地方规划和决策部确定定从棕地 / 污染土地软再利用中开发最大总体价值的方案。

这款基于 Excel 的筛选工具能够帮助棕地项目开发者和决策者确定通过对场地软再利用的"干预"中可以获得哪些"服务"，以及明确这些干预如何相互作用。这里，"干预"是指对棕地再开发开展的活动，包括温和修复技术（如自然衰减等）、传统修复技术（如开挖、淋洗、生物修复等）、土壤管理（如添加有机质、使用生物炭等）、水资源管理（如建造人工湿地、洪水控制等）、可再生能源生产（如风能、生物能、太阳能等）、绿色基础设施建设（如生态工程、生物多样性管理等）以及可持续土地管理和开发（如景观设计、休闲场所、教育场所等）；而"服务"包括减缓污染土壤和地下水带来的风险、改良土壤、改善水资源、强化生态系统服务功能、缓解人为气候变暖（全球变暖）以及增加社会和经济方面的福利等。

在棕地开发机会矩阵中，不同颜色编码表示可能干预与可能服务的交叉点（图3-11）。其中，深绿色表示干预一般直接实现本服务。浅绿色表示可能有或直接或相关服务效益。而蓝色表示尽管有潜在直接服务效益，但本干预可能与服务对立。琥珀色表示本干预通常与讨论服务相对立，表明需要采取某种形式的缓解措施。由于服务效益与可能的干预常受场地具体情况制约，因此需要仔细考虑适合且基于场地的管理和设计。有关下载和使用棕地开发机会矩阵的信息，请访问官方网站中"棕地导航"页面（http://bfn.deltares.nl/bfn/site/index.php/standard/bfn_home）。

- 棕地机会矩阵绘制了"软"再利用干预机制与其所提供的服务，以论证干预方式自身或与其他干预方式协同作用所产生的价值。
- 目标是鼓励棕地再开发进入土地利用循环链。

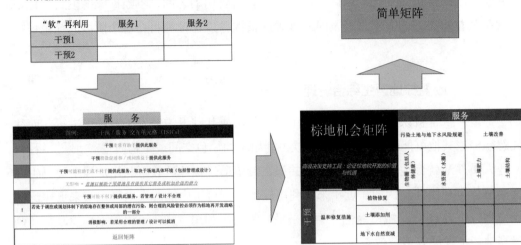

图 3-11　简化棕地开发矩阵图

2. 棕地开发机会矩阵的使用

棕地开发项目成功与否取决于达成的未来从土地上期望获取的服务，以及实现这些服务的最有效方式（即所需干预）的种类。对于利益相关方来说，服务可被理解为抱负（政治层面）和欲望（地方层面）。因此，利益相关方在参与棕地再开发项目时，了解干预和服务之间的联系至关重要。棕地开发机会矩阵的使用有助于利益相关方对项目价值、服务或干预之间的协同性有总体认识。

在进行棕地再开发的软再利用时，需要利益相关方广泛参与而且实际遇到的情况可能会更复杂。这是由于：（1）对软再利用来说，关注方的数量更多，因为多重服务和规模意味着受益人和受影响组织或个人的范围更广。（2）问题范围可能更复杂，因为会根据预期的"服务"范围以及期望实现怎样的再利用而选择部署低投入但周期长的（或温和）修复技术。（3）风险管理方案可能更加复杂。（4）预期实现服务的不确定性以及修复技术实施过程的不确定性[33]。

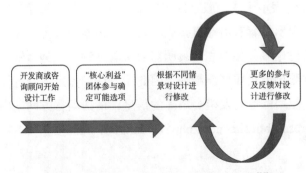

图 3-12　"私人"修复项目开发过程示例[33]

图 3-12 和图 3-13 分别为"私人"修复项目和基于多种团体的项目开发过程示例。两种开发过程的相同点是当某人或某一小组有初步想法时，由小组部分个人进行开发，直到将这些想法呈现给更多利益相关方，以便提出更广泛一致的愿景。该愿景需要进一步技术阐述，以制定实施计划。所有这些阶段可能经历几次迭代。两种开发过程的不同点是后者项目启动是通过公共机构或社区领导的非政府组织推动的，涉及的利益相关方更多，需要反复沟通迭代的次数更多。在棕地开发过程中，棕地开发机会矩阵可以在利益相关方参与的各个时间节点使用，包括在初期想法收集阶段，重新确定所需服务和所用干预手段阶段，以及审查棕地再生初始设计方案等。

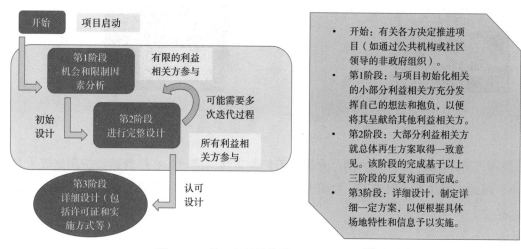

图 3-13　基于多种团体的项目开发过程[34]

在项目概念化和早期规划期间，棕地开发机会矩阵可以帮助参与启动和支持项目的相关方确定可能从土地修复中获得的服务及实现这些服务所需的干预，进而为地方和国家决策者（或直接涉及地方和国家决策者）提供决策依据。为支持项目设计的后期阶段顺利进行，棕地再生综合管理项目还开发了更详细版本的棕地开发机会矩阵。图 3-14 详细介绍了简单版和详细版棕地开发矩阵的使用时机。有关棕地开发的案例，可以参考本书作者参与编写的报告《促进中英两国就中国棕地和边缘土地再利用方面制定低碳和可持续方法的合作》[35]。

3.4　案例分析

为了更好地对本章的内容进行理解，以下以美国加州萨克拉门托机车厂污染场地

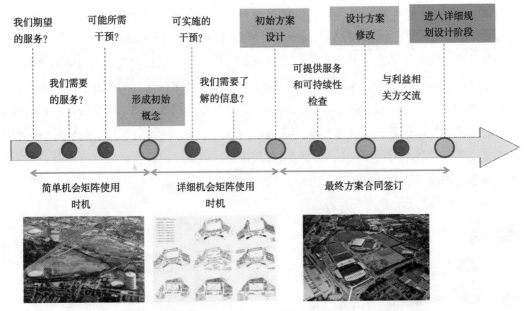

图 3-14　棕地再开发机会矩阵使用时机（版权所有 © r3 Environmental Technology，2016 ）

（简称"机车场地"）开发为例，介绍随着修复工作的进行，在综合修复费用、政策要求、场地实际情况等因素下，决策者如何从对场地进行传统的修复到绿色可持续修复的转变。

3.4.1　项目背景及历史

"机车场地"位于美国加州萨克门托市中心，是美国加利福尼亚州历史最为悠久、规模最大的工业场地之一。迫于经济原因，运行 130 年后被迫关闭。原场址上遗留大量的工业设施和严重的土壤和地下水污染。但由于地理位置优越，具有良好的再开发利用价值，需要对场地进行再开发。根据前期调查，污染包括几乎各种常见污染物，如重金属（铅）、轻质非水相液体/重质非水相液体、挥发性有机物和半挥发性有机物等。地下水污染延伸到下游几公里的市中心地区（图 3-15）。

"机车场地"修复工程复杂，为帮助有效的监管和工程的实施，在专业机构的帮助下，制定了全面的修复策略，包括：按照不同的管理框架（如超级基金或者资源保护和回收法案）分别对土壤和地下水污染进行治理（即分单元分介质进行）；土地规划和开发使用与场地污染特征和污染治理修复可行性紧密结合；利用财务融资模型来确定和平衡场地开发收益和修复成本；建立场地再开发的远景规划，指导修复次序和进程。监管部门和其他利益方（如房产购买者、社区群众等）对此的理解与项目实施过程中获得相应的支持是密不可分的。

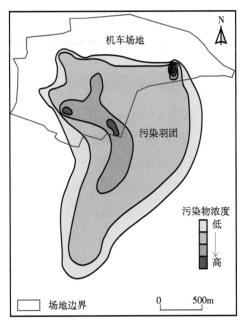

图 3-15 "机车场地"场地污染情况示意图

"机车场地"的修复经历了很长的过程，从 1993 年开始，责任方设计和开展了多个修复行动（表 3-15）。

机车场地的修复历程	表 3-15

时间	事件
1993	（1）安装了地下水隔离墙（由土壤、水泥和膨润土构成）;（2）回收重质非水相液体;（3）安装了可移动的碳氢化合物回收系统和真空抽提系统
1994	安装了土壤气抽提系统和地下水抽提/喷淋曝气处理、气体催化氧化处理系统，用以处理土壤和地下水中气相的卤代可挥发有机污染物
1995	安装了地下水抽提系统，建立防止地下水污染物扩散的水力控制
2000	开始了大规模的土壤 重金属、石棉和各种碳氢化合物污染修复计划
2000~2004	开挖和处置大约 350000m³ 的土壤。包括土壤的直接处置、化学固化、农业使用或者现场再利用
2000~2006	利用化学稳定化处理超过 65000m³ 的土壤，减少可溶性重金属的浓度，从而带来更多后续处置选择，大幅减少处置费用
2006	改造污染源区域地下水抽提处理系统
2006	对下游地下水污染羽实施原位自然衰减监测修复计划
2009~2010	施行废物消减计划。对超过 60000m³ 的既有建筑表面污染物质进行了削减、净化或清理。异位处理超过 600t 的固体废弃物和 250t 的液体废弃物

3.4.2 修复创新与适应性管理

在项目早期的治理修复过程中，监管部门和场地业主都更倾向于对污染土壤进行异位方式处理（外运填埋），因为这被认为是"快速""彻底"解决问题的手段。监管部门从 1991 年就开始施加了大量的政治压力，要求通过地下水抽取处理（尽管当时使用该技术存在争论）。然而该方式成本昂贵，单这一项花费估计在 2000 万至 2500 万美元之间。

因此，在后期的治理修复过程中，针对污染土壤和地下水采用了不同的修复策略：

- 土壤：项目业主委托技术顾问对污染土壤进行了详细、科学的评估，制定出完整的土壤修复"套餐计划"，该"套餐计划"平衡了法律法规的符合性、风险管理控制的有效性以及费用成本的经济性。与监管部门沟通和协商后，共同决定采用基于风险的土壤修复策略：分区、分类、分级处理处置。系统的风险评估确定约一半的污染土壤可以在原场地进行回填覆盖处理。监管部门认定该方式可以有效地保护人体健康和环境安全，因此同意接受。这部分土壤主要受石棉、重金属影响。部分受重金属影响的土壤在回填前可通过物理化学稳定化方法预处理，以使其达到严格的污染物浸出浓度限值，保证在回填覆盖后不会有过量污染浸出影响到地下水。而覆盖区正好可以做为生态公园，美化环境。还有部分污染稍严重的土壤则被回填覆盖在该场地上其他风险很小的区域（如铁路地基、停车场基础等）。

- 地下水：在早先的地下水抽提处理系统运行一定时间后，通过对同期在美国其他污染场地的类似情况的总结研究发现，有机污染场地难以通过地下水抽提处理经济有效地达到修复目标。为此，项目相关方进行了其他修复技术的评估，包括化学氧化、化学还原、隔离墙、生物技术等。该场地的水文地质和地球化学条件等多重因素决定，自然衰减适当辅以污染源的去除或控制和长期的跟踪监测，是治理地下水污染最好的方法。通过反复的沟通、协商和论证终于让监管部门认可了这一方案。因此，在监管部门的同意和指导下，地下水修复策略调整为：

- 通过对隔离墙技术适当辅以有限的地下水抽提处理的详细可行性分析，确定采用污染源重质非水相液体回收，在重点污染区域安装地下水修复系统，在场地与附近河道之间安装地下水隔离墙。该方案比起初期监管部门要求安装的 2000gal/min 处理能力的地下水抽提系统（以进行全面的污染控制和捕捉），并持续运行 30 年的治理计划，节省了 80% 的修复费用；

- 对于大面积的（中度和轻度）地下水污染，仅利用长期的跟踪监测，通过自然衰减达到污染削减的目的。风险评估确定大面积的（中度和轻度）地下水污染对周边区域人体健康不构成不可接受的风险。为此，重新设计了 225 个监测井的地下水监控体系。通过与政府的协商，减少了监测要求，为超过 17 年的环境监控和管理计划节约了大量的资金。

主管部门在评估决定修复方案和技术时，考虑的因素不仅仅是效果和费用，而是包括联邦《超级基金法》确立的九大指标，同时还考虑州内框架要求的六项指标。特别值得一提的是，该项目给予"市政府和社区群众的认可"指标很高的权重。修复方案的选择需要通过公众听证会收集意见建议，修复实施过程也需要接受公众的监督。

3.4.3　部分工程／制度控制措施

制度和工程控制的实施、监管和行政执行往往牵涉到很多部门和单位（公共或私有），包括联邦、州和地方政府部门；（1）土地所有者或者对该场地有兴趣的人；（2）场地周围受到一定影响的社区民众和地方社团；（3）负责地区发展的土地开发建设者、金融公司、保险公司或者第三方基金等。各方的有效沟通和配合自然成为很大的挑战。"机车场地"部分工程／制度控制措施总结如下：

- 制度控制包括对土地使用限制，执行严格的土地使用和转让契约，建立公开的场地信息系统，以及实行许可证制度禁止场地地下水的使用。例如，（1）地契条款 4.01 为场地和设施禁止使用的条款。除非通过了美国环保署批准的暴露风险防控措施，否则土地不能直接建造以下建筑类型的地下室或地上第一层：居住住宅（包括任何形式的拖车型活动房屋或者工厂工人住房）、医院、21 岁以下私立学校或者儿童护理中心等；（2）在现有的修复行动后，各个区块土地只能按照规定的相应特别规划用途进行开发使用。考虑到制度控制的长期有效性，州政府准备执行一个严格土地使用契约来永久规定和限制土地的使用，该契约将变成该土地资产的一部分。不论未来的买方、卖方，都必须保证此土地契约不被改变，除非将来土壤标准有所改变（更宽松）或业主采取了进一步土壤修复从而可以免除该使用限制。
- 工程控制包括针对污染土壤采用的原位覆盖，针对土壤气污染影响室内环境而采用的建筑基础下铺设气体隔离减压系统，通过抽水来形成水力控制，防止地下水污染外扩等。其中，关于气体隔离减压系统的安装，根据地契条款 4.03 的要求，除非已经由环保署部门批准通过，否则三方备忘录所指定的建筑物必须要有防止土壤蒸气侵入的特殊建筑设计。

场地修复最终达到了预期的基于风险的场地修复目标。整个机车场地将作为萨克门托市新的商业中心，推动该地区的经济成长。

3.5　参考文献

[1]　ASSESSMENT M E. Ecosystems and Human Well-being: Synthesis [J]. Future Survey, 2005,

34(9): 534.

[2] POLLARD S J, BROOKES A, EARL N, 等. Integrating decision tools for the sustainable management of land contamination [J]. Sci Total Environ, 2004, 325(1-3): 15-28.

[3] CL:AIRE. A Framework for Assessing the Sustainability of Soil and Groundwater Remediation, ISBN 978-1-905046-19-5 [R], 2010.

[4] USEPA. Green and Sustainable Remediation A Practical Framework, 2011.

[5] HOU D, AL-TABBAA A. Sustainability: A new imperative in contaminated land remediation [J]. Environmental Science & Policy, 2014, 39(25-34).

[6] BROMLEY R D F, HUMPHRYS G, SWANSEA U C O. Dealing with dereliction : the redevelopment of the Lower Swansea Valley [M]. University College of Swansea, 1979.

[7] NOBIS. "Risk Reduction, Environmental Merit and Costs." REC-Method, Phase 1, 1995.

[8] AGENCY E. Cost Benefit Analysis for Remediation of Land Contamination. Environment Agency, 1999.

[9] HARDISTY P E, OZDEMIROGLU E. Costs and Benefits Associated with the Remediation of Contaminated Groundwater: Application and Example [M]. 2002.

[10] CLARINET. Review of Decision Support Tools for Contaminated Land Management, and their use in Europe, 2002.

[11] USEPA. Green Remediation: Incorporating Sustainable Environmental Practices into Remediation of Contaminated Sites, EPA 542-R-08-002 [R], 2008.

[12] SURF. Sustainable remediation white paper-Integrating sustainable principles, practices, and metrics into remediation projects [J]. Remediation Journal, 2009, 19(3): 5-114.

[13] NICOLE. NICOLE Sustainable Remediation Road Map [J]. 2010.

[14] HOLLAND K S, LEWIS R E, TIPTON K, 等. Framework for integrating sustainability into remediation projects [J]. Remediation Journal, 2011, 21(3): 7-38.

[15] ITRC. Green and Sustainable Remediation: A Practical Framework, GSR-2 [R], 2011.

[16] ITRC. Green and Sustainable Remediation: State of the science and practice, GSR-1 [R], 2011.

[17] ASTM. Standard Guide for Integrating Sustainable Objectives into Cleanup, E2876-13 [S], 2013.

[18] ASTM. Standard Guide for Greener Cleanups, E2893-13 [S], 2013.

[19] ISO. Soil quality – Guidance on sustainable remediation, ISO/DIS 18504 [S], 2016.

[20] 侯德义, 李广贺. 污染土壤绿色可持续修复的内涵与发展方向分析 [J]. 环境保护, 2016, 20: 16-9.

[21] FOREWORD C, CONCERNS P I C, RESOURCES H. Report of the World Commission on Environment and Development : Our Common Future [J]. 1987.

[22] BARDOS P, NATHANAIL J, POPE B. General principles for remedial approach selection [J]. Land Contamination & Reclamation, 2002, 10(3): 137-60.

[23] HARBOTTLE M J, AL-TABBAA A, EVANS C W. Assessing the true technical/environmental impacts of contaminated land remediation – a case study of containment, disposal and no action [J]. Land Contamination & Reclamation, 2006, 8(1): 85.

[24] BUTLER P B, LARSEN-HALLOCK L, LEWIS R, 等. Metrics for integrating sustainability evaluations into remediation projects [J]. Remediation Journal, 2011, 21(3): 81-7.

[25] CL:AIRE. A Review of Published Sustainability Indicator Sets: How applicable are they to contaminated land remediation indicator-set development?, 2009.

[26] ASTM. Standard Guide for Use of Activity and Use Limitations Including Institutional and Engineering Controls, E2091-11 [S], 2011.

[27] USEPA. Superfund Remedy Report (4th Edition), EPA 542-R-17-001 [R], 2013.

[28] ASTM. Standard Guide for Application on Engineering Controls to Facilitate Use or Redevelopment of Chemical-Affected Properties, E2435-05 [S], 2005.

[29] NICOLE C A. A Review of the Legal and Regulatory Basis for Sustainable Remedaition in the European Union and the United Kingdom. CL: AIRE, 2015.

[30] ASTM. Standard Guide for Brownfields Redevelopment, E1984-03 [S], 2003.

[31] BARDOS R P, JONES S, STEPHENSON I, 等. Optimising value from the soft re-use of brownfield sites [J]. Sci Total Environ, 2016, 563-564(6): 769-82.

[32] JENSEN B B. Brownfields to Green Energy: Redeveloping Contaminated Lands With Large-Scale Renewable Energy Facilities [J]. Massachusetts Institute of Technology, 2010.

[33] CUNDY A B, BARDOS R P, CHURCH A, 等. Developing principles of sustainability and stakeholder engagement for "gentle" remediation approaches: the European context [J]. J Environ Manage, 2013, 129(283-91).

[34] BEUMER V, BARDOS, P, MENGER, P. HOMBRE D 5.2: Decision Support System on Soft Reuses. HOMBRE Deliverable D 5-2, 2014.

[35] COULON F, BARDOS P, HARRIES N, 等. 促进中英两国就中国棕地和边缘土地再利用方面制定低碳和可持续方法的合作, 2017.

第4章

绿色可持续修复的评估

4.1 绿色可持续性评估方法

虽然目前世界各国政府机构和私人组织等对如何进行场地绿色可持续性评估做了大量研究，但尚未就其评估方法达成一致。如第三章所述，不论修复项目是处于计划阶段或实施阶段，绿色可持续性评估方法的选择与项目的绿色可持续性评估等级有关。一般地，项目的绿色可持续性评估等级分为三级。第一级的评估方法常通过与已有的最佳管理实践对比来检查项目计划/实施阶段对绿色可持续修复理念的实施情况，属于定性评估。而第二/三级的评估方法则要复杂很多，一般包括半定量、定量的评估方法。其中，定性/半定量的评估方法包括多标准分析评分系统、环境影响评价/战略环境评价等。定量的评估方法包括足迹分析（如碳足迹、水足迹、生态足迹等）、全生命周期分析、净环境效益分析、费用-效益分析、环境风险评价和人体健康风险评价等。这些方法中，有些是专门为绿色可持续性评估发展起来的，而有些则广泛适用于多种行业而不仅限于环保行业，如生命周期分析方法等。

不论是定性评估还是定量评估，均倾向于以指标评估为依据。这里的"指标"是指可以全面理解绿色可持续性三要素的具体因子，如环境方面的温室气体排放量及减排计划、废物产生及处理情况等；社会方面的工人健康影响、社区活力影响和交通情况变化等；以及经济方面的直接修复成本、当地工人就业率及场地重建的经济前景等。由于评估尺度不同（从局部地区到全球），再加上社会、经济和环境三者关系的复杂性和指标的多样性，以及绿色可持续修复指标识别的依据不同，因此，在实际评估过程中采用的指标体系也不尽相同。

在选择绿色可持续性评估方法时，需要考虑：

- 监管清理程序要求。有些清理程序会规定或推荐使用某些特定的工具用于项目绿色可持续性评估。
- 修复项目的规模。面积较小或影响较小的场地更倾向于采用最佳管理实践等简单的评估方法。
- 需要进行评估的修复阶段。有些是对已经开展的修复项目进行绿色可持续性评估以减少其影响或降低费用等；而有些则处在修复方案设计阶段，需要对不同修复方案的影响和成本进行综合比较；因此，必须根据项目需求进行评估方法的选择。
- 绿色可持续修复指标。在进行评估前，必须识别出场地特定的绿色可持续性评估指标。评估不同的指标可能需要采用不同的工具或方法。

- 可用的技术。有些评估工具带有特定的技术模块，当用户输入技术设计参数和使用材料信息时，软件会自动计算出该技术的绿色可持续性影响。对于其他新技术或不常用的技术的评估，用户应根据工具要求输入相关信息。

需要注意的是，当把绿色可持续这一理念纳进场地修复或再开发项目的决策中时，过多的信息收集工作显然会无形地增加决策的复杂程度及修复成本。为了避免这种结果，通常会建议采用层次分析法或分阶段法进行绿色可持续性评估。层次分析法的特点是从简单的定性评估开始，再根据项目复杂程度和决策需要进一步考虑更复杂的评估方式，"能简则简，当繁则繁"。层次分析法的优点在于它的灵活度高，可以为场地评估提供多种方案，以及提高评估过程本身对资源的可持续利用；其缺点是修复项目的评估等级和评估方式会在一定程度上受到决策者的主观认识的影响。比如，在无特定要求的情况下，针对同一项目的绿色可持续评估，有些决策者偏好使用打分法或者权重法等定性方法，而有些则倾向于成本效益分析等定量方法。

绿色可持续评估报告除可用于决策者的决策参考外，还经常被其他利益相关方作为解读决策过程出台的原始文件。因此，编撰报告最基本的要求是翔实透明，长度和内容应与项目的复杂程度一致。此外，报告中还应尽可能地提供以下信息：

- 确定的绿色可持续评估边界，包括空间、时间和系统边界。详细记录的假设条件和不确定性分析。
- 使用的绿色可持续指标，并说明其与项目的相关性和适用性。保证指标的评估有完整可靠的数据来源，以方便对结果的再次验证。
- 使用的绿色可持续评估方法或技术，并描述使用的方法（如定性评估、多因素分析、费用效益分析等）或技术（专有的或企业内部的技术）。说明其与建立的场地概念模型、使用的指标或假定的条件等之间的联系。

某些情况下，在修复团队选出合适的评估工具之前，可能需要利益相关方的共同参与或得到当地监管机构的同意。绿色可持续修复评估方法，如决策流程图、定量评估表格或软件等，可以从美国环保署污染场地修复信息网（https://clu-in.org/greenremediation/）、美国环保署官网（https://www3.epa.gov/region5/waste/cars/remediation/）、美国州际技术管理委员会以及美国环保署发布的文件中获取[1, 2]。下面就常见的几种绿色可持续性评估方法进行介绍。

4.1.1　最佳管理实践

最佳管理实践是指在项目开展中使用的具有预防或减少污染排放以及对环境、社会和经济影响等特点的技术或方法。实施最佳管理实践是达到绿色可持续修复最简单、最经济有效的方法，因此常作为第一级评估或第二 / 三级评估默认的初始评估方式。需要注意的是，通常不会对已经或计划采用的最佳管理实践中的权衡做过多的考量或计算。例如，虽然实施废物减少方面的最佳管理实践（如活性炭再生等）可能需要消耗更多的能量，但评估中不会对废物的减少与耗能的增加之间进行量化计算或比较。

除了从美国环保署官网收集绿色可持续修复相关案例或事实说明书外，评估人员还可以从美国可持续修复论坛框架文件、英国可持续修复论坛框架文件、美国材料与试验协会的一系列导则中找到相关资料[3, 4]。表 4-1 总结了一些常见的绿色可持续最佳管理实践方法。表中内容除了参考美国环保署提出的绿色修复的五大核心要素之外[2]，还增加了社会和经济方面相关的内容如社区参与、对当地社区经济和政府税收的影响、增强个人健康和社区活力以及提高修复效率节约修复成本等。特别地，还包括了修复过程减少可能的室内蒸气入侵的最佳管理实践[5]。

绿色可持续修复最佳管理实践   表 4-1

核心要素	最佳管理实践
能源	（1）建造节能型建筑，充分利用自然条件（如太阳能等）或改善通风条件等方式对室内温度和光照进行调节；（2）实现现场操作的智能化控制，减少设备的待机消耗；（3）对管道和设备进行隔热保护处理，减少热量散失；（4）监测工程用电量变化，合理调整修复工期的用电高峰时段；（5）防止设备损坏，进行过电保护；（6）尽量使用当地可再生能源，实施清洁能源计划；（7）最大限度地对现场的材料进行回收或再利用，如塑料、沥青、混凝土、板材等；（8）使用现场产生的再生能源，如太阳能、风能、垃圾填埋场气体、地热和生物能为现场修复提供电力
气体污染物排放	（1）减少运输排放，如采用遥测系统减少场地现场考察频率，合理优化运输路线等；（2）减少设备污染物排放，如减少设备在现场空转时间；通过改造发动机排气系统，采用低硫燃料，增加尾气处理设施等减少柴油机污染物排放；使用由废物等生产的生物柴油，特别是当地的废物以减少从外地运送能源产生的运输排放；采用电动力、混合动力或液化天然气汽车代替传统汽车；（3）合理优化修复工艺，如采用抽取 - 处理技术时，当抽取量对污染物浓度降低作用不明显时，改连续抽取模式为脉冲抽取模式
水资源	（1）通过水力围堵等措施控制污染羽的扩散以防止上游或未污染地下水进入污染区域，进而减少需要处理的污水体积；（2）将处理后的地下水回注，补充含水层水量；（3）采用脱水工艺增加可回用水量；（4）对于雨水进行有效管理和收集，用于清洗、灌溉、降尘等
土地和生态系统	（1）保护已有自然资源，通过增加湿地、生物围堰或其他增加植被覆盖的方法减少碳排放；（2）安装渗滤液收集和处理系统，减少污染物对下游水体和地下水的影响；（3）在场地雨水管理方面充分利用开挖区域作为雨水暂存区；（4）采用碎石、多孔材料等增加场地路面的可渗透性
材料和废物管理	（1）采用工程控制措施减少上游地表径流流入开挖区域，如挖地沟或洼地等；（2）如果条件允许且可增加环境效益，可以利用当地废水处理设施，而不是现场新建处理设施；（3）采用中水回用系统对卡车进行清洗，以减少废水产生量；（4）最大程度利用已有的监测井作为注入井或抽水井；（5）周期性维护汽车、叉车等交通工具，采用可降解润滑剂等环保材料；（6）购买化学品浓缩液或固体，以减少运输体积和频率；（7）充分利用已有建筑作为处理系统或材料存放区域；（8）使用可再生填料、滤料、吸附材料，以减少废物产生；（9）在获得许可的条件下，将未受污染的清洗水经过现场适当处理后注入地下或排入雨水管网等
室内空气入侵	主动（耗能）方法包括：（1）采用底板减压系统改变室内空气流向或向室内引入新鲜空气以稀释污染物；（2）采用排水减压或分膜减压系统；（3）尽可能选择原位修复，如土壤蒸气抽提技术等；（4）安装室内空气净化设备或吸附装置（如活性炭过滤器等）；（5）调节建筑物采暖通风和空调系统，增加室内空气换气次数或产生室内与室外压力差。被动方法包括：（1）采用密封围护结构或安装天然可防止蒸气入侵的建筑材料，如被动蒸气屏障等；（2）通过开窗、开门等增加室内自然通风；（3）改变建筑物地基结构；（4）有针对性地改变建筑设计方案以减少室内与地下的压力差，如在低层非居住区域增加通风口，或建筑物设计时考虑当地主导风向等

续表

核心要素	最佳管理实践
社区参与	(1)确定交流计划,公布联系人方式,根据项目进展定期向公众举行会议或讨论会;(2)为了便于信息传达,可以考虑让中立的第三方介入到交流中;(3)采用多种形式与利益相关方进行沟通,包括当地新闻、社交媒体、传单、邮件和会议等形式。如果可以,建立专门的网站及时发布项目信息;(4)与利益相关方或当地社区人员进行沟通时,尽量避免采用专业性较强的术语,确保有关人体健康风险的问题得到充分的理解;(5)不拘泥于监管要求,适当扩大公众参与范围,特别是污染场地的影响区域较大的情况;(6)鼓励利益相关方早期介入;(7)对利益相关方的意见进行及时反馈,如果利益相关方的意见是中肯且可以实施的,及时对修复活动进行修改;(8)对公众参与提供经费支持,包括解决交通费用或发放免费的宣传资料等;(9)尽量解决意见不一致或冲突问题(如针对场地未来土地用途或再开发计划),并对不一致的意见做好记录和存档
当地社区经济	(1)在质量满足要求的条件下,尽可能从当地供应商采购修复工程需要的设备、劳保用品和材料等;(2)鼓励承包商尽可能利用当地可提供的服务,如商店和酒店等;(3)收集供应商和承包商对其员工的社会责任信息,包括审阅工资、营业情况、是否存在歧视现象;(4)适当修改修复方案或对修复操作过程进行管理,以减少对当地环境和社会方面影响,如噪声、光、交通等
对当地政府经济	(1)雇佣当地劳动力,包括有经验的专业人员或劳动力。可以提供的岗位包括财务、文秘、现场工人、工程师、地质学家、环境健康安全专员等。如果可以,项目可以设定一个雇佣当地劳动力的最低百分比;(2)对劳动力进行培训,包括健康安全培训、一般操作培训、消防演练培训、化学品泄漏应急培训等,以提高当地劳动力素质,增加可以选择的人员数量;(3)识别并实施较新的技术以增加当地经济和社会的可持续性,包括政府是否有针对修复后场地改造的相关补贴(如雨水管理计划、社区公园等),或对受到修复活动影响较大的周边居民或企业在税收上提供一定的减免或资金上的补偿;(4)尽可能地对场地内材料进行回收或循环再利用,减少成本,采用节能型设备减少资源消耗和污染物排放;(5)就近选择有资质且满足检测要求的实验室,减少样品的运输影响,提高当地经济
修复效率和成本	(1)完整记录场地修复活动并存档;(2)选择合适的季节开工以减少因为天气状况导致的工期延误;(3)开展费用 - 效益分析并比较采用绿色可持续方式对修复成本的影响,识别出可以减少成本的环节,提高修复工程在绿色可持续性方面的表现;(4)选择调查和修复费用较低的,且会对社区产生积极影响的方案,并确保实施方案在环境、工人和公众健康方面的合规性;(5)使用现场快速筛查设备或手段,如 X 射线荧光光谱分析、薄膜界面探针系统、环境遥感等,最大程度减少调查过程的环境影响;(6)在监管机构对数据认可的情况下,使用现场可移动式实验室或检测设备,以减少样品运输环节产生的环境影响等
个人健康	(1)承包商应定期与现场工人开展健康安全会议,识别可能的不安全因素并及时改正;(2)考虑天气情况(高温等),以及工作条件环境(过热、过冷、高湿度、高噪声等),发放合适的劳保用品并规定工作时间;(3)将与绿色可持续性相关的内容纳入与客户、利益相关方、监管机构、咨询顾问等例会中;(4)周期性对场地的噪声、空气质量等进行监测并及时发布结果;(5)采用防尘降噪措施、减少夜间施工的影响;(6)防止操作不当造成的污染扩散,如运输中污染土壤的洒落等;(7)选择有良好健康安全记录的供应商
当地社区活力	(1)时刻确保场地的安全性;(2)场地修复过程安全、有序地进行,现场划定废物回收区域、一般垃圾暂存区域和危险废物暂存区域,并委托有资质的承包商定期清理垃圾;(3)对现场未使用的区域种植植被或改造成湿地;(4)最大限度地减少对当地交通影响,合理规划交通运输路线和工作时段,如果需要暂时封闭某路段交通,要与当地政府和利益相关方进行充分沟通;(5)减少夜间工作时间、尽量避免周末节假日工作时间,以减少噪声和光污染等;(6)采取适当措施美化施工场地周边环境,如设置挡板等,增加社区吸引力;(7)选择场地调查和修复方案时,要考虑工期,以及项目在环境、健康安全方面的合规性,以及场地修复完工后的再利用情况

4.1.2　多准则分析法

使用一些特定指标或对比流程图等简单绿色可持续性评估工具也可确定方案的绿色可持续性。这些简单的绿色可持续性评估工具具有使用灵活性,且使用者不需要专业知识准备或接受事先培训等优点。虽然这些工具常被归类为定性工具，但使用中仍可能需要进行简单计算，如打分、排序或权重分配等。简单绿色可持续评估工具可以用在修复技术筛选、可行性研究报告编制、已确定的修复技术的影响评估或技术方案对比阶段，以优化修复工程在环境、社会和经济方面的影响。

多准则分析是一种常见的简单绿色可持续性评估工具。它结合了打分法、排序法和权重法等多种评估手段对不同方案进行排序、筛选和决策的结构化分析。在进行多准则分析时，首先需要对每一个分析指标（如对交通的影响、能源利用效率等）进行打分，其次再根据每一个分析指标的权重将这些分数综合。由于可以确保排序和决策过程的透明度，多准则分析的原理常被应用于成本效益分析和生命周期分析等评估方法中。

在多准则分析中，打分可以是符号（如＋＋,＋,0,-,--）等，也可以是数值（1~100分）。以加州有毒物质控制部门开发的绿色修复评价矩阵为例，其主要用以评价不同的修复技术带来的五大核心要素的影响（表4-2）。这些影响被称为"压力因子"。该款绿色修复评价矩阵考虑了修复过程中的环境、社会和经济影响。其主要由一份表格构成，其中列举了每一个压力因子、受影响的介质以及产生的影响（机制）。使用者可以根据项目的实际情况添加新的压力因子。在分析每一个压力因子时，使用者需要回答采用的修复技术是否存在该压力因子。如果"是"，则需要对这些影响进行打分，可以用"高、中、低"定性的表示，也可以用1~3赋予数值。最后，对所有单项得分进行统计总结。

加州有毒物质控制部门绿色修复评价矩阵　　　　表 4-2

压力因子	受影响介质	机理/影响	Y/N	分数
物质释放或产生 氮氧化物和硫氧化物	空气	酸雨和光化学烟雾		
氟利昂	空气	臭氧消耗		
温室气体	空气	全球变暖		
颗粒物/毒性气体/毒性蒸气/水蒸气	空气	空气污染/湿度增加		
废水	水	水污染/沉积物污染		
废物	土地	土地使用/毒性		
热源				
温水	水	栖息地升温		
蒸汽	空气	大气湿度		
物理干扰				
土壤结构破坏	土地	栖息地破坏/土壤肥力		
噪声/臭味/振动/美学	一般环境	扰民和安全问题		
交通	土地、一般环境	扰民和安全问题		
土地利用停滞	土地、一般环境	修复时间，清理效率，再开发进度		

续表

压力因子	受影响介质	机理 / 影响	Y/N	分数
资源消耗 / 增加				
石油	地下	消费		
矿物	地下	消费		
建筑材料	土地	消费 / 再利用		
土地 & 空间	土地	预留 / 再利用		
地表水 & 地下水	水，土地	预留 / 隔离 / 再利用		
生物资源（植物、动物、微生物等）	空气，水，土地，森林	物种灭绝 / 生物多样性减少 / 生态系统再恢复能力降低		

　　打分法具有较大的主观性，除经常受到利益相关方的个人经验和打分习惯限制之外，还会受到不同的利益相关方对短期问题和长期问题的重要性的认知不一致的制约。例如，某当地社区可能对短期的扬尘和车辆问题比较关注，忽略可能发生的长期的水污染问题。事实上，很多环境问题既有短期的影响，又有长期影响，特别是长期影响会涉及代际问题。为了解决这一问题，在打分或者排序过程中可以通过对长期影响与短期影响的不同赋值来评估修复项目总体可能产生的影响。只有在所有的利益相关方都认可的情况下，才可将某一指标划分为长期影响指标而进行关注。除对指标的长期性认识保持一致，还必须保证打分的规则，特别是赋值与权重，是所有利益相关方都接受的。比如，如果一个分析指标的影响较大，那么其赋值可能会很高，外加其本身的重要性也高，其权重值就会较大。这会导致绿色可持续性评估总体上是由分数高、权重大的分析指标所主导。而这种先乘后加的方法可能会掩盖其他因素对绿色可持续性评估造成的影响。

　　与最佳管理实践或简单绿色可持续性评估工具不同，高级绿色可持续性修复评估通常使用定量且严格的方法来比较修复活动各个阶段中不同技术或不同实施方式带来的环境、社会和经济方面的影响。评估者在运用高级绿色可持续性修复评估工具进行分析前常需要接受适当的培训，熟悉评估工具的操作过程，并收集尽可能多的场地信息、参数，或者对缺失的参数进行合理的估计。大部分的高级评估工具常由大学、美国环保署或其他联邦机构，或者工业界开发。有些是面向公众且免费的，而有些则需要用户购买。这些高级的方法包括足迹分析法、净环境效益分析法和生命周期分析法等。

4.1.3　足迹分析法

1.碳足迹分析法

　　碳足迹是衡量人类活动对环境造成影响的重要度量指标之一，常通过温室气体排放总量的形式表达，单位是二氧化碳排放量（质量单位）。碳足迹评估是通过量化方式计算一个项目的全球变暖潜势。碳足迹可以分为两类,分别是直接碳足迹和间接碳足迹。直接碳足迹是指化石燃料燃烧过程中直接排放的二氧化碳量,如运输排放。间接碳足迹是一个产品在整个生命周期中间接排放的二氧化碳总量。美国环保署已经开发了几种不同的工具用来定量分析和报告修复工程中的碳足迹,并强制要求年排放温室气体量大于 25000t 的企业编制温室气体报告。

"温室气体排放计算器"是由美国环保署污染防治项目开发的一个工具,用于帮助企业计算目前已经采取的措施的温室气体减排量。常见的减排措施包括:节约用电或减少燃料使用,使用更清洁的或可再生的燃料,减少传统化石燃料使用,节约用水或采用良好的材料管理计划(如购买碳足迹少的产品或对材料循环利用等)。有关排放因子的选择,可以从气候注册网站(http://www.theclimateregistry.org/)、美国环保署官网或公开发表文献资料中查询。

目前,尚没有普遍接受的碳足迹计算方法。由于采用的排放因子、假设条件、计算方法或边界条件不同,不同工具对同一项目计算得出的碳足迹结果也不同。比如,有些企业仅考虑企业自身的活动带来的碳足迹,如企业化石燃料的消耗;而有些企业则考虑了其购买的电力或蒸汽的碳足迹。

2. 修复足迹分析法

政府机构和工业界开发了多种工具定量分析修复活动所带来的环境、社会和经济方面的影响。其中以 SEFA 和 SiteWise™ 这两款免费面向公众的工具最为常用。

SEFA 是美国环保署超级基金修复和技术创新办公室开发的一款基于 Microsoft Excel 的工具,通过对修复项目的环境足迹进行分析,可以帮助美国环保署识别修复活动中的关键环节 [6]。SEFA 在 2012 年开始面向公众,随后在 2013 进行了更新。目前使用的版本是 2014 年 8 月发布的。SEFA 包含了三份文件,分别是"主界面"工作表、"输入"工作表和"计算"工作表:

- "主界面"工作表:介绍了使用 SEFA 的目的、SEFA 的结构和使用方法。用户需要输进场地名称等信息,并输入自定义的各修复阶段,如场地调查阶段、开挖阶段、抽取 - 处理阶段及长期监测阶段等,以方便后续数据输入。此外,"主界面"工作表还能以表格的形式对计算结果进行总结,并以直方图和饼状图形式展示各阶段、各种环境足迹(如能源、氮氧化物等)的计算结果(图 4-1)。
- "输入"工作表:需要输入修复活动的数据包括能源消耗量、材料使用量、废物产生量、人员差旅次数及设备操作方式等。根据拟评估阶段的数量,用户需要复制数份"输入模版"。在对复制的"输入模版"重新命名后,用户需要根据修复阶段的不同输入足迹分析数据。此外,"输入"工作表中还包括了用户自定义因子和监测井材料计算器等,用户可根据自身需要有选择地使用。用户也可在"查找"表格中找到典型的能源消耗和材料转换系数。

- "计算"工作表：自动对修复各阶段的能源使用和污染物排放的足迹转换进行计算，并对计算结果进行总结。

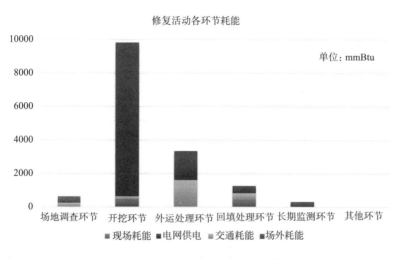

图 4-1　SEFA 分析结果示例[6]

与 SEFA 类似，SiteWise™ 也是一款独立的基于 Microsoft Excel 计算软件的工具（表 4-3）。这款由巴特尔纪念研究所、美国海军、美国陆军和美国陆军工兵部队共同开发并于 2010 年发布的工具，可以对一系列的度量指标进行分析。这些度量指标包括温室气体排放、燃料使用、特征污染物（氮氧化物、硫氧化物和颗粒物）排放、水消耗、资源消耗和工人健康（致死、受伤或损失工时的风险）等。该工具的评估方式是首先将修复方案分解成不同的阶段，再对不同的阶段进行独立的计算。最后，对不同阶段计算结果进行整合得出修复方案总的足迹（图 4-2）。这种类似"积木法"的分析方式有利于识别出最大修复足迹的阶段。该方法也可以对不同修复方案的总体修复足迹进行比较[8]。在计算过程中，该款工具中还包含了超链接，以便用户从政府公开文献或数据库中查找足迹因子。由于 SiteWise™ 的结构十分灵活，它可以应用于支持任何一款环境技术或活动的评估。

SiteWiseTM 计算工具介绍[7]　　　　　　　　　　　　　　　表 4-3

组成	说明
输入文件	用户首先要打开输入文件，填写场地信息。输入文件中有四个工作表（工作表 1 至工作表 4）可以用来输入拟评估修复阶段的数据，如场地调查阶段、方案筛选阶段、修复操作阶段及长期监测阶段等。此外，它还包括一个查找工作表和一个计算工作表。通过查找工作表，用户可以查找计算绿色可持续度量指标时需要参考的数据，如排放因子等。通过计算工作表，用户可以对电力供应产生的气体排放量，以及地下水监测井安装时需要的材料进行计算。最后，输入文件中还包含了足迹减量模块，以帮助用户对不同的足迹减量方法进行费用效益分析，比如比较可再生能源、生物质柴油等之间的费用

续表

组成	说明
工作文件	工作表包括计算选项卡，可以对电力供应产生的气体排放量，以及地下水监测井安装时需要的材料进行计算
计算文件	与输入文件中的工作表1至工作表4相对应，共四份。这四份计算文件对修复阶段涉及的材料生产、工人通勤、材料运输、设备使用（泵、电力设备、挖掘机和其他设备等）及废物处理等进行一一计算
小结文件	总结表可以用来审阅所有计算表的输出结果。其中，有一个选项卡用来比较不同修复方案的组件以识别产生修复足迹最大的活动
最终总结文件	比较分析不同的修复方案结果

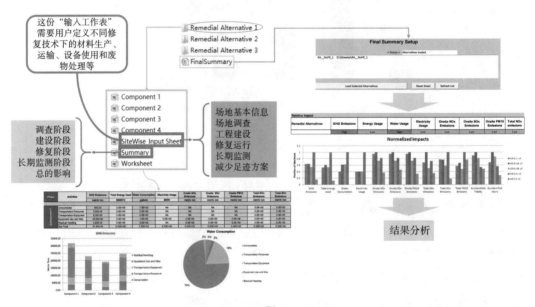

图 4-2　SiteWise™ 工具使用流程图

通过比较，可以发现 SEFA 和 SiteWise™ 有很多的共同点，如可以分阶段对修复工程的修复足迹进行比较，分析参数也主要集中在温室气体排放、燃料使用、气体污染物排放、水和资源消耗等。两者的不同点包括：（1）分析参数不同。SiteWise™ 包括了工人健康（致死、受伤或损失工时的风险）方面的计算。（2）评估文件不同。SEFA 仅使用3份文件，而 SiteWise™ 则包括8份不同文件。SEFA 的数据输入更简单。（3）结果呈现不同。SiteWise™ 可以通过最终总结文件自动生成多种修复方案的不同修复足迹的比较结果，而 SEFA 工具缺少这一集成步骤，仅能自动生成不同阶段的修复足迹，以及同一阶段不同环节产生的修复足迹。

除此之外，工业界和咨询公司等还开发了其他修复足迹分析软件用以满足不同客户需求。有些软件可能包括更多的技术模块或度量指标。比如有些工具针对某些特定的场地，如加油站或填埋场等，提供了适用于该种类型污染场地的修复技术及场地信息输入模块，以使用户能更好地进行绿色可持续性评估。更多的评估工具请参见美国州际技术管理委员会编制的《绿色可持续修复：技术和实践进展》中的附录 A[1]。

4.1.4　生命周期分析

在高级绿色可持续性评估中，生命周期分析法是更严格的一种足迹分析法，它常用于存在使用大量的原始材料、化学品或其他的自然资源，或者是复杂指标体系的项目的绿色可持续性评估。

1. 生命周期分析法介绍

根据国际标准组织定义，生命周期分析是指对一个产品系统的生命周期中输入、输出及其潜在的环境影响的汇编和评价[9]。这里的"产品"既包括有形的实物，也包括无形的"服务"，因此它可以用于评估污染场地修复过程。生命周期分析是综合的评估一个项目或一个产品的生命周期的输入和输出对环境造成的总体影响，从原材料生产、获取、使用、处理、回收到最终处置（即"从摇篮到坟墓"）。同样，在修复活动中应用生命周期分析时，不仅需要考虑不同材料和产品在修复的所有阶段，包括场地调查、修复实施、运行和监测，还需要对土地后期使用所带来的所有直接和间接影响进行评估。通过计算能源和资源的输入，以及土壤、水和空气的污染物输出，参与者可以在进行绿色可持续分析时来评估、筛选和提高修复系统。生命周期分析的几个主要特征如下：（1）生命周期分析遵循"从摇篮到坟墓"的方法，评估时要考虑所有相关的工艺程序，包括从最初的资源开采到最终的废物处置；（2）生命周期分析是一种综合评估环境干预和环境问题的方法，所有的环境问题都是源于资源的开采、污染排放或其他物理干预过程如土地利用变更等；（3）生命周期分析可以提供定性或定量的结果，以利于决策者识别出生命周期中所有问题的环节并找出合适的替代方法。

总的来说，利用生命周期分析可以识别项目周期的各个节点中可以提高环境绩效的机会，告知在工业界、政府或非政府组织的决策者（负责策略规划、优先级划分、过程设计等）；以及筛选与环境表现相关的指标和测量手段。生命周期分析不仅可以帮助公司和利益相关方识别出"热点"，指出风险并提出改进方案，还可以寻找一些方法以使消耗的自然资源（包括矿物、水、土地和化石能源等），产生的废物、废水和废气，以及时间和费用花费最小化，并使自然资源再利用、可再生能源使用，土地终端利用和栖息地及生态系统恢复最大化。

当然，由于未形成通用的足迹分析或生命周期分析方法，基于足迹分析的生命周期分析也有不足之处，主要体现在：（1）由于缺少适当培训，参与者可能由于专业知识不完备而不能对生命周期分析的结果进行充分理解和正确使用。（2）由于不同修复技术的修复周期不同，不能划分出统一的功能单元以进行评估。（3）参与者未能事先定义评估的工作内容和目标，仅根据自己的喜好选择自己习惯的方法或工具，因而不能对项目的影响进行整体的评估；不准确的评估结果会进一步误导利益相关方。（4）研究边界未能清晰地划分。边界的确立影响工具的选择和数据的使用。特别是在某些情况下，评估使用的数据具有边界特定性。如果修复参与者仅收集数据而不对其数据背后的边界条件进行深入辨别，常会导致数据质量无法保证。（5）未对重要参数的敏感性进行分析以确定其对输出结果的影响。（6）仅简单地呈现评估结果，未能进行深入的挖掘其背后代表的意义，以及对决策过程的相关性和重要性。（7）记录缺少透明度，若生命周期分析的假设条件和输入信息等记录不完整，则不能保证评价结果良好的重现性。

美国绿色可持续修复论坛于 2011 年制订了《修复行业生态足迹和生命周期分析指南》，目的是帮助修复参与者评估由于修复活动带来的影响，进而可以消除或避免可预防的影响[10]。在指南中，提出了污染场地修复生命周期分析的九步法用来执行和记录足迹分析和生命周期分析结果：

• 第一步：定义工作范围与目标

其主要内容是确定研究目标，识别评估结果目标受众及未来应用。评估人员应充分阐述评估的重要性及拟采取的评估方法。待足迹分析或生命周期分析工作内容确定后，评估人员可以对系统的边界进行划分，确定需要收集的数据并初步判断可能的影响，对质量控制和工作回顾等方面的要求，以及如何对最终结果进行评估和解释。这里"可能的影响"通常会分为首要影响，二次影响和三次影响。首要影响包括现场污染物和修复后残留污染物带来的影响；二次影响是修复活动带来的影响，如能源和材料的使用产生的废物和污染物排放；三次影响则与土地再利用所带来的效益或负担有关。修复参与方需要识别目标受众，如场地所有人，监管机构或社区，并确保他们的问题得到关注。此外，还需要确定研究的组织方式，包括对数据的解读，合适模拟方法的选取，评估手段，数据解释方法和结果呈现方式（如报告或图表等）。除了环境因素，还需将社会和经济因素融合到评估中。

• 第二步：确定功能单元

系统的功能单元的确定是足迹分析或生命周期分析的核心。功能单元是能识别的要解决的定性或定量指标，以回答"评价对象"，"污染物的量"，"达到何种程度"，以及"需要花费的时间"这四个问题。比如针对某大型污染场地，功能单元可以定义为"在1 年内对某加油站完成修复工作，使场地内土壤（约 $200m^3$）和地下水（约 $400m^3$）中污染物的浓度均达到基于未来房地产开发土地利用情况下的人体风险评估限值"。由于对这四个问题描述的详细程度不同，常会导致定义的修复项目功能单元具有多样性。

事实上，在针对已经选择了修复方案情况下，上述四个问题也基本确定。生命周期分析的重点就在于如何设计和优化修复过程，从而变得相对简单。但如果修复方案未确定，需要对几种不同修复方案进行生命周期分析，则会因为不同技术的功能单元不同导致评价过程复杂化。因此，在对不同技术进行生命周期分析之前，必须尽可能地使其功能单元一致。

- 第三步：定义系统边界

定义系统边界是为了确定需要进行生命周期分析环节或过程，进而确保建立的模型中考虑了所有过程并包括了所有与人类健康和环境健康相关的潜在影响。此外，边界的确定可以使修复参与者识别并确认在足迹分析或生命周期分析中应考虑或排除的材料、能源、运输方式、使用过程或废物处理单元等。生命周期分析第一步目标的确定直接影响了边界定义的细化程度。若针对不同的修复方案进行比较，修复参与者必须保持系统边界设定的一致性和数据质量要求的一致性。

系统边界有三种：（1）地理边界，定义了产生影响的范围。如修复活动对不同尺度范围的影响，其中包括现场尺度（现场修复活动对电力使用）、当地尺度（场地内外卡车运输）、区域尺度（由于修复行为造成的对区域内资源的消耗）和全球尺度（交通和设备操作排放的二氧化碳增加了气候变暖潜势）。（2）时间边界，定义了修复项目的时间尺度。从初期场地调查，到修复工程完工以及完工以后的影响。不同的技术需要不同的时间，如热修复需要 5 年，原位生物修复需要 20 年，监测自然衰减可能需要100 年。在对不同技术进行生命周期分析时，需要确保时间边界的一致性。（3）技术边界，界定了将要使用的修复系统。如对最佳可用技术、行业平均水平技术或先进示范技术等进行评估比较。

- 第四步：建立项目指标

总体上说，修复参与者应该使用一组综合的指标体系以确保对修复工程带来的环境影响有整体的评估。不同的指标参数的不确定性也不同。为了得出可靠的结论，必须在进行生命周期分析前充分了解和掌握不确定的指标。由于评估不同的修复方案采用的指标不同，为了选取合适的指标进行足迹分析或生命周期分析，修复参与者必须识别出对决策过程有直接影响的指标。随着项目的进行，有些指标变得非常重要或者不相关，因此，在足迹分析或生命周期分析中往往会采用迭代方法以及时地识别出关键的指标。修复参与者必须对指标的筛选做好记录并存档，对指标重要性的变化作出解释，以便与利益相关方进行沟通。由于某些指标较专业（比如致癌性和致癌风险是不同的），需要根据利益相关方的背景进行解释。此外，有些修复参与方会根据使用的工具进行指标选择，如 SRT^{TM}，SiteWise^{TM} 等，这样会给指标的选择带来便利，但同时也会忽略某些需要关注的指标。比如在使用商业的生命周期分析软件的时候，常常会忽略社区安全或社区经济方面的指标。

- 第五步：进行清单分析

在此阶段，修复参与者需要形成主要的输入和输出清单，可以是修复的一个阶段，也可以是修复的整体。虽然输入和输出可能是一些基本的组成，如钢铁消耗量、管材使用量或电力消耗量，但在计算时，需要将这些基本的组成转变成特定的原材料（如铁矿石、煤等），化学原料（如二氧化碳、苯、碳酸钙）或能量流（单位：焦耳）。在进行清单分析前，要识别出修复过程各个阶段的所有组分，包括原料、能量、交通、工艺过程、废物处理和处置等。清单分析包括化学品（如氧化剂、pH调节剂、稳定剂、絮凝剂等），成品（如管材、砂石、混凝土、膨润土、钢材、高密度聚乙烯材料等）和设备（如泵、发电机、钻探设备等）等。

建立流程图可以对项目中所有的物质和能量的输入输出有完整的把握。此外，数据的收集也是该部分重要的一环。修复参与者可能收集到的数据包括原始数据（厂家提供的操作数据），二次数据（如行业平均数据、文献调研或公开数据库调研数据等），以及外推数据（如根据行业水平和地区的技术、工艺、产量等推算出来的合理数据等）。在足迹分析或生命周期分析时，采用一手原始数据可以计算出相对精确的结果，但现实中很多数据较难拿到，修复参与者需要根据实际情况从文献或公开数据库中获取数据。这当然会对增大结果的不确定性。因此，在处理关键数据时，需要修复参与者对数据的重要性尽可能多地从不同渠道进行交叉验证以采用最合理的数据。

- 第六步：影响评估

修复参与者需要对第五步的清单中各组分的潜在的环境和人体健康影响进行估计。在进行生命周期分析时，常采用特征因子来表征环境影响。其优点是使大量的清单数据的单位或指标趋于统一，还可以简化清单信息。而在足迹分析时（主要是碳足迹）仅针对全球变暖潜势进行表征。影响评估的指标还分为中端指标和终端指标。中端指标，是指如水生毒性、人体毒性、全球变暖、呼吸影响等方面，而终端指标则包括人类健康、生态系统质量、气候变化和资源方面等。终端是对中端影响的延伸，是对最终受体的归纳。终端影响的计算常带有很明显的假设条件和不确定因素，且主要是基于模型模拟。

- 第七步：敏感性和不确定性分析

敏感性和不确定分析可提高分析结果的准确性和结论的可靠性，并对结果的不确定有更进一步了解。通过改变输入条件，修复参与者可根据输出结果的变化来识别关键的参数或条件。常见的敏感性分析输入条件包括：（1）改变修复工程使用药剂量，或假设药剂有其他的生产工艺；（2）改变能源来源（电网接入或太阳能发电）；（3）改变柴油尾气排放技术；（4）关键药剂或材料的不同来源或不同运输方式；（5）原始材料使用与循环材料再生，或者是用不同的方法再生；（6）可回收或可循环使用材料的不同的回收率或循环次数等。敏感性分析是针对已知的或可控的变量，如如何获取电力；而不确定分析则是对未知的或不确定的输入或假设（如修复时间）。利用蒙特卡洛方法可以对修复过程各个环节的不确定性进行分析。通常不确定性分析包括：（1）污染物的量。其与药剂的使用量，修复周期和污染物的释放量有关。（2）修复周期。修复终点的标准不一样，修复技术的周期也不一样。源控制的技术可能会大大减少修复周期。虽然通常会从经济的角度来评价修复时间的合理性，但从环境影响的角度来评价则可能得到不同的结果。（3）化学药剂的有效性或围堵技术的有效性等。

- 第八步：解释清单分析结果和影响评估结果

对清单分析结果和影响评估结果进行解释。不论采用的方法是足迹分析法或是生命周期分析方法，其评价结果只能作为决策的参考，即判断可能的环境影响，而不是预测环境影响的范围或者是超过阈值的情况。换句话说，足迹分析或生命周期分析的目的是进行比较，而不是给出绝对的结论。基于此，修复参与者在对结果进行解读时应关注重要问题，对重要问题的结果进行评估并得出结论和建议。重要的问题包括清单里的参数（如工艺参数、产品参数或排污参数等）、影响指标（全球变暖潜势、酸雨和臭氧消耗等），以及某个修复阶段中重要的工艺或过程（如活性炭再生、废物运输或氧化剂生产等）。结果评估的目的是确保产品和工艺被正确地评价。修复参与者还应对重要问题的数据质量进行把控，如果发现需要修改，则需要对整个过程重新进行计算。这种迭代的方法可以使修复参与者对评估结果进行不断的修正，以确保得到可靠的结果。在汇总结论时，修复参与者应权衡潜在人体健康和环境风险与第一步确定的研究目标与利益相关方的关系。结论和建议应便于决策者比较修复选项在环境和人体健康方面的优劣，影响区域以及影响等级。此外，限制条件也应在结论中明确提出，以方便决策者对结论的可靠性进行判断。

- 第九步：报告研究结果

报告中应包括对前面所有步骤的总结，以及需要告知决策者的所有重要信息，以确保报告的透明度。报告模板可以从美国可持续修复论坛网站或国际标准组织发布的文件中获取（附录一）。修复参与者应完整且连续地记录使用的方法、分析的系统以及确定的边界，清晰且目标明确地记录产品清单信息，影响评价结果，假设、不确定性、敏感性和限制条件，以使决策者充分地理解足迹分析或生命周期分析的复杂性。特别需要注意的是，报告的准备应该有针对性，考虑到利益相关方的背景及决策者需要使用报告作为决策依据，应最大限度地向目标听众展示研究的方法、结果和结论。如果对利益相关方的背景有过高的期待，则可能达不到沟通的目的。

2. 生命周期分析工具

目前修复单位可以采用商业软件，如 SimaPro 和 GaBi 等，或复杂的数据库和公认的生命周期分析标准进行污染场地的生命周期分析。

SimaPro 是国际上普遍使用的生命周期分析商业软件，由荷兰产品生态学咨询组织于 1990 年开发，至今已发展至 SimaPro 8.4 版本。SimaPro 8.4 包含了 Ecoivent Database、USLCI: US Life Cycle Inventory Database、ELCD: European Life Cycle Database、Agri-Footprint Database、Swiss Input-Output Database、European & Danish Input-Output Database 和 Social Hotspots Database 等专业数据库，可进行碳足迹计算、产品设计和生态设计、产品或服务的环境影响评价、环境报告编写和关键绩效指标筛选等。此外，该软件还提供了 17 种不同评估方法用以将不同的影响进行分类（如将水

华和水生生物毒性归为总体的生态系统质量方面的影响）。有关该软件的具体内容可参考其官方网页（https://simapro.com/）。

GaBi 软件是由德国斯图加特大学 LBP 研究所和德国 PE 公司共同研发的生命周期分析专用工具，目前的最新版本为 GaBi 8.0。GaBi 8.0 包含了 Gabi 自带的数据库、Ecoivent Database 和 USLCI 等数据库，可以开展生命周期分析、温室气体排放计算、碳足迹计算、企业碳核算、物质流分析、能源效率分析等工作。

4.1.5 净环境效益分析法

对不同的用地管理模式下（包括修复的各个过程）自然资源价值的变化（包括生态价值和人类使用价值）进行系统评估，即为净环境效益分析法。该方法通过对不同方案的比较以识别如何达到环境效益最大化，并使社会经济影响最小化，进而确定地区尺度或局部尺度（如水道）可以提供的环境服务的类型、数量或价值。不同的修复方案均可对场地内外不同范围的区域造成影响，这种影响包括生态功能的变化和该区域可提供给人类的服务在质量和数量上的变化。通过净环境效益分析，可以：（1）估算环境敏感区的价值；（2）发展和评估可选择的方案；（3）提供一个平衡经济、人类和自然资源驱动力关系的依据并影响方案选择；（4）为可选方案的分级打分以达到经济有效的目标提供方法；（5）为有效减少影响提供依据；（6）提供基于绩效的方法以更好地进行监测和适应性管理等。

净环境效益分析法可以提供系统的、连续的、证据链充分的信息，进而提高利益相关方在绿色可持续修复决策制定过程中的参与度。净环境效益分析可以带来的内容包括：（1）识别出合适的应对方案或修复计划；（2）凝练场地概念模型，包括可能的受体及数量、暴露途径或压力因子，以及其他关注的资源；（3）确定不同修复方案对受体或资源在生态价值或人类使用价值方面的潜在影响（正面或负面）；（4）对不同修复方案的潜在影响进行评估和打分形成风险等级矩阵；（5）完成并记录针对不同场景的风险分析总结以利于决策进行。

4.2 绿色可持续性指标体系

建立绿色可持续修复评估指标体系有助于决策者和利益相关方对修复工程的相对效益和负面影响进行评估。根据评估人员对可根据绿色可持续评估的目的不同，可以将绿色可持续性指标分为两大类：

- 以政策（或目标）为导向的指标，即指标与具体政策或目标直接相关。一方面，识别绿色可持续修复指标是基于利益相关方对绿色可持续修复认可和理解的基础上，另一方面，确立的指标要体现通过执行某项政策能够最终达到满意的程度。以目标或政策为导向的优势是它能够具体指明"可持续性"和"拥有权"，它们直接与政策目标和民主问责主体相关联。然而，这类指标在应用时可能有一定的局限，它不太可能对"可持续性"有全面的认识。比如，发展中国家较为重视经济类指标或绿色国内生产总值指标等。因此，政策（或目标）类指标容易受到地理环境和时间的限制，以及政治变动的影响。

- 以报告为导向的指标，即用于体现绿色可持续性效应的跨领域指标，这些指标与某些区域、国家或国际的政策目标无关。全球报告倡议组织颁布的指标体系是一种典型的以报告为导向的指标体系（表 4-4），其覆盖了环境、经济和社会方面的可持续性标准[11]。以报告为导向的可持续性指标的选择可以为"可持续性"提供一个更明确、更全面的认识，有利于提高可持续性指标在国际应用、统一和协议拟定上的可行性和客观性。与以政策为导向的指标相比，其较少受到地理环境因素或地缘政治因素的制约。然而，以报告为导向的指标不直接与政策驱动或是公共部门的组织目标相关联，因此，有些指标会比较难以理解。由于全球报告倡议组织颁布的指标体系用来衡量全球经济的可持续发展，缺少一些针对场地修复的细节指标（如环境因素中未考虑土壤方面内容），因此不能直接用于绿色可持续修复评估。

2016 年全球报告倡议组织环境、经济和社会方面的可持续性标准　　　　表 4-4

环境	经济	社会
材料	经济效益	劳工条例
能源	市场表现	职业健康与安全
水	间接经济影响	培训和教育机会
生物多样性	采购流程	多样性和平等
废气排放	反腐败	供应商社会评估
废水和废物	反竞争行为	当地社区影响
环境合规性		社会经济合规性
供应商环境评估		

在绿色可持续修复指标体系的建立中，DPSIR 模型扮演了十分重要的角色[12]。DPSIR 模型包括控制驱动力（D）、压力（P）、状态（S）、影响（I）和响应（R）五个方面。它从系统分析的角度看待人和环境系统的相互作用，是作为衡量环境及可持续发展的一种指标体系而开发的。如图 4-3 所示，DPSIR 模型是一种基于因果关系的系统分析方法，通过构建由多项指标代表的驱动力、压力、状态、影响和响应构成的整体评估

框架，对环境政策制定或实施进行评价并给出建议[13]。在环境管理中，驱动力是指造成环境变化的潜在原因，如城市发展、农业活动、工业生产、人口增长、产业结构调整等。这些因素会给环境带来压力（如消耗自然资源，向水、土壤和大气中排放污染物，增加硬化道路面积等），从而造成对环境状态的影响（如资源枯竭、黑臭水体、城市雨水截留存储能力下降而造成城市内涝等）。针对这些影响，人类需要做出响应（如研发渗透性好的路面材料、调整城市规划等），用以预防、控制和削减可能产生的影响，直至可接受的水平。因此，DPSIR框架模型可以有效地将基于科学的风险评价与决策过程、管理和政策体制相关联。

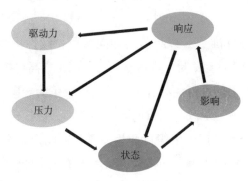

图 4-3　DPSIR 原理

　　将 DPSIR 模型应用于对场地修复的综合评价，既可以有效地将影响修复的环境、社会和经济因素综合在一起，从系统的角度分析绿色可持续修复过程的综合效益，又可以将绿色可持续修复进行分解，通过具体的指标反映某一因素在绿色可持续修复中的作用效果。建立的指标可以用来描述环境、社会和经济可持续性的状态（例如，人口健康、经济指标）；可持续性的压力（例如，污染物排放）；对问题的响应（例如，规定土壤再利用占修复项目的百分比）；决策者无法控制的情况（例如，人口结构）等[14]。

　　虽然大部分的指标清单会通过综合状态、压力、响应等各类指标尽可能全方位地诠释可持续性，事实上一套指标通常并不会明确指出与 DPSIR 的某个具体部分相关联。因此，当考虑的指标越多，重复计算的可能性就越大。例如，修复项目评估中，重型汽车行驶的总里程数可以作为一个指标，行驶过程中产生的影响空气质量的氮氧化物和硫氧化物总量也可以作为另外一个指标。然而，里程数和尾气排放量（驱动力）是衡量空气污染（压力）的同一种来源。为了避免重复计算可以尽量减少指标的数量，确保只考虑一种类型的指标。但是，计算重型汽车的里程数不仅仅是评估环境空气质量的影响，它还包括对社会（如道路安全、噪声等）和经济（如燃油费、环保税、交通拥堵引起的费用等）的综合影响，这种影响可能对决策者更有意义。因此，与选择一套包含大量的影响因素却可能导致重复计算的指标体系相比，一套合理的、可测量的且具有可比性的指标体系对决策过程更为重要。由于没有完美的解决方案，现行做法是尽可能运用覆盖面广且易于理解的指标体系，在有可能出现重复计算或者交叉引用的地方做出明确解释，并保证透明度。

4.2.1　英国的评估指标

欧洲有关场地管理的政策从 20 世纪 90 年代开始，现在已经进入了第四阶段，即"风险告知的可持续土地管理"阶段，其主要内容包括风险告知、自适应性管理与多方参与三个方面。基于风险告知的可持续管理方式不是简单地将环境、经济和社会因素分割开来对修复技术进行评估，而是将三者融合在修复技术选择阶段（决策阶段）。污染场地国际委员会、英国可持续修复论坛和意大利可持续修复论坛等机构发布了多份导则，其中规定了修复活动中的可持续指标。这些文件均强调了：（1）利益相关方的参与是可持续修复的一个至关重要的方面；（2）利益相关方的参与应在修复项目的早期阶段进行；（3）通过执行基于风险的修复策略减轻修复活动给社会和当地社区带来的影响[15, 16]。下面以英国可持续修复论坛评估指标为例进行具体介绍。

英国可持续修复论坛是在污染土地实际环境应用组织倡导下于 2007 年成立的。在非营利组织土壤和地下水技术协会的成员（来自英国许多公共和私营组织）的资助下，污染土地实际环境应用组织在 2009 年发布了英国可持续修复论坛评估可持续土壤和地下水修复指标的研究成果[16]。该份报告对超过 100 组可持续发展指标进行了综述，发现其中 12 组指标与污染土地管理有关。为了减少评估过程的复杂性和提供一个讨论可持续性问题的平台，英国可持续修复论坛划分了与环境、经济和社会有关的 18 个标题指标（表 4-5）[17]。由于每个项目的实际情况和牵涉到的利益相关方都不同，该报告也指出建立一个通用的和普遍的指标体系是不可行且不切实际的。

2009 年英国可持续修复论坛的指标体系　　　　　　　　　　表 4-5

环境	经济	社会
对大气（气候）的影响	直接经济成本或收益	社区参与度与社区满意度
对土壤的影响	间接经济成本或收益	人类健康
对水环境的影响	资本充足率	道德与公平
对生态的影响	就业和人力成本	对社区或地区的影响
侵扰性	使用寿命和项目风险	与规划或政策的相适性
自然资源的消耗和废物的产生	项目灵活性	不确定性和证据

2009 至 2011 年间，土壤和地下水技术协会的成员在大量案例中参照上述指标体系对场地进行绿色可持续修复评估，并开展了充分的讨论。随后在 2011 年发布的报告

中，绿色可持续修复标题指标减少至 15 种 [16]（表 4-6a，b，c），每种标题指标以下又涵盖了不同的特性指标。英国可持续修复论坛认为利益相关方可以根据特定的情况来灵活选择合适的指标，并建议:（1）遵守绿色可持续修复的六个原则（见第三章 表 3-3）;（2）开始阶段应对 15 标题指标均进行评估。在提出放弃或增加某些指标时要有充分的理由，并对决策过程进行妥善记录和存档;（3）利益相关方要认同这些指标及其分类。英国可持续修复论坛认为如果可持续评估的意义没有受到认同，那么可持续评估的结果应该也不会认同，可持续评估就没有意义。

2011 年英国可持续修复论坛的环境指标体系　　　　表 4-6a

因素	标题指标	特性指标	重叠指标的处理
ENV 1	空气	（1）影响气候变化或空气质量的气体污染物，或总体上对气候变化减少的因素;（2）温室气体（如二氧化碳、甲烷、一氧化二氮、臭氧、挥发性有机物和臭氧消耗物质等），氮氧化物和硫氧化物，颗粒物（特别是 $PM_{2.5}$ 和 PM_{10}）	SOC 1 对人体健康有影响 SOC 3 对人类影响（非健康类影响）
ENV 2	土壤 / 土地	土壤物理、化学和生物条件的改变，从而影响生态系统的功能，及土壤可以提供的资源或服务（可能是增加或者减少），包括: 土壤质量（化学方面），水的过滤与净化过程（悬浮颗粒的产生或减少），土壤结构 / 有机质的含量和质量，侵蚀作用与土壤稳定性，岩土力学性质（如压实），及其他可能给场地带来的正面或负面影响，如科研价值或地质公园等	ENV 4 对生态系统影响
ENV 3	地下水和地表水	（1）污染物（包括营养物质）的释放、溶解性有机碳和悬浮物的含量变化，进而影响: 饮用水的使用（基于对可用的水源的长期保护），具有法律约束的环境目标（如水框架指令），生物功能（水生生态）和化学功能，溶解性物质的迁移，海水、低盐水和淡水资源;（2）修复过程或修复结果对取水的影响 / 益处（改变河流和地下水水位）、洪水问题（增加或降低了洪涝风险）	ENV 4 对生态系统影响 ENV 5 对水资源的利用和处置问题
ENV 4	生态系统	对生态系统的影响（不包括 ENV 2 和 ENV 3 中涉及的生态系统的影响）: 植物、动物和食物链的影响（特别是受保护物种、生物多样性、具有特殊科研价值物种和外来种），生物群落结构或功能的显著变化，扰动对生态系统的影响（光、噪声、震动），影响 / 保护动物的设施的使用（鸟类飞行和动物迁徙等）	ENV 2 和 ENV 3 对土壤和水生生态系统影响 SOC 3 中光、噪声和震动对人类的影响
ENV 5	自然资源和废物	在项目中使用或一定程度上的使用原生资源和原生资源替代物（包括原材料和回收骨料），能源 / 燃料的使用考虑其来源或现场产生再生能源的可能性，材料的原位 / 异位处理以及废物的处置、水资源的抽取、使用和处置	ENV 3 中地下水和地表水的影响不涉及水的抽取和处置

2011 年英国可持续修复论坛的经济指标体系　　　　表 4-6b

因素	标题指标	特性指标	重叠指标的处理
ECON 1	直接的经济影响或收益	（1）修复活动给机构带来的直接经济费用和效益;（2）资本和操作费用问题，以及对变化的敏感性，如: 工作费用（包括操作和监测费用、正常开支、规划和获取许可证等），场地修复后的升值空间，责任的消除	无

续表

因素	标题指标	特性指标	重叠指标的处理
ECON 2	间接的经济影响或收益	长期或间接的影响或效益，包括：金融贷款，内部资金有效配置，场地/当地社区/地上建筑价值变化，罚款或处罚(包括律师费等)，公司名誉损失带来的贬值，当地区域的经济表现以及税收	SOC 4 中与当地政策合规性或与空间规划目标的一致性
ECON 3	就业和就业的资本	增加就业机会，提高就业水平（短期和长期），技能水平，教育和培训的机会，创新和新技能培训	无
ECON 4	诱导的经济成本和收益	增加对内投资机会；通过资金杠杆作用影响同一区域的其他项目，带动经济发展	无
ECON 5	项目的生命周期和灵活性	风险管理的时间，影响修复工程成功的因素(如社区、承包商、环境、供货商和技术风险等)，项目对情况变化的应对能力（如发现新的污染源、污染区域等)，应对法规变化的能力，对气候变化影响的可行方案，对经济形势改变的解决方案，对正在进行的制度控制的要求	无

2011 年英国可持续修复论坛的社会指标体系

表 4-6c

因素	标题指标	特性指标	重叠指标的处理
SOC 1	人体健康和安全	项目长期环境风险，即敏感人群在长期条件下可能面临的不可接受风险，如癌症等；项目短期环境风险，即短期的慢性或急性风险。考虑内容包括：场地工人，场地周边居民和公众，修复过程和配套作业（包括生物气溶胶、过敏源、PM10、现场机器操作，交通和开挖等作业带来的影响)	ENV 1 中的颗粒物指标与其对人类健康影响无关 SOC 3 中影响人类的因素（非健康因素，如便民设施）
SOC 2	道德与公平	（1）正义与平等是如何体现的；"谁污染谁治理"原则是否也与影响或利益的分配有关；对某些群体带来的影响/经济利益是否合理；修复工程的周期及是否存在代际公平问题（避免污染传递到下一代解决)；涉及业务操作符合伦理道德的行为（如可持续的供应链保证修复活动正常运行，采购过程是否缺少透明度？）（2）修复过程是否带来任何利益相关方的道德问题（如使用转基因生物，非法劳工，贿赂或腐败问题）	无
SOC 3	对社区或地区影响	对当地区域的影响/益处，包括：工作中产生的粉尘、光污染、噪声、臭味和振动等，以及正常工作日和夜间/周末的交通问题；场地使用用途变化对当地社区造成的更大的影响（如在废弃的地方犯罪率的降低)；建筑环境的变化，建筑物的保存及考古的保护	ENV 1 中的灰尘不会对人体健康造成影响 ENV 4 的光、噪声和振动针对生态系统 SOC 1 中包括所有对人体健康产生影响的因素
SOC 4	社区及社区参与	改变社区的功能及其能提供的服务（包括商业、居民、教育、休闲和生活设施等)；交流计划的质量；修复工程对当地文化和活力的影响；决策过程的参与度；社区的透明度和参与度，直接代表或通过选举代表；与当地政策的合规性及与空间规划目标的一致性	SOC 4 中针对社区功能或服务的改变 SOC 3 针对对当地社区和区域的有形的改变 ECON 2 针对与国家政策、法规、规章制度或最佳管理时间的合规性
SOC 5	不确定性和证据	可持续性评估的每一条意见都是充分考虑的；调查、评估（包括可持续性评估）和规划的质量，以及它们对变化的适应。记录过程准确和妥善存档；对评估结果的核实和确认；基于场地风险评估修复标准确立的程度（合理而基于现实的场地概念模型，还是不必要的考虑或过于保守的假设或数据选择）	无

虽然英国可持续修复论坛的绿色可持续框架文件在欧盟、澳大利亚和新西兰等地得到广泛应用，但至今仍未发展出一套不用修改就能够直接应用于绿色可持续评估的指标体系。事实上，当绿色可持续这一主题涉及范围越广，其评估指标就越多，进而导致评估成本越高，越缺乏吸引力。为了解决这一问题，通常会采用指标分层法以简化评估过程或通过筛选关键绩效指标以减少评价指标。

（1）指标分层法：指标的分层结构反映了指标的内在关系。第一层绿色可持续性评估只简单地收集利益相关方针对某修复方案带来的环境、经济和社会影响的看法，适用于争议较少、规模较小的修复方案。第二层评估是根据标题指标下的一系列的特性指标进行定性评估。如 2011 年英国可持续修复论坛发布的标题指标共有 15 类（环境、经济和社会三大因素各 5 类标题指标），每个标题指标下有不同的特性指标。在仅根据标题指标不能提供一个清晰决策的条件下，需要对筛选的特性指标进行逐一评估。如之前介绍，在指标分层法中对一个影响用多种特性指标来衡量时会导致重复计算的可能性。然而，为了避免重复计算而对评估过程过度简化，可能最终导致需要决策者关注的问题被忽略。根据标题指标将特性指标进行一一分组，可以最大程度上避免过度简化或重复计算的问题。

（2）关键绩效指标法：在针对可持续修复开展企业报告时，要以参与决策的利益相关方之间达成的共识为依据，致力于寻找一套适用于各种项目且涵盖面广的可持续性评估方法，并证明每一个项目都能达到相应的可持续性标准。由于可持续修复的关键作用是确保修复的可持续性以及决策过程的针对性，那么将同一套企业可持续性指标体系应用于所有的修复项目就会有一定的难度。另外，一个企业的可持续性报告可能不止针对场地修复一方面，二是涵盖很多的操作程序，因此，修复过程关注的焦点，如土壤功能或景观保护等，通常不会出现在企业的综合报告中，特别是针对碳、水和废弃物管理等这类定量指标。

集中关注那些能够反映企业全面可持续性的"关键绩效指标"可以很好地解决这些问题，可以使不同的企业的可持续性报告具有可比性。然而，关键绩效指标的选择具有片面性，筛选过程容易受到决策者的主观认知的影响，例如碳平衡可能比土壤功能变化更重要。这种主观的赋权可能给可持续性评估带来较大的争议。因此，选取的关键绩效指标数量越少，真正的全面可持续发展有影响的因素被忽略的可能性就越大。

4.2.2　美国的评估指标

美国环保署、美国可持续修复论坛、美国州际技术管理委员会和美国材料与试验协会等均有其特有的绿色可持续性评估指标体系。美国联邦和各州的监管部门发布的有关"绿色可持续修复"的导则中重点关注修复过程对环境方面的影响，而较少关注社会和经济方面的影响[18]。其中，社会影响主要是以社区外展的形式进行，其主要目的是识别在修复和再开发过程中当地社区的需求，并将收集的结果与修复决策者进行充分讨论[19]。而经济影响则主要关注执行过程中的费用，如比较不同修复技术的总费用。相较于美国联邦和各州的政府类组织，其他非政府类组织机构发布的可持续管理框架文件中涵盖的指标体系更完整。以下将分别进行描述。

1. 美国可持续修复论坛指标体系

到目前为止，美国可持续修复论坛发布的文件中强调了社会因素的重要性，包括修复工程对工人和社区安全方面的潜在影响，利益相关方的参与度，修复工程对当地的经济刺激和社会影响，以及当地污染物（如温室气体等）的排放在区域和全球尺度上的影响。2013 年美国可持续修复论坛提出了"可持续再利用"的概念，其中描述了如何在修复过程实施这个概念，以便可以带来多种社会和经济利益，如保护未开发土地（绿地），减少城市衰落，增加就业机会，扩大税收，发展基础设施建设和可再生能源开发，增强生态系统功能，增加社区的健康和建筑物价值[20]。需要注意的是，在修复过程中进行资源再利用时，应考虑社会因素可能带来的制约，如公众认知、经济成本，以及可能面临的实际或未来潜在责任等[21]。

为了确保修复过程中设立的绿色可持续修复目标能有效实现，2011 年美国可持续修复论坛整理了一份工具箱表格，该工具箱中包含修复工程各阶段目前识别的度量指标（附录二）。所谓"度量指标"，即可以被评估或考虑的，用来确定修复活动带来的关键影响，结果或负担。度量指标是否存在及幅度可以衡量目标是否完成或完成进度，反映了环境、社会和经济的一方面或几方面。度量指标代表了从关键利益相关方的角度看需要实现的最重要的绿色可持续结果[3]。通过从度量指标工具箱中选择参数作为起点，并在决策中考虑更大范围的内容，可以做出比较合适的评估。绿色可持续评估的目的是平衡每个影响因素（包括考虑、影响、环境社会经济方面的压力因子等），尽量增加正面可持续影响，减少负面影响。选择合适的参数可以全面地描述每个度量指标的属性，这样，修复操作者和关键的利益相关方能综合考虑并选择针对特定污染场地的度量指标。基于上述原因，美国可持续修复论坛建议联合度量指标工具箱与其他公开发表的绿色可持续修复框架进行绿色可持续性评估。

工具箱中度量指标的先后顺序不反映度量的优先级。修复参与者或利益相关方可以根据附录二中的表格进行初始评估和筛选，在此基础上可以进行修改或用更为合适的内容替换。度量指标定性或定量均有，涉及了传统上修复项目的各个阶段：场地调查、修复技术选择、修复方案设计、修复工程施工、运营操作和监测维护以及修复完成后退场。在每一个阶段，均设置了不同的度量指标以鼓励工程团队和利益相关方不断的合作来确保修复项目顺利验收并满足场地后续利用要求。此外，随着项目的开展中对场地条件认识的加深，可以对部分度量指标参数进行调整或优化。度量指标工具箱可以帮助修复人员和关键的利益相关方基于场地的情况和限制条件来选择修复工程每一阶段的绿色可持续因子及度量指标。

- 调查阶段：根据利益相关方的需求及未来场地规划，项目团队确定场地修复调查阶段时的绿色可持续性因子及其度量指标。绿色可持续因子是根据单元细分的。例如，在采样计划单元包括了场地调查和污染源表征、采样过程、进场和当地劳动力等。在绿色可持续性因子确认后，会设定目标，如"有效地进行采样"。与之相关的度量指标则包括能耗、污染气体排放、废物产生、工人暴露时间和人工费用等。通过使用度量指标工具箱，工程项目可以在较短的时间完成，效率的提高使工程团队和利益相关方得到外部效益。

- 修复方案选择阶段：项目团队可根据修复方案选择表来选择绿色可持续性参数和合适的度量指标。比如，由于修复过程中用到大量的石灰石并需要电力供应，修复团队除了选择减少现场材料的使用，还需要选择空气质量影响这一因子。综合考虑全球变暖潜势和 PM_{10} 这两个定量度量指标以选择合适的方案。通过使用度量指标工具箱，工程项目可以在减少修复过程对材料的消耗，进而提高工程团队和利益相关方得到外部效益。

- 修复方案设计和施工阶段：在设计阶段，基于场地规划和场地情况的深入了解，修复团队和利益相关方通过修复设计表来选择合适的绿色可持续因子。如，针对修复技术，可以选择带来最小影响的修复技术来达到降低碳足迹的目标。修复设计团队将评估修复技术来确定燃料使用作为他们看重的内容。当施工时，承包商和修复团队首先讨论选择合适的绿色可持续性因子及其度量，再根据修复施工表来选择如"有序的工作以尽可能减少对材料的再次处置"。承包商需要对场地布置进行合适规划，选择卸货点，减少货物的再次运输或移动以减少碳足迹。

- 运行和维护阶段：修复团队和利益相关方需要对修复活动进行年度或每 5 年一次的回顾，根据场地实际情况来确定是否需要修改可持续性因子和度量指标。比如，在抽取 - 处理技术处理污染地下水时，常使用活性炭作为滤料。那么，运行中滤料处理是一个需要关注的问题。原材料是可持续因子，原材料使用量则是一个定量的度量指标。可以通过对滤料的回收或选择低成本高效的滤料来实现有效性。通过使用度量指标工具箱，工程项目可以减少需要进行垃圾填埋的废物量和资源的消耗，进而提高工程团队和利益相关方的外部效益。

然而，度量指标并非越多越好。过多的度量指标会增加评估的复杂性进而减少绿色可持续性评估的价值。因此，美国可持续修复论坛推荐不超过五个的可执行的关键的针对场地的度量指标 [22]。如何选择合适的度量指标，不仅要求利益相关方和修复团队共同参与，还应在整个修复过程中根据现场情况变化对度量指标及时调整。

2. 美国州际技术管理委员会指标体系

参考了美国环保署和美国可持续修复论坛的指标体系，美国州际技术管理委员会在其发布的绿色可持续框架中包含的指标有人体健康和安全、道德、和平等，对周边社区和区域的影响，社区参与和满意度，与政策目标的符合性，以及不确定分析和证据等[23]。特别地，美国州际技术管理委员会重视修复过程带来的社会文化影响，并且认为如果在项目规划阶段就考虑如何实现绿色可持续修复，则可以消除敌对工作关系，增加社会参与度，对修复方案的选择最大限度上满足社区需求。具体指标体系参见表4-7。从表中可以看出，社会方面的特性指标由于大部分是定性指标，因此难以选择统一的标准或合适的方法进行评估。在使用中，表4-7中的指标仅作为参考，建立在对场地情况的理解之上的最终评估指标可能较表中列举的少。

美国州际技术管理委员会绿色可持续修复指标体系[1, 24]　　　　表4-7

绿色可持续修复行为及目标	要素			特性指标								
	环境	社会	经济	水资源	土地与生态系统	材料消耗与废物产生最小化	长期管理需求	气体污染物	能源效率	生命周期成本	环境公正	环境健康与安全
新鲜水消耗量最小化				○		○						
新鲜用水量最小化				○								
水资源再利用最大化				○		○						
保护地下水资源				○				○				
保护地表水资源				○	○							○
污染物生物可利用性最小化					○							
生物多样性最大化					○			○				
减少对栖息地的干扰					○							
减少土壤扰动					○							
保护当地的生态系统和避免引入非本土物种					○			○				
保护自然资源				○	○			○				
尽量使用可再生资源							○	○	○			
减少温室气体排放										○		
减少气体污染物排放									○			
污染区域控制								○			○	○
从当地购买材料						○						
废物减量化						○				○		
回收或再利用材料最大化						○						
增加税收基数，或使当地社区或财产增值					○			○			○	
增加当地就业机会											○	
降低运行维护成本和工作量								○		○		○
修复过程中的健康和安全风险最小化								○			○	○
场地再利用面积最大化								○				
减少噪声、气味和光干扰								○			○	○

续表

绿色可持续修复行为及目标	要素			特性指标								
	环境	社会	经济	水资源	土地与生态系统	材料消耗与废物产生最小化	长期管理需求	气体污染物	能源效率	生命周期成本	环境公正	环境健康与安全
支持永久性的破坏污染物的技术					○		○					○
减少对社会环境和人体健康的影响					○		○				○	○
考虑修复工程对社区最终的积极/消极影响							○				○	
评估整个修复过程对社区当前、潜在和可能的人类健康风险,包括承包商和公众							○				○	
防止文化资源损失							○				○	
让利益相关方参与决策过程							○				○	
提高公众参与,并让公众了解和接受修复工程进度和可能带来的限制							○				○	
增加公共开放空间							○				○	
通过公众宣传和信息公开,提高项目在社区的信誉							○				○	
场地的未来用途选项最大化							○			○	○	

3. 其他机构绿色可持续指标体系

美国海军设备工程司令部发布了一份事实清单,其中列举了在海军场地修复中 8 类与绿色可持续修复相关的度量,包括能量消耗、温室气体排放、标准污染物排放、水体影响、生态系统影响、资源消耗、工人安全和社区影响,并对上述度量还进行了简单的讨论。此外,美国空军工程与环境中心发布的可持续修复工具中评估了以下五种度量指标,包括温室气体排放,能源消耗,技术成本,安全事故风险和自然资源服务。美国环保署第 9 区使用了五个环境指标(材料和能源消耗量、废物产生量、水资源消耗、电力消耗和二氧化碳排放)评估修复过程的污染物足迹,但不包括社会和经济度量。

4.3 案例分析

可渗透反应墙技术和抽取 - 处理技术是目前常用的两种地下水修复技术。虽然可渗透反应墙技术在运行中不需要能源,但其在原料生产和设施安装等过程会产生较大环境影响。而抽取 - 处理技术则不同,其在整个生命周期都需要消耗能源。为了比较两种技术的环境影响,本案例根据 Dover 空军基地两份公开的修复技术设计文件,进行全生命周期分析 [25, 26]。

4.3.1 项目概况

污染场地污染物主要为挥发性有机物，包括1,2-二氯乙烯、1,2-二氯乙烷、三氯乙烯、四氯乙烯和氯乙烯等。虽然场地的地球化学条件与其他污染场地类似，局部区域存在水力梯度过小（0.0018），黏土不透水层以上的粉质砂土弱透水层较厚（约11m），地下水流速为0.02至0.09m/d；在进行全生命周期分析前，根据这些因素推测可渗透反应墙技术可能不适于该场地。

在具体方案设计中，可渗透反应墙系统是由一个36.6m的漏斗和4个直径为2.4m的柱门组成（图4-4）。漏斗是由预制的钢板桩和水泥浆封合而成的。柱门是通过开挖直径为2.4m的钢制沉箱，内置1.2m×1.2m的零价铁柱（市售高品质颗粒状零价铁），在外围预处理区和出口区域装填石英砂。

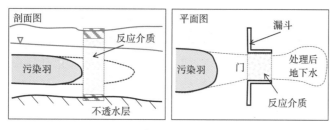

图4-4 可渗透反应墙系统示意图

抽取-处理系统是由三个抽水井和一个地上的空气吹脱塔组成。吹脱后的污染气体通过催化氧化去除，塔中出水首先经活性炭吸附处理达标后再回注入地下（图4-5）。

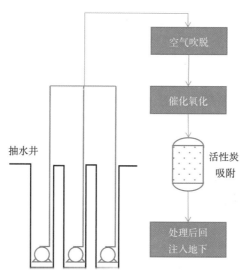

图4-5 抽取-处理系统示意图

4.3.2 全生命周期分析

1. 可渗透反应墙系统模型

可渗透反应墙系统模型分为漏斗、柱门和反应介质三个子系统。可渗透反应墙漏斗由一个带有振动锤的 100t 吊车建成（835kW，5.6m²/h）并用水泥密封。可渗透反应墙柱门建造时，首先使用相同的锤子（0.6m/h）打击沉箱至预定位置再用钻头开挖（435kW，0.3m/h），在移出沉箱之前，回填石英砂、零价铁和土壤混合浆。虽然反应介质是柱门的组成之一，但为了方便研究反应介质的寿命对全生命周期分析结果的影响，将反应介质分离出来作为一个单独的子系统进行分析。全生命周期分析中，将生产零价铁与生产高品质的铸铁类比，无额外处理工艺。零价铁的设计寿命为 10 年。在施工完成后，假定可渗透反应墙在整个反应介质生命周期内无需额外投入。在反应介质需要更换时，在用主要材料产生、运输和建造新的柱门之后，再用螺旋钻将柱门拆除。假定可渗透反应墙的漏斗在 30 年的运行期间不需要修理维护。

2. 抽取 - 处理系统模型

抽取 - 处理系统分为五个子系统，即抽水井、空气吹脱单元、催化氧化单元、颗粒活性炭单元和处理设施。抽水井由带有 8 英寸螺旋钻头的钻机钻探而成（80kW，5m/h）由 PVC 管、滤料、膨润土浆和一个 0.75kW 的泵组成。催化氧化单元是一个铝和钢制成的固定床反应器，内含催化剂和电加热器。颗粒活性炭单元是两个各含 180kg 活性炭的钢罐。处理设施包括一个面积为 37.1m²，厚度为 1.5m 的结构板，一个长 61m，直径为 0.05m 的 PVC 管，各种 PVC 配件和阀门以及一个钢棚组成。抽取处理系统的用电来自美国电网。除每 10 年更换一次活性炭外，该系统在未来的运行中均无需其他维护操作。

3. 生命周期分析

本案例使用 SIMAPRO 7.1 生命周期分析软件和相关的内置数据库和影响评估方法进行。数据库中没有的输入或单元过程则通过查找文献进行估算，或根据基本原理进行计算，或者适当的予以忽略。影响评估是根据"减少和评估化学品和其他环境影响工具"中的特征因子进行计算（表 4-8）。在生命周期分析中，重点关注以下影响：全球变暖、酸化、人类健康、水体富营养化、臭氧层消耗和雾霾。使用蒙特卡洛模拟进行不确定性分析。

影响分类、单位和特征因子 表 4-8

影响分类	单位	特征因子
全球变暖	当量二氧化碳	二氧化碳 =1、一氧化二氮 =3.0E+2、六氟乙烷 =1.2E+4、甲烷 =23、二氯甲烷 =10、四氯化碳 =1.4E+3、四氟甲烷 =5.3E+3

续表

影响分类	单位	特征因子
酸化	当量 H^+	氨 =95、氯化氢 =45、氢氟酸 =82、二氧化硫 =51、硫氧化物 =51
人体健康	当量苯	砷 =8.4E+3、砷离子（水溶液）=2.8E+2、苯 =1、铍 =12、钙 =2、钙离子（水溶液）=5.4E-49、铬 =70、铬离子（水溶液）=5.6E-46、二噁英 =3.1E+8、二噁英（水溶液）=2.3E+7、甲醛 =3.6E-3、铅 =58、四氯化碳 =9、镍 =1.5
水体富营养化	当量氮	氨 =1.2E-1、铵离子（水溶液）=7.8E-1、BOD_5 =5.0E-2、COD =5.0E-2、硝酸根 =2.4E-、氮氧化物 =6.9E-2、磷 =2.4
臭氧层消耗	当量 CFC-11	四氯化烷 =7.3E-1
雾霾	当量氮氧化物	一氧化氮 =1.3E-2；二氯甲烷 =1.9E-2；甲醛 =1.0；甲烷 =3.0E-3；氮氧化物 =1；挥发性有机物 =7.8E-1

进行全生命周期分析的目的是模拟两种不同修复技术处理 Dover 空军基地污染地下水的环境影响，根据结果选用环境更友好的技术并识别可以减少系统总环境影响的关键环节。本次全生命周期分析的功能单元是：有效地对污染场地的污染羽进行控制并削减，处理时间为 30 年。根据设计文件，在达到相同目标的情况下，可渗透反应墙系统需要处理污染羽的速度为 38L/min，而抽取处理系统的处理速度为 76L/min。这两种系统的安全系数分别为 1.5 和 2.0。

生命周期分析的系统边界决定了研究范围。本次评估的研究范围包括原料采购、材料生产和使用阶段。可渗透反应墙和抽取处理系统的边界如图 4-6 所示。

在评估中，由于两种处理技术的监测计划和监测费用相似，因此，运行后的监测过程被忽略。此外，为达到修复目标，两种修复技术的周期至少为 30 年。而本次评估的时间尺度为 30 年，因此，运行结束后系统报废过程的影响也被忽略。特别地，在处理系统报废过程中，抽取 - 处理技术由于需要现场拆卸和废物运输，因而会产生一定的环境影响。而对于可渗透反应墙技术来说，其报废过程的环境影响较小，这是由于漏斗中的钢可以被回收，或者是铁柱可以永远留在地下而不用拆除。

4.3.3 结果与讨论

1. 可渗透反应墙与抽取处理技术比较

生命周期分析结果如图 4-7 所示，与抽取 - 处理技术相比，可渗透反应墙在人类健康和臭氧消耗方面有明显优势，而在减少酸化和富营养化方面有一定优势。然而，在全球变暖和雾霾形成这两个分类中，两种修复技术没有明显的区别。虽然本案例的全生命周期分析仅在实验水平上对两种修复技术的环境影响进行评估，评价结果显示模拟的可渗透反应墙技术属于环境更友好型。此外，评价结果还显示被动技术并不是在所有的方面都比主动技术更绿色可持续，本案例中的可渗透反应墙技术应该在控制全球变暖和雾霾形成方面予以提高。在可渗透反应墙方案设计、施工和操作过程应进行适当改进，分析原材料、能源使用和反应介质的寿命方面对提高该技术的整体环境表现。

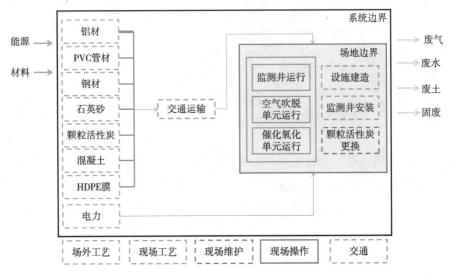

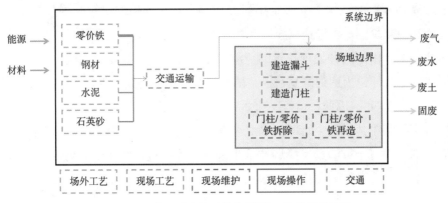

图 4-6　可渗透反应墙系统和抽取 – 处理系统边界

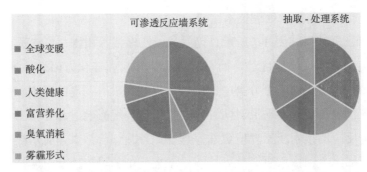

图 4-7　可渗透反应墙与抽取 – 处理技术环境影响比较

2. 可渗透反应墙子系统的环境影响分析

可渗透反应墙的反应介质、柱门和漏斗三个子系统对环境影响相对贡献结果如图 4-8 所示。柱门和反应介质对六大环境分类的影响之和占系统总影响的 80% 以上，特别是反应介质子系统贡献了近 50% 的潜在影响。由于漏斗子系统对环境影响贡献较小，因此，可以考虑更换可渗透反应墙的反应介质类型和改变柱门施工方式来降低模拟系统的总体环境影响。

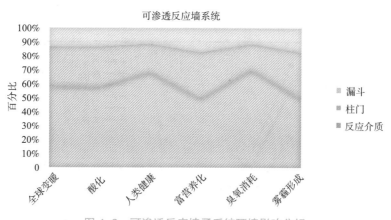

图 4-8　可渗透反应墙子系统环境影响分析

抽取 - 处理技术中五个子系统在环境影响方面的相对贡献如图 4-9 所示。抽水井、催化氧化单元和空气吹脱单元在总影响方面的占比分别为 53%、35%、和 12%。抽水井在环境影响方面较大的占比可能与该污染场地的水力条件有关。由于这三个子系统均需要消耗大量的电能，因此，使用清洁的可再生能源将减少抽取 - 处理系统对环境的影响。此外，降低抽水井抽水速率也可以减少系统的总体环境影响，但随之带来的可能是修复时间的增加和污染羽的控制捕获能力的下降。具体影响需要进一步的调查验证。

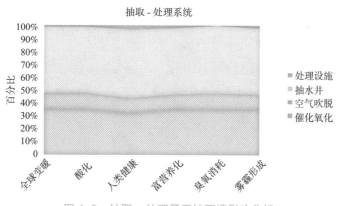

图 4-9　抽取 - 处理子系统环境影响分析

3. 反应介质子系统的环境影响分析

为了分析反应介质的寿命对可渗透反应墙的环境影响，分别计算了在不同寿命下每个影响的相对大小。结果如图 4-10 所示。可以看出，随着反应介质寿命的增加，所有类别的相对排放量均呈下降趋势。中等寿命对全球变暖类别的相对影响最大，对人类健康和臭氧消耗的影响最小。虽然反应介质寿命在 30 年的条件下的潜在总体环境影响最小，但是由于可渗透反应墙是一种较新的技术，目前成功案例的反应介质寿命均在 10 年左右。因此，将反应介质的寿命设定为 10 年，具有可操作性。

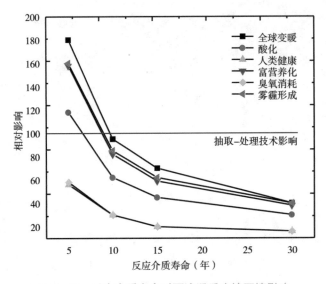

图 4-10　反应介质寿命对可渗透反应墙环境影响

4.3.4　总结

零价铁可渗透反应墙的环境影响主要产生在零价铁材料制备及修复工程施工阶段，而抽取处理技术的环境影响主要来自操作阶段。在中长期阶段的场景下（10～30 年），零价铁可渗透反应墙技术的总体环境影响明显小于抽取-处理技术。即便是在短期条件下（小于 10 年），零价铁可渗透反应墙技术在对保护人类健康和臭氧层产生方面也有优异表现。

附录一

生命周期分析报告模板

执行摘要

（一）引言

1.1 项目背景

1.2 生命周期分析介绍

（二）定义目标和工作内容

2.1 研究目标

2.2 研究内容

2.3 不同情景描述

（三）清单分析

3.1 清单分析总体介绍

3.2 不同情景清单分析

3.3 清单分析数据来源质量控制

（四）生命周期分析

4.1 评价框架

4.2 评价模型

4.3 生命周期分析

（五）结果与讨论

5.1 不同过程结果

5.2 全生命周期结果

5.3 敏感性分析

5.4 结果讨论

（六）结论

6.1 清单结果

6.2 生命周期分析结果

（七）总结

参考文献

附件

附录二

美国可持续修复论坛度量指标工具箱 – 修复场地调查　　表 4-9a

单元	因子	目标	度量指标	QN,QL	EN,S,EC	资料来源	外部效益
采样计划	场地调查和污染源表征	有效地进行场地调查和污染源表征	采样数量，重复采样次数，采样时间	QN	EC	采样费用，项目进度跟踪表，项目日程安排	无
			管理部门和利益相关方的满意度	QL	EN	利益相关方调查表，监管指令、投诉和整改通知的数量	无
	采样过程	有效地进行采样	能耗	QN	EC	燃料费	无
			环境影响	QN	EN	燃料使用，污染物排放和废物产生量估算	无
			工人暴露减少程度人工费用的减少量	QN	S,EC	项目费用和暴露时间	无
	进场	减少进场次数	空气污染物	QN	EN	进场记录，公共设施使用情况，能源使用量	增加操作效率（EC）
			进场费用	QN	EC	成本会计	
		减少旅行足迹	汽车和飞机里程	QN	EC	地图等	减少温室气体排放（EN）
			空气污染物排放量和能耗	QN	EN	能耗记录和污染物排放量估算	
			使用公共交通或拼车	QN	EN	现场人员调查	
			差旅费和燃料费	QN	EC	与旅行相关费用	无
	当地劳动力	尽量使用当地劳动力	员工数量和通勤里程	QN	EC	人员统计数据和津贴补助发放数量	减少能源使用（EN，EC）和工业服务人员津贴费用（EC）；减少现场人员的环境影响（EN）
				QC	S	员工调查	减少旅程可保证员工休息，进而增加对健康安全方面的关注度（S）
调查产生的废物	调查产生的废物	废物产生量最小化	废物产生量	QN	EN	清单数据和一般固体废物	减少运输排放（EN）、费用（EN）、社区交通量（S）、当地卡车司机（S）和需要填埋处置物量（EC）；延长填埋场寿命（EN，S）
		减少需要场外处置的清洗废水量	需要场外处置的清洗废水量	QN	EN	清洗废水体积	减少现场时间，以及清洗监测井中泵和贝勒管的使用（EC，EN）

续表

单元	因子	目标	度量指标	QN,QL	EN,S,EC	资料来源	外部效益
调查产生的废物	调查产生的废物	回收废物	废物总回收量	QN	EN	回收的收据和数据记录	减少需要填埋处置废物量（EC）；延长填埋场寿命（EN）；减少需要生产的原材料的量（EN，S，EC）
		产品和材料再利用	可再利用材料（如工作服等）的使用	QL	EN	识别使用物品的再利用性	减少运输排放（EN）、费用（EN）、社区交通量（S）、当地卡车司机（S）和需要填埋处置废物量（EC）；延长填埋场寿命（EN，S）；减少需要生产的原材料的量（EN，S，EC）
				QN	EC	采购成本，处置费用和清洁费用	
对社区的影响和社区参与	社区交流和社区外展	提高社区参与度与对项目了解	社区联络、会议、报告、直接接触、投诉和社区调查	QN,QL	S	社区调查结果和沟通记录	通过社区外展和社区参与提高社区满意度（S）
	公众健康	减少对健康问题的担忧	减少扬尘，公布空气监测结果	QN	EN	现场数据	无
	物理打扰和中断	道路封闭，噪声，交通堵塞和光污染等最小化	道路封闭次数，投诉量，降噪措施等	QN,QL	EN,S	现场数据	增加社会和社区价值（S）

美国可持续修复论坛度量指标工具箱 - 修复技术选择　　　表 4-9b

单元	因子	目标	度量指标	QN,QL	EN,S,EC	资料来源	外部效益
修复方案分析	耗材	选择材料需要最少的	环境影响	QN	EN，EC	概念设计估计、经验	逐步减少消耗（EN）
		选择交通量最小的	空气污染物排放和工人工作时间	QN	EN，S		逐步减少排放（EN）
		选择能源需求最低的	能耗	QN	EN		加大对可替代能源的需求（EN，S，EC）
	物理干扰和中断	减少交通、臭味和噪声	交通量和挥发性有机物排放	QN,QL	S	概念估计交付物资和需处置的固体废物体积	增加社会和社区价值（S）
	土地开发停滞	未来土地利用可用功能和面积最大化	未来土地利用类型和面积	QN	S，EC	修复目标	增强社区的完整性，提高社区生活质量，刺激当地经济（S）

续表

单元	因子	目标	度量指标	QN,QL	EN,S,EC	资料来源	外部效益
修复方案分析	土地开发停滞	重建时间最小化	重建需要的时间	QN	S, EC	概念设计和经验	促进区域的快速开发（EC）
	对空气影响	气体污染物排放最小化	气体污染物	QN	EN, S	概念设计工作范围，经验和资源估计	逐步减少消耗（EN）
	对水的影响	选择用水需求和废水排放最小的	水量、生化需氧量、悬浮物和有毒物质	QN	EN	概念设计估算和经验	水资源得到多次、充分利用（S）；减少污水处理量及能耗（EN，EC）
	固体废物	废物回收和再利用最大化	总废物回收量	QN	EN	废物鉴定数据	减少废物产生（EN，S）
		场外处置废物量最小化	空气污染物排放量和行驶里程	QN	EN, EC	概念设计估计，废物处置（包括废物运输）方式	尽可能减少社区受到最近的接收废物的填埋场的影响（S）
	增加的就业机会	与社区土地利用规划和重建配合	商业发展或休闲娱乐空间	QN	S, EC	经济发展计划，经济和市场分析	支持当地经济发展和人员就业（S，EC）
	场地修复工人	选择劳动力需求最小的	职业暴露时间	QN	S	概念设计估计	无

美国可持续修复论坛度量指标工具箱 – 修复方案设计 表 4–9c

单元	因子	目标	度量指标	QN,QL	EN,S,EC	数据来源	外部效益
概念设计	修复技术	优化处理（如监测井、注入点位、化学药剂选择等）	环境影响及能源使用量	QN	EN,S,EC	设计方案	减少水资源消耗（EN，S），能耗（EN），汽车尾气排放（EN），成本（EC），需要填埋处置废物量（EN，S），对原材料的需求（S）及其生产过程中带来的影响（EN）；提高操作效率（EC），延长填埋场寿命（EN，S）
			成本	QN	EC	费用估算	
			材料使用	QN	EN, S, EC	设计方案	
		修复周期占地最少化	面积	QL	S	设计方案	考虑了未来土地长期使用规划（S）
		有毒物质排放最少化	污染物排放	QN	EN	污染物排放量估算	提供长期的污染控制（EN）减少当地污染物排放（EN）
		社区影响最小化	噪声、交通和气味	QN	S	设计方案	减少对社区的长期负面影响（S）

续表

单元	因子	目标	度量指标	QN,QL	EN,S,EC	数据来源	外部效益
概念设计	未来使用	未来土地使用方式和使用面积的最大化	未来用地类型和面积	QL	EN, S, EC	设计方案和确定的修复目标	关注于未来土地用途和利益相关方的期望（S，EC）
		增加当地就业机会	增加或维持的就业岗位机会	QN	S, EC	当地规划部门	加强与社区联系（S，EC）
	在设计前的活动	合理安排以使进场次数、现场工作量，资源消耗、设备和材料的使用最小化	环境影响	QN	EN	现场工作内容估计，经验，资源消耗估计	减少运输排放（EN），成本（EC），和社区交通量（S）
			交通里程	QN	EC		
			材料消耗	QN	EN	材料使用量	减少对原始材料的消耗（S）以及其生产过程的影响（EN）
			废物产生	QN	EN	废物清单	减少需要填埋处置垃圾的量（EC）及垃圾处理需要的场外的能源消耗和污染物排放（EN）；延长填埋场寿命(EN,S)
建筑材料规范	材料选择	合理设计使建造材料需求最小化	环境影响及能源使用	QN	EN, S, EC	设计方案，供应商报价，产品信息，制造商信息	减少长期操作和维护成本（EC），以及外运材料的能源消耗和污染物排放（EC）
		使用可回收，可翻新或可再利用的材料	回收，翻新和再利用材料的比例	QN	EN, S		减少需要填埋的垃圾量（EC），原始材料消耗（S），以其生产过程需要的场外能源消耗和污染物排放（EN）
		优化材料运输，就地取材	气体污染物排放，能源使用量	QN	EN, S	设计方案	增加当地就业（S）
		建筑材料毒性最小化	有毒气体排放，人类、海洋和淡水的毒性风险	QL	EN	第三方认证，物质安全说明书，制造商信息	无
能源结构（场内和场外）	现场可再生能源	识别现场可使用可再生能源的机会	环境影响	QN	EN	设计方案	减少对当地公共基础设施负荷（S），发电过程中污染物排放（EN），以及输电线建设及其带来的影响（EN，EC）
			成本	QN	EC	成本估算	减少对当地电网使用（S），提高电力结构（S）
			现场需要能源的地方	QL	S	社区调查	与社区利益一致（S）
		购买碳补偿量	全球变暖的潜能	QN	EN	设计方案	对实施碳补偿计划的场外地区带来的直接效益（S）
工程经济学	设计方案	优化设计方案	设计度量	QN, QL	EN, S, EC	设计方案，规范说明和日程安排	提高团队合作（S）

美国可持续修复论坛度量指标工具箱 – 修复工程建设　　表 4-9d

单元	因子	目标	度量指标	QN, QL	EN, S, EC	数据来源	外部效益
设备选择	进场	减少运输距离	燃料使用和交通里程	QN	EN, EC	建设方案	鼓励当地采购（S）
	设备型号	选择与工作任务匹配的设备	空气污染物排放	QL	EN, EC		减少碳足迹（EN），操作费用（EC），污染物对环境的影响和现场工人数量（EN, S）；增加设备运行效率（EC）
	设备操作	减少机器闲置时间	机器闲置时间占比	QN	EN, EC		
	柴油机设备排气管改进	减少颗粒物和碳氢化合物排放	尾气减排量	QN	EN, S		增加工人和社区健康（S）
	可再生能源	使用可再生能源最大化	可再生能源使用占比	QN	EN		刺激设备改进和可再生能源供应（EN）
材料采购和处理	材料选择	现场材料再利用或使用场外回收的材料，使原始材料的需求最小化	原始材料，可再生材料，重复使用或回收的材料的占比，节省的费用和交通里程	QN	EN, EC	建设方案和供应商信息	处理再利用材料会增加对劳动力和设备需求（EC），延长垃圾填埋场寿命（EN,S）；减少运输排放（EN）和费用（EC）、社区交通量（S）、司机需求（S）和需要处置的废物的量（EC）；减少了耗材在生产过程中的环境影响（EN,S,EC）
		减少材料在制造过程的环境风险	环境影响	QN	EN	供应商信息，供货清单，产品信息，公开的生命周期分析数据	无
		选择可替代材料减少环境影响和毒性	环境影响和空气污染物排放	QN	EN	设计方案和供应商信息，公开的生命周期分析数据	减少环境影响（EN）
			污染物释放和毒性风险	QL	EN	第三方认证，物质安全说明书，供应商信息	减少对现场工人和未来使用人的环境风险（EN, S）
	绿色可持续采购	从有绿色可持续政策、程序或资质（如绿色建筑认可等）的供应商采购	程序或政策的证明	QL	EN, S, EC	美国环保署绿色采购程序和供应商信息	推进可持续政策或项目的实施，有意识地持续实施和跟踪可持续项目（EN）
	交通	扬尘和噪声最小化	颗粒物水平	QN	EN, S	交通计划和监测计划	减少对现场工人和社区的潜在短期危害（S）和设备的维护（EC）；改善与社区关系（S）；污染物迁出场外最小化（EN, EC）

续表

单元	因子	目标	度量指标	QN, QL	EN, S, EC	数据来源	外部效益
材料采购和处理	交通	扬尘和噪声最小化	当地居民的投诉数量	QN, QL	EN, S, EC	场地日志和社区外展	减少对现场工人和社区的潜在短期危害（S）和设备的维护（EC）；改善与社区关系（S）；污染物迁出场外最小化（EN, EC）
操作方面	材料处理	材料二次转运最小化	空气污染物	QN	EC	交通计划和材料暂存计划	减少劳动力和设备成本（EC）；工程建设时间最小化（EC）
	现场建筑	现场建筑应采用节能的系统、工艺或设备	办公环境绿色建筑认可等级评估，办公设备的能耗评级	QL	EN, EC	工业服务供应商的报告初稿和终稿，美国绿色建筑协会委员、会员资格和认证清单，美国环保署绿色采购计划	减少碳足迹（EN）和能源费用（EC）
		使用再生能源为现场建筑提供电源	购买和使用的电量（KW时），碳补偿量	QN	EN	美国能源部数据（如设备清单和计算方式等）	
		使用现场已有建筑作为办公用地	空气污染物排放和节省费用	QN	EN, S, EC	场地设计草图和当地供应商信息	减少运输排放（EN）和费用（EC），社区交通（S）及需进行填埋处置的垃圾量（EC）；延长填埋场寿命（EN, S）；减少需要生产的原材料的量（EN, S, EC）
	工业服务商的住宿	每日里程最小化	往返里程	QN	EN, S, EC	工业服务商的项目计划及在线地图测量	减少人员交通时间（EC, S）和汽车使用（EN）
		从有绿色可持续政策、程序或资质的供应商采购	绿色建筑认可，程序或政策的证明	QL	EN, S, EC	服务商信息和美国绿色建筑协会的会员资格和认证清单	无
	健康安全表现	减少现场伤害或事故风险	健康安全计划证明文件，肇事事故，不安全状态，不安全行为或工时损失等	QN, QL	S, EC	工业服务商日志和报告终稿	增加设备效率（EC）和工人精神面貌（S）；减少与健康和安全有关的故障检修时间（S, EC）；减少合规性方面存在的问题等（S, EC）
	监测和采样	差旅最小化	旅行里程和花费时间	QN	EN, S, EC	监测计划	减少进场费用（如人工和设备）（EC）和碳足迹（EN）；训练出有操作经验的工人（EC）；促进当地经济发展（S, EC）

续表

单元	因子	目标	度量指标	QN, QL	EN, S, EC	数据来源	外部效益
操作方面	监测和采样	送样次数最少化	送样里程和运费	QN	EN, EC	监测计划	减少碳足迹（EN）
		优化采样计划	减少的采样数量	QN	EN, EC		减少能源使用（EC,EN）和重复采样需要的人工和材料费用（EC）
	样品分析	使用有绿色或可持续程序或政策的实验室	程序或政策的证明	QL	EN	监测计划和供应商信息	减少碳足迹（EN）
废物管理	废物产生	废物场外处置量最小化	环境影响	QN	EN, S, EC	工程设计，工业服务商的项目建议书和最终报告	减少运输排放（EN）和费用（EC），社区交通（S）和填埋场处置垃圾量（EC）；延长垃圾填埋场寿命(EN,S)；减少需要生产的原材料的量（EN, S, EC）
		边角料利用最大化	回收的边角料的量和价值	QN	EN, EC	工业服务商的项目建议书，工作日志和最终报告	产生有价值的材料，如钢筋等（EC）；减少需要填埋废物量（EC）；延长垃圾填埋场寿命（EN, S）；减少需要生产的原材料的量（EN, S, EC）
		现场废物循环再利用	回收或再利用的量，原始材料的费用抵偿，废物运输和弃置的费用抵偿	QN	EN, EC		
	现场废物管理	减少废物管理相关事故	废物管理计划和培训，废物相关事故，未导致事故的废物问题	QN, QL	EN, S, EC	工业服务商的资格预审，项目建议书，工作日志和最终报告	减少需要生产的原材料的量（EN, S, EC）
		废物容器尺寸经济化（桶装或车装），废物足迹最小化	废物容器的数量及再利用的容器数量	QL	EN, EC	工业服务商工作日志，废物管理记录和制造商信息	减少运输排放（EN）和费用（EC），社区交通（S）和填埋场处置垃圾量（EC）；延长垃圾填埋场寿命(EN,S)；减少需要生产的原材料的量（EN, S, EC）
	交通运输	废物运输量最小化	废物运输次数，能耗和时间	QN, QL	EN, EC	废物的单据和转移联单	无
		运输距离最小化	货物运输里程和驾驶时间	QN	EN		无
		使用可替代能源	污染物排放			行车记录	无
	处理和处置	修复后期管理最小化	环境影响和污染物破坏量（百分比）	QN	EN, S	废物转移联单和处置设施信息	延长垃圾填埋场寿命（S）；减少未来潜在责任（S, EC）
可施工性	可持续的设计	按照设计方案建造	设计阶段度量	QL	EN, S, EC	项目会议纪要	增强项目团队之间的交流（S）；建设费用最小化（EC）
		按照进度建造	里程碑和关键路径完成情况	QL	EN, S, EC	承包商会议记录	达到利益相关方预期（S）

续表

单元	因子	目标	度量指标	QN, QL	EN, S, EC	数据来源	外部效益
可施工性审查	提高设计度量	设计阶段度量	QN,QL	EN, S, EC	承包合同	包括承包商的经验和能力（S）

备注：

（1）数据来源是指可以支持绿色可持续性分析的证据文件。根据证据文件可以对修复后的项目的绿色可持续性进行重新评估。

（2）环境影响包括气体污染物排放（全球变暖潜势、氮氧化物、硫氧化物、颗粒物和有毒物质等）、水的需求和废物产生。

（3）QN= 定量度量指标；QL= 定性度量指标。（4）EN= 环境；EC= 经济；S= 社会。

4.4　参考文献

[1]　ITRC. Green and Sustainable Remediation: State of the science and practice, GSR-1 [R], 2011.

[2]　USEPA. Green Remediation: Incorporating Sustainable Environmental Practices into Remediation of Contaminated Sites, EPA 542-R-08-002 [R], 2008.

[3]　HOLLAND K S, LEWIS R E, TIPTON K, 等 . Framework for integrating sustainability into remediation projects [J]. Remediation Journal, 2011, 21(3): 7-38.

[4]　CL:AIRE. A Framework for Assessing the Sustainability of Soil and Groundwater Remediation, ISBN 978-1-905046-19-5 [R], 2010.

[5]　ITRC. Background Document: Vapor Intrusion Issues at Brownfield Sites, 2003.

[6]　USEPA. Methodology for Understanding and Reducing a Project's Environmental Footprint, EPA 542-R-12-002 [R], 2012.

[7]　NAVFAC. SiteWise$_{TM}$ Version 3 User Guide. Battelle Memorial Institute, 2013.

[8]　FERDOS F, ROSéN L. Quantitative Environmental Footprints and Sustainability Evaluation of Contaminated Land Remediation Alternatives for Two Case Studies [J]. Remediation Journal, 2013, 24(1): 77-98.

[9]　ISO. Environmental Management-Life Cycle Assessment-Life Cycle Impact Assessment [J]. International Standard Organization, 2006,

[10]　FAVARA P J, KRIEGER T M, BOUGHTON B, 等 . Guidance for performing footprint analyses and life-cycle assessments for the remediation industry [J]. Remediation Journal, 2011, 21(3): 39-79.

[11]　GSSB. Consolidated set of GRI Sustainability Reporting Standards 2016. GSSB, 2016.

[12]　KRISTENSEN P. The DPSIR framework [J]. National Environmental Research Institute, 2004,

[13]　TSCHERNING K, HELMING K, KRIPPNER B, 等 . Does research applying the DPSIR framework support decision making? [J]. Land Use Policy, 2012, 29(1): 102-10.

[14] THERIVEL R. Sustainable Urban Environment-Metrics, Models and Toolkits: Analysis of sustainability/social tools. SUE-MoT, 2004.

[15] BARDOS P, BONE B, BOYLE R, 等 . Applying sustainable development principles to contaminated land management using the SuRF-UK framework [J]. Remediation Journal, 2011, 21(2): 77-100.

[16] CL:AIRE. A Review of Published Sustainability Indicator Sets: How applicable are they to contaminated land remediation indicator-set development?, 2009.

[17] CL:AIRE. Annex 1: The SuRF-UK Indicator Set for Sustainable Remediation Assessment, 2011.

[18] USEPA. Superfund green remediation strategy, 2010.

[19] CHARNLEY S, ENGELBERT B. Evaluating public participation in environmental decision-making: EPA's superfund community involvement program [J]. J Environ Manage, 2005, 77(3): 165-82.

[20] HOLLAND K, KARNIS S, KASNER D A, 等 . Integrating Remediation and Reuse to Achieve Whole- System Sustainability Benefits [J]. Remediation Journal, 2013, 23(2): 5–17.

[21] SURF. Groundwater conservation and reuse at remediation sites. Sustainable Remediation Forum, 2013.

[22] SURF. Sustainable remediation white paper-Integrating sustainable principles, practices, and metrics into remediation projects [J]. Remediation Journal, 2009, 19(3): 5-114.

[23] ITRC. Green and Sustainable Remediation: A Practical Framework, GSR-2 [R], 2011.

[24] BUTLER P B, LARSEN-HALLOCK L, LEWIS R, 等 . Metrics for integrating sustainability evaluations into remediation projects [J]. Remediation Journal, 2011, 21(3): 81-7.

[25] KIM B C G, A. R.; ONG, S.K.;ROSANSKY, S.H.;CUMMINGS,C.A.;CRINER,C. L.; POLLACK,A. J.;DRESCHER, E.H., EDS.;. Crossflow Air Stripping with Catalytic Oxidation. Battelle, 1994.

[26] GAVASKAR A R G, N.; SASS,B.; YOON,W. S.; JANOSY,R.;DRESCHER, E.H.;HICKS, J., EDS. Design, Construction, and Monitoring of the Permeable Reactive Barrier in Area 5 at Dover Air Force Base. Battelle, 2000.

第5章

绿色可持续场地修复
最佳管理实践

5.1 修复调查最佳管理实践

修复调查是确认场地是否存在污染，是否需要修复，以及需要修复的污染范围的必要步骤。修复调查结果可以为评估污染对人体健康或环境的风险提供必要数据，并识别可能影响修复方案设计、施工及运行等过程的场地状况（如场地内构筑物分布及可提供的市政基础设施等）。由于修复调查过程中涉及设备和人员的进退场、钻探、取样以及样品寄送与分析等环节，这些环节不但会对周边环境造成影响，如排放废水、废气和废物等，还会带来经济和社会方面的影响。

几十年来，随着人们关于场地管理经验的增加，相关国家或地方的标准和法规的出台以及科学技术在信息化和智能化方向的进步，涌现出越来越多具有绿色环保、经济有效等特点的修复调查技术或模式。这些技术或模式很好地契合了绿色可持续修复理念，共同组成了调查阶段常用的绿色可持续修复的最佳管理实践。

5.1.1 分步骤修复调查的最佳管理实践

修复调查的工作内容不仅包括采用多种技术和手段对土壤、地下水、地表水、沉积物、土壤气和室内空气等样品的收集和分析，还包括对地下储罐、废桶或其他可能沾染化学品且被填埋的物品的信息收集，评估拆除材料是否含有石棉、含铅涂料或其他有毒物质等。此外，在修复过程的后期阶段也往往会采用这些手段来评估已经开展的修复活动的效果，确认是否需要调整修复技术或识别影响修复项目竣工验收的因素等。因此，修复调查并不局限于场地修复的特定阶段，它可以发生在最开始的环境场地评估到最后修复完成后的竣工验收整个场地治理修复过程。以下就修复调查各个常见环节涉及的最佳管理实践进行简要介绍[1]。

1. 项目计划环节

在修复调查计划阶段即考虑绿色可持续修复的理念，可以有效减少修复过程的总环境足迹。最佳管理实践的选择应充分考虑场地特定的污染情况、可选择的修复措施以及未来场地利用情况。目前，在项目计划环节可以考虑的最佳管理实践包括：（1）合理安排现场调查时间，减少对设备和物资进行加热或冷却的操作（减少能源消耗）；（2）尽可能从当地选择服务供应商、产品供应商和检测实验室，打包采购服务并合理安排产品或样品的运送时间；（3）采用当地的且配有尾气处理单元或使用清洁能源的卡车和机械设备；（4）选用距离场地较近的且有资质的危险废物处理商；（5）建立电子化交流系统进行数据传输、团队决策文件存档等，减少纸张使用；（6）增加电话会议减少出差次数和差旅时间；（7）有选择地使用制定有绿色可持续政策的单位安排工人住宿和组织会议；（8）现场调查时，使用可再生能源为手持设备、可移动设备或固定监测系统提供电能，等等。特别地，还应建立动态的采样计划以能够保证所有的数据可以准确地刻画现场情况，进而减少后续人员和设备的进场次数。

2. 现场工作环节

进出场地次数越少，则能源消耗和相关污染物排放就越少，进而对土地和当地生态系统的扰动也越小。现场工作中，除采用动态的工作计划外，优化进出场次数的最佳管理实践包括使用原位数据记录仪监测水质参数和水位变化以代替频繁的人工采样和测量工作，以及安装太阳能远距离传输系统以远距离传输记录的数据等。这些现场实时测量技术可帮助现场快速准确地获取数据，以实现一次进场可完成多项调查任务的目的。

实时获取数据的技术有很多，但通常是非侵入式或少侵入式的，比如（1）使用直接传感设备，如膜界面探针、X 射线荧光光谱和触探试验等对场地水文地质条件和污染分布进行刻画；（2）采用免疫化学法、比色法或其他现场测试工具或方法可实时筛查土壤和地下水中污染物；（3）使用光电离子检测或火焰离子便携式蒸气 / 气体检测系统对污染物进行筛查；（4）使用带有吸附能力强的滤头的土壤气筛查设备对非饱和带和地下水水位附近的挥发性有机物的存在、组成和分布进行筛查；（5）采用便携式气相色谱 / 质谱对土壤或地下水中石油烃类物质和挥发性有机物进行分析；（6）使用地面探地雷达、磁感应器或其他地球物理测量仪器对地下金属物体进行定位及对填埋区域进行刻画，等等。这些实时快速筛查技术会在 5.1.3 节详细介绍。

在现场调查和监测环节，还应注意节省和保护水资源以及使用环境友好产品。常见的最佳管理实践包括：（1）采用被动采样方法减少监测井清洗工作及清洗废水产生；（2）借助辅助技术刻画污染源及地下水污染羽的范围；（3）建立闭路循环清洗系统对卡车或其他机械设备进行清洗；（4）采用蒸气清洁技术，或无磷洗洁剂来代替有机溶剂或酸等进行设备清洗；（5）使用塑料容器或便携式清洗垫收集清洗废液，防止其进入雨水管网或深入地下水；（6）在排入雨水管网或水道前，通过使用活性炭过滤等方式处理可能存在污染的清洗废水；（7）对破坏地面及时覆绿；（8）使用可生物降解的润滑液或液压油等；（9）选用非腐蚀性材料制成的地下水监测设备，等等。

为方便采样和监测活动开展，在设计和安装地下水监测井时，还应考虑：（1）合理设置地下水监测井位置以实现最大化再利用的可能或满足现在和未来场地用水需求；（2）考虑用水平井代替垂直井；（3）选择使用多口采样系统用以地下水监测，减少需要安装的监测井的数量；（4）使用对地面扰动小的钻探技术，如直接贯入或声波钻探技术，以减少钻探时间、水的使用及钻探碎屑的产生；（5）钻探时使用双套管技术连续钻取土芯，并尽可能将土孔用于后续调查、修复或监测；（6）分区存放钻探废物，筛查废物污染情况并在符合相关法律法规管理要求的条件下对未受到污染的钻探废物进行回填；（7）在钻探时尽量铺设可移动衬垫，减少对地面扰动，等等。

3. 材料和废物管理环节

修复调查和环境监测过程通常会使用多种用品，包括个人防护用品、包装材料、样品容器和设备等。为践行绿色可持续修复理念，需要进行绿色采购，如选择基于回收材料或生物基质制成的产品（如农业和林业废物等）而非基于石油的化工产品；选择具有回收或再利用可能的产品、包装材料或设备；以及选择使用非毒性化学替代品生产的产品，等等。

调查废物的产生和管理带来的环境足迹在场地调查阶段有较大占比。调查废物包括钻探碎屑、监测井清洗水、过滤装置产生的废弃活性炭、现场测试使用的试剂、不可回用或污染的个人防护用品等。为减少废物容器和废物处理设施需求，采用以下最佳管理实践：（1）提高采样效率，减少每轮采样需要的时间；（2）减少一次性用品（如塑料袋）的使用；（3）定期对可回收物品进行回收，如金属、塑料制品或玻璃容器等；（4）选择产生废物较少的测试工具，如可重复使用的注射器对土壤样品进行采集；（5）收集液压油和润滑油并送往当地有资质的处理商进行回收；（6）在满足目标物分析要求和分析方法要求的条件下，选用环境友好的添加剂对样品进行保存或稳定，如采用抗坏血酸等。

4. 实验室分析环节

使用固定实验室会涉及物流配送和样品分析，因而会产生较大的环境影响。在实验室分析环节可以考虑的最佳管理实践包括：（1）使用可移动实验室或便携式分析工具（特别是筛查阶段）；（2）采用需求样品体积少或产生较少废物的分析方法，比如固相微萃取、微波萃取和超临界萃取等；（3）选择有良好环境表现的实验室等。具有良好环境表现的实验室通常有如下特征：（1）优化通风频率以改善室内空气质量，在达到安全工作条件的同时，又可避免不必要的能量消耗；（2）使用能量回收设备或系统，减少供暖或冷却需要；（3）使用能源利用率高的通风、冰箱或光照设备；（4）使用可编程的恒温器、玻璃镀膜和绝热性能好的设备以节能；（5）增加冷却塔废水循环次数，减少外排废水量；（6）使用电磁阀、定时器或其他设备控制水流；（7）使用危险性较低的材料，如使用甲苯代替苯作为有机溶剂等；（8）控制需要采购的物品数量和物品种类，最大程度避免丢弃过量物质；（9）循环使用液体废物，例如，可考虑将非卤化溶剂作为场外混合燃料使用；（10）循环使用干净的玻璃或塑料容器、电子设备、钢或铝等。

5.1.2 场地调查中的"三脚架"模式

在场地修复起步阶段，受限于对场地污染中污染物的特性和迁移分布规律的认识及当时技术水平，人们比较偏向于保守的场地管理模式，即将污染场地修复管理过程机械地划分为不同的阶段，包括初步调查、详细调查、修复设计、修复实施、运行和维护，以及竣工验收等。这种分阶段的管理模式有利于修复过程控制以及对各阶段资金的合理分配，但也会带来一系列的问题。比如，下一阶段的启动基于在上一阶段完全完成，必然增加项目时间。此外，为了保证数据性，监管部门要求样品必须在有资质的实验室根据严格的程序（如 USEPA SW-846）进行分析。由于固定实验室分析成本较高，在经费有限的情况下，分析的样品数量有限；因此，这一要求带来的不仅是项目周期延长和分析成本增加，还包括调查结果的不确定性。而对污染分布状况掌握不完全，往往会导致修复方案选择和修复工程设计存在不合理的地方，以至于在修复实施过程中随着新的污染物和污染源的不断发现而需要再次进行场地调查并更改修复方案。另外，很多项目是由政府出资进行调查和修复的，如果调查和修复的费用超过预算，则需要重新申请立项和拨款，进而进一步增加管理和行政成本。

1. "三脚架"模式内容

随着场地管理经验增加以及新的调查技术应用，人们逐渐建立了一种系统的、可操作性强的场地调查模式，即"三脚架"模式[2]。该模式中包含了三个相互关联的要素，分别是系统的项目计划、动态的工作策略以及实时的测量技术（图 5-1）。

图 5-1　"三脚架"模式示意图

（1）系统的项目计划

系统的项目计划是对拟采取的修复方案进行科学合理规划，包括识别决策过程需要关注的关键问题、建立初步场地概念模型、评估决策过程可能遇到的不确定性因素并设定出应对措施等。

传统管理模式下，开展现场工作之前项目目标往往是不明确的，各利益相关方（如业主、监管机构、开发商、修复公司和周边居民等）之间也没就其达成一致。而在"三脚架"模式下，所有的利益相关方会在早期就项目开展进行集中讨论，识别关键决策问题并确定项目最终目标。另外，"三脚架"模式有助于初步场地概念模型的建立。场地概念模型中需要包含场地历史用途、以往场地调查的结果、场地的地质和水文地质状况（地质剖面图和地下水流向等）、场地修复后再开发的用途、污染物迁移的路径和受体（分别介绍不同受体的暴露途径）、可能的修复方式以及项目完成的策略等信息。建立场地概念模型的核心目的是识别数据差距，预测现场可能出现的情况并给出决策方案，以及确定调查采样技术规范和污染物筛选值标准等。系统的项目计划有助于利益相关方根据项目实施过程中收集的信息不断完善场地概念模型，进而进一步指导项目的实施。

（2）动态的工作策略

动态的工作策略是指在修复过程中及时根据现场实时监测数据（或短期内可获得的数据）对工作内容进行调整。通过这种方式，可以对污染场地的污染源、污染区域和污染程度有较全面的把握，场地概念模型和修复方案也会更加准确。动态工作方案可以缩短场地调查和修复的时间，在一定程度上节省成本及减少决策阶段的不确定性。

传统模式下，常采用静态工作策略，即严格按照进场前已确定好的采样方案（位置、数量和分析指标）开展工作，并将样品送往固定实验室进行分析。现场很少根据场地变化改变采样方案或进行现场分析。与静态方法在现场工作完成之后再对场地概念模型进行修改有所不同，动态的工作策略的核心是根据实际情况在现场做出各种决策（如超出既定工作范围提高采样密度或增加对其他环境介质的采样工作），实时完善场地概念模型，以保证项目能够快速顺利地进行。这种策略的根本目的是使设备和人员的一次进场就能完成该次进场计划的任务（如获得全部需要的数据），避免设备和人员重复进场导致的项目周期延长和费用增加。

考虑到动态的工作策略要求在现场做出决策且需要得到部分或全部核心技术团队的一致同意，因此，把现场获得的信息和数据及相应的决策建议在最短的时间内远程传输给所有团队成员是动态工作策略得以成功的前提。实现不在现场的核心技术团队能够迅速掌握传输的数据并很好地提供决策建议，应基于现场获取数据的有效管理，包括用专门的软件对数据进行整理和评估、将数据转换成指定的格式（如可视化的格式）、利用相关的决策支持工具或软件形成决策建议等。为了使数据管理和决策能够在现场顺利进行，核心技术团队应在项目计划阶段就对此做出系统而详细的计划。由此可见，系统的项目计划和动态的工作策略是密切联系的。

（3）实时的测量技术

实时测量技术的飞速发展是动态的工作策略顺利实施的基础。实时的测量技术不仅包括在现场即时可获得结果的技术，还包括分析时间不影响现场决策的技术。因此，某些在固定实验室能够快速给出结果的测量同样也属于"三脚架"模式下的实时测量。

受限于技术的发展水平，获取数据速度的提升必然会导致结果精度的降低。但由于实时测量技术分析单个样品的成本比传统方法低得多，因此，在预算相同的条件下，样品分析的数量可大幅度增加。不过，需要注意的是，由于实时测量结果的准确度仍低于按照严格程序在固定实验室获得的结果，特别是某些实时测量（如试剂盒）的结果只能定性给出有无污染物的结论，而不能提供污染物的浓度数据，因此，在采用实时现场测量技术前，需要就该情况与各利益相关方（特别是环保部门的管理人员）进行充分沟通并得到认可。与此同时，为了提高实时测量结果的可接受性，需要建立质量保证／质量控制方案，在项目实施过程中验证实时测量技术的适应性和可靠性。质量保证／质量控制方案也应在系统的项目计划阶段就经各利益相关方讨论并达成一致。另外，为了最大限度地提高"三脚架"模式下数据可靠性，场地管理人员会把实时测量技术和传统的分析方法结合使用，即采用实时测量技术分析大部分的样品作为初步筛查，以提高采样的代表性；而少数关键样品则会通过高成本的传统方法进行分析，以验证实时测量技术获得的数据，保证总体数据质量。

2. "三脚架"模式特点及适用性

除了场地污染较为隐蔽的特点导致污染区域界定困难，场地内水文地质条件的复杂性和未来土地用途的不确定，也会导致污染场地管理过程中的不确定性。场地调查阶段若不能对场地污染物和污染范围进行精确刻画，则必然会导致修复范围也存在很大的不确定性，进而使得部分应该修复的区域没有得到修复，导致修复不彻底（图 5-2）。对于未发现的污染区域，未来可能需要再次启动修复计划，延长修复周期，增加修复成本。

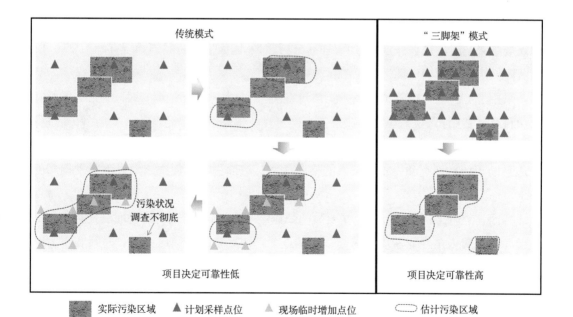

图 5-2　传统模式和"三脚架"模式采样对比

相对于传统的管理模式，"三脚架"模式大大降低了与场地管理有关的各种不确定性。一方面，"三脚架"模式中所有利益相关方都参与了项目前期的计划，对决策过程中需要的数据差距进行了讨论，并就如何消除数据差距达成一致。而在项目实施过程中及时进行沟通和调整，可以避免对数据差距的完善可能存在的异议及可能导致的场地调查和修复行动的反复。更重要的是，"三脚架"模式采用的动态工作策略和实时测量技术大大降低了数据的不确定性，进而减小了场地概念模型的不确定性，提高了修复范围的准确性，采用的修复手段也更为合理，因而修复的效率和效果能得到较大的提高。

过去通常认为数据的不确定性主要来自样品处理和分析测量的不确定性，把数据的质量等同于样品分析的质量，因此强调采用严格的分析程序在获得认证的固定实验室进行分析。这种较贵的分析方式使得在预算有限的条件下分析样品数量的降低。20世纪90年代以来，人们逐渐认识到数据的质量不仅仅取决于样品分析过程的质量控制和质量保证，更取决于样品的代表性。采用动态工作策略和实时测量技术，尽管分析质量可能不如以前，但由于分析成本大为降低，可以大大增加样品的数量（即提高采样的代表性），使得数据的整体质量高过以前。图 5-2 很好地说明了二者的区别。在传统的模式下，由于预算或其他情况限制，只能取少量有代表性的样品（蓝色三角形）送往固定实验室进行分析。根据分析结果确定大致污染范围（红色虚线），再通过增加采样点位（绿色三角形）对污染区域进行进一步刻画，进而得出场地内污染区域。而这很容易导致污染状况调查不彻底的情况出现（深色的方框）。这时修复决策存在很大的不确定性，致使部分污染区域没有得到修复。"三脚架"模式采用低成本的方法，根据现场结果及时增加采样点位，加大样品分析数量，因而能短时间刻画所有的污染区域，显著降低决策的不确定性，实现彻底的修复。

采用"三脚架"模式的优点主要体现在（1）大大缩短场地调查时间；（2）显著降低项目总体费用；（3）降低项目决策的不确定性，提高后续修复效果；（4）在修复过程中及时反馈公众的建议，改善修复项目团队与利益相关方的关系。此外，"三脚架"模式还有助于场地调查和修复新技术的推广使用，进而进一步促进该模式不断发掘新的技术。

然而，"三脚架"模式也有一些明显的缺点。一方面，与传统场地管理模式相比，"三脚架"模式对人员专业素质要求高，在调查前期需要投入较高的人力、时间和财力对参与项目的各方人员进行培训。另一方面，有些环保监管部门对现场分析数据的准确性存在疑虑而拒绝采用"三脚架"模式。虽然如此，"三脚架"模式仍适用于绝大部分场地的调查和修复，尤其是污染范围存在很大不确定性的场地，水文地质方面存在很大非均一性的场地，或者整治时间比较紧张的场地等。"三脚架"模式还不适用于争议较大，各利益相关方难以合作的项目，对于这样的项目，"三脚架"模式的第一步，即召集各利益相关方进行系统的项目计划就无法开展。

3.“三脚架”模式应用案例

“三脚架”模式资源中心积累了大量使用“三脚架”模式进行污染场地管理的案例（https://Triadcentral.clu-in.org/user/profile/）。这些案例很大一部分是由美国环保署、美国陆军工程兵团、美国海军等机构主导实施的，场地类型也多种多样，包括煤制气厂、制药厂、垃圾填埋场、加油站等。采用的技术涵盖了从取样到分析的多方面，包括主动土壤气测量探头、直接贯入地下水采样器、电阻率法、便携式气相色谱、X 射线荧光光谱等。

下面以位于科罗拉多州的波德尔河附近的包含多种场地类型的地块（以下简称“波德尔河场地”）为例，介绍“三脚架”模式在污染场地管理中的重要意义。

（1）项目背景

波德尔河场地占地 19 英亩，包括位于场地西部的已拆除的煤制气厂、场地西部和西北角的一个加油站和油库，以及占地 12 英亩的前垃圾填埋场。垃圾填埋场的运行时间是 1940 年至 1960 年中期，主要接收市政生活垃圾。煤制气厂从 1900 运行到 1930 年，主要使用气化方法从煤和其他石油产品中生产热油。根据文件记录，历史上煤制气厂发生数起燃料泄漏事件，泄漏量未知。场地中发现的污染物包括苯、甲苯、乙苯、二甲苯、挥发性有机物、甲基叔丁基醚、多环芳烃、四氯乙烯、总石油烃和三氯乙烯等。除地下水和土壤受到污染外，在基岩中也发现了大量的污染物。特别地，在位于填埋场下游的波德尔河中还发现重质非水相液体。

（2）“三脚架”模式在场地调查阶段的应用

2005 年 5 月，美国环保署 8 区的棕地和土地恢复技术支持中心启动了目标棕地评估计划，拟对场地的环境问题进行进一步评估。由于场地独特的地质及水文地质条件，对场地的表征和污染源的识别带来了挑战。因此，在传统的调查方法基础上，美国环保署采用了实时测量技术和动态的工作策略以缩短调查时间。在利益相关方和棕地和土地恢复技术支持中心的共同努力下，现场通过不断更新的场地概念模型方法评估需要填补的数据差距，项目团队和利益相关方在一年内就对场地污染的范围进行了刻画，有效地提高了项目效率。该项目中“三脚架”模式的亮点包括：

- 系统的项目规划利用了高精度场地采样和分析方法，通过增加数据数量减少了决定的不确定性，实现了对污染源和污染羽迁移更直接的了解；

- 当未观察到明显的污染物迁移路径时，采用多环芳烃指纹识别技术，识别出河流中可能存在的污染源；

- 使用动态的工作策略来指导现场采样，清晰地识别出非水相液体及其形成的污染羽的边界；

- 采用直接贯入技术采集地下水样品，并使用美国环保署第 8 区移动实验室的气相色谱 / 质谱仪分析挥发性有机物，支持现场实时决策；

- 使用土壤气被动采样器这一非侵入方法来识别垃圾填埋场中的潜在污染源，从而避免了传统钻探技术可能带来的人为优先通道（如监测井等）的风险；
- 验证了现场气相色谱/质谱仪的可靠性和被动土壤气体方法对现场的适用性。

钻探采样活动是对现场地质条件有了充分的认识后，在动态工作策略指导下实施的。调查结果发现，煤焦油重质非水相液体通过基岩裂缝和岩层地层平面作为优先通道进入到河流中。调查区域含水层介质多样（黏土、砂土、砾石和垃圾等）且有基岩分布，对地下水运动有较大影响。特别是基岩裂隙的存在，使得在采用地球物理技术调查期间，未发现污染物地下迁移的优先通道。然而，在地下水、地下冲积层，基岩裂隙，和河流沉积物均发现了煤焦油类污染物。为了确认这些污染物的相关性，现场采用了多环芳烃指纹图谱技术对污染物的来源进行分析，发现下游河流中的重质非水相液体与来自上游的煤制气厂的废物有直接联系。基于这一结果，现场完善了"波德尔河场地"的场地概念模型图（图 5-3）。

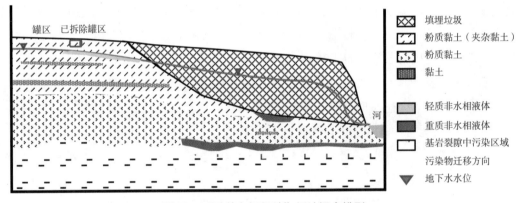

图 5-3 "波德尔河场地"场地概念模型

在涉及非水相液体的情况下，污染场地地下水污染物的分布和迁移路径往往具有欺骗性。从图 5-3 中也可以看出，仅根据污染物溶解羽的迁移范围是无法将煤焦油（重质非水相）和燃料油（轻质非水相）通过冲积层（粉质黏土）和基岩裂隙从上游的煤制气厂流入波德尔河这一复杂过程联系起来的。虽然波德尔河中未发现连续的污染物溶解羽的存在，但并不意味着波德尔河底部不存在非水相液体。而直到根据高密度的数据结果，利益相关方才意识到以前对污染源存在误判。通过对场地概念模型的不断修正，以及结合传统与创新技术获取的数据，项目团队发现波德尔河中未发现非水相液体溶解羽是由于煤焦油的低溶解度造成的，特别是河底复杂的基岩裂缝系统以及上覆冲积层之间缺少对流。重质非水相物质在经过垃圾填埋场时，就已经与冲积含水层中溶解相分离，直接通过基岩裂缝进入河流中。

（3）结论

可以说，该案例是结合了传统和创新的"三脚架"模式的应用，保证了现场决策的可靠性。在整个调查过程中，对于关键证据重要性的认识以及利益相关方参与，有效地就实施煤焦油的缓解/去除措施达成一致。根据项目组估计，与传统的场地调查方法相比，使用"三脚架"模式节省了约30%成本。除了节省成本，使用"三脚架"模式和高精度场地调查增加了数据密度和质量，提高了决策的可靠性。比如，传统方法不能保证每隔25英尺在0.25英里的距离内对地下水至地表水的排泄路径进行连续采样，而通过被动扩散采样袋可以经济有效地达成这一目的。根据采样结果，项目团队优化确认永久监测井的安装位置，大大提高了地下水监测井点位的针对性，减少了监测井数量。

5.1.3　现场快速筛查技术

"三脚架"模式得以快速实施的基础是多种多样的现场快速筛查和分析技术。由于具有小巧轻便，能在现场快速取得数据的特点，很多便携式检测仪出现在各种形式的应用中。常用的现场检测仪包括：移动式液相色谱/质谱联用仪、便携傅立叶红外光谱仪、X射线荧光光谱分析、火焰离子化检测仪、光离子化检测仪等等。

1. 土壤气体扫描

挥发性有机物在污染场地中广泛存在。针对这类污染物，常规的调查方法是先进行土壤和/或地下水取样，再将样品送往实验室分析。虽然实验室分析报告可以提供准确的结果，但通常时间较慢且费用较高。而土壤气体扫描作为一种扫描筛选工具，在污染场地现场即可快速测定挥发性有机物的分布。该项技术的原理是将一中空金属钻杆钻入地下浅层土壤，土壤中的挥发性有机物将随钻头处预留的开口进入到金属钻杆中的管道，该管道的地面端与光离子化检测器相接。通过光离子化检测器便可以直接半定量地测定地下土壤气体中的挥发性有机物浓度。

土壤或地下水中的挥发性有机物通常与土壤孔隙（气相）中的挥发性有机物处于近似平衡状态，因此，土壤气体中的挥发性有机物浓度可以在一定程度上反映土壤或地下水中的挥发性有机物浓度水平，从而确定挥发性有机物的分布和范围。该技术通常可以辅以土壤和/或地下水取样分析（只是选择个别位置）来核实土壤或地下水中的挥发性有机物的实际浓度。

2. 地球物理探测技术

地球物理探测技术（简称物探技术）是一类快速的水文地质调查评估方法。掌握地下水文地质条件对认识评价土壤地下水污染的潜在分布以及污染修复方案技术的评价和选择都至关重要。场地调查中常用的物探技术包括：静力触探、探地雷达、磁法探测、电阻率法和低频电磁法等。下面分别进行简要介绍：

- 静力触探的基本原理是用准静力（相对动力触探而言，没有或很少冲击荷载）匀速地将内部装有传感器的触探头压入土中，通过传感器记录的探头的贯入阻力变化及贯入阻力与土的工程地质特征之间的定性关系和统计相关关系换算，以实现地质勘察目的（图 5-4）。静力触探的触探头根据其结构和功能可以分为单桥触探头和双桥触探头两种，还有带有测孔斜、孔隙水压力装置的触探头。该技术适用范围广泛，特别适合于地层情况变化较大的复杂场地及不易取得原状土的饱和砂土和高灵敏度的软黏土地层的勘察。

- 探地雷达技术的基本原理是利用发射天线向地下发射高频电磁波，再通过接收天线接收反射回地面的电磁波，根据接收到的电磁波的波形、振幅强度和时间的变化特征，进而推断地下介质的空间位置、结构、形态和埋藏深度等信息。探地雷达可用于检测岩层的种类（如岩石、泥土、砾石等）、深度和厚度，以及人造材料的组成（如混凝土、砖、沥青等）。此外，探地雷达还可确定金属或非金属管道、下水道、电缆线、电缆线管道、孔洞、基础层、混凝土中的钢筋及其他地下构筑物的位置。

- 磁法探测技术的基本原理是根据磁力仪观测磁异常现象和分布规律，确定地下构造异常的分布情况。在场地调查中最常用的是地面磁法探测，其方法是布置一系列的平行等距的测线垂直于被寻找的对象（如地下管线）的走向，在每条测线上按一定距离设置测点测量地磁场垂直分量的相对值。测线距与测点距之比从 10:1 到 1:1 不等。该技术早期大规模用于矿产资源的勘探，现已广泛应用于地质构造和地下异常分布的调查研究领域。

- 电阻率法基本原理是通过测量向地层通入电流后电压变化，推算探测孔之间的不同导电物质分布情况。土壤的电导率受土壤理化性质（如矿物组成、粒径、含水率和温度等）和污染物种类和浓度等多种因素的影响。通常，重金属污染场地呈低电阻特性，而碳氢化合物等有机污染物场地由于缺少离子，土壤电阻率较高。电阻率法更适用于重金属污染场地和垃圾渗滤液污染场地，国内外的研究也大部分集中在这两个方面的应用。

- 低频电磁法是利用 15～30kHz 电磁频率（用在军事通信中）探测地下的天然导电体，如岩土、地下水等。它比较适合于探测长而直的导电体，比如地下含水的岩层裂隙。低频电磁仪可以比较通过地下直接传输的一级电磁波和通过追加到地下导电体并传输的二级电磁波。在缺乏地下导电体的时候，传输的电磁波将是水平并只有线性极性。而当存在地下导电体的时候，传输的电磁波在跨越地下导电体时将形成椭圆形极性，其主轴向水平轴倾斜。该异常的产生即可帮助测量地下岩土、地下水等天然导电体的分布。

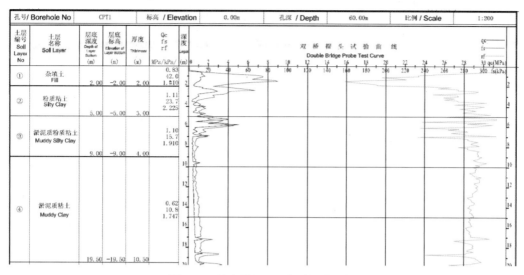

图 5-4　静力触探用于场地调查示例

3. 膜界面探针

膜界面探针是基于直接贯入技术的高分辨实时筛选工具。该技术将样品采集与现场分析结合起来，可实时提供挥发性有机物三维半定量污染信息，从而快速初步确定污染物随空间分布的浓度。由于具有快速高效等特点，发达工业国家将膜界面探针广泛应用在场地调查中并制定了相关标准[3]。完整的膜界面探针系统主要包括 Geoprobe 钻机液压直接贯入设备、膜界面探针、控制系统，以及末端连接的现场分析仪器。

膜界面探针系统的分析原理主要是将不锈钢钻头表面的半透膜加热到 100～120℃，直接贯入设备将探头压入土壤中后，土壤（或地下水）中的挥发性有机污染物经过半透膜进入密闭室，随即被载气流带至地表的检测器进行分析定量，最终取得与深度相关的连续性的挥发性有机物相对浓度（半定量分析）。结合适当的水平方向布点，可以清楚描绘污染场地的三维污染浓度分布。此外，膜界面探针探头上也整合了土壤孔隙水电导率测量系统，在探测污染物浓度时，能够同步收集有关土壤组成的相关信息。

根据目标污染物种类的不同，膜界面探针系统可连接不同的气相色谱检测器，如电子捕获检测器、氢火焰离子化检测器或光离子化检测器等。针对氯代烃类污染物（如三氯乙烯、四氯乙烯等）的检测，常用灵敏度高选择性好的电子捕获检测器，检出限在 0.2～2.0ppm。氢火焰离子化检测器检测低碳链的挥发性碳氢化合物（如甲烷、丁烷等）效果较好，检测限在 10～20ppm。而光离子化检测器检测芳烃化合物（如苯系物）效果较好，检测限在 0.20～2.0ppm。膜界面探针通常还配有土壤导电度电极，每隔一定深度记录有机污染物质的电压反应强度和土壤电导率。通过分析这些数值，可呈现污染物在地与下连续纵向分布与土壤质地变化。而通过汇总数个连续监测点的土壤有机物检测值与电导率，可得到污染物在水平方向和垂直方向上的三维变化趋势。特别地，若同时连接气相色谱-质谱联用仪，还可对目标污染物进行定量分析。图5-5是在某石油及氯代烃复合污染场地电导连续测量并联合电子捕获检测器和火焰离子检测器测量的结果。

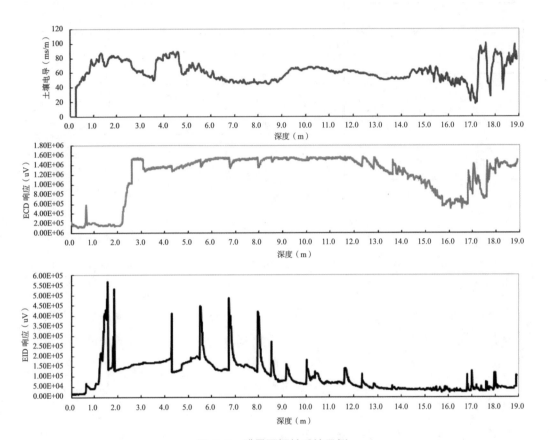

图 5-5　膜界面探针系统示例

4. X 射线荧光光谱技术

不论是中国国家标准方法或美国标准方法，分析土壤重金属前均需要对样品湿法消解。这种方法前处理步骤繁琐、费时，需使用大量硝酸、盐酸、氢氟酸、高氯酸等化学试剂，极易造成环境二次污染及人员伤害。X 射线荧光光谱技术由于在分析土壤样品时不需前处理且可同时测定多种金属元素，目前得到广泛的应用。

X 射线荧光光谱技术的基本原理是使用一个或多个单色激发光束对土壤和固体废弃物样品的元素浓度进行量化分析。X 光照射样品后，激发土壤或底泥样品所放射的荧光，探测器收集后，可以对重金属元素种类及含量进行分析。此测试方法适用于各种土壤基质，用于测定含量在 1～5000mg/kg 范围内的铬、镍、砷、镉、汞和铅等元素[4]。

X 射线荧光光谱技术常用于土壤或底泥中重金属含量的快速筛选。由于属于初步污染快速筛查工具，在实际污染调查中还需要配合实际定量分析取得污染物浓度数据。

在使用中，常受到多种因素影响，包括基质（如土壤粒径和均质性等）、土壤含水率（要求小于 20%）和样品探测位置（X 光线入射深度及与样品测量位置）等。利用便携式土壤重金属测定仪可快速筛查大范围的重金属污染区，辅以软件分析生成重金属分布的等值线图，可快速判别重金属含量异常区域。该方法提高了应急反应和处理事故的速度，是土壤重金属快速检测和污染评价的有效工具。

5.2　修复工程优化概述

5.2.1　工程优化的起源及发展

1997 年以来，美国环保署一直致力于对超级基金场地的修复过程进行优化。最开始，前身为固体废物与应急响应办公室的土地和应急管理办公室提议对超级基金的一个采用地下水抽取 - 处理技术的小试项目进行优化，希望通过评估小试中需要改进的地方不断提高修复项目的效率和经济性。2004 年，为了将从小试阶段得出的优化方案体现在超级基金场地修复项目中，美国环保署发布了《地下水修复优化行动计划》（以下简称"行动计划"）[5]。正是由于该行动计划的发布，涌现了多种最佳实践技术，而这些技术也在修复调查和修复的早期阶段得到了应用。此后，美国环保署在 2012年又发布了《优化超级基金实践—从环境场地评估到场地竣工的国家战略》（以下简称"优化战略"）[6]。根据该优化战略，优化活动应体现在超级基金场地项目管理的每一个阶段，即从环境场地评估到场地修复完成。可以看出，从行动计划到优化战略，美国环保署扩大了优化活动的范围，目的是希望优化活动能以惯例的形式在场地修复过程中进行。修复工程优化的概念进化历史总结如图 5-6。

图 5-6　修复工程优化概念进化史

在"优化战略"中，优化一词被定义为"为提高修复过程中任意阶段的有效性和成本效益所做出的努力和开展的行动"。这些"努力和行动"既可以是提高修复效果的建议，也可以是加快完成场地修复的措施。通常，优化战略的发展和实施包括了四大要素（表5-1）。为了确定修复过程潜在的优化机会，美国环保署建议组建一个由独立技术专家组成的团队对场地进行系统评估，探讨将绿色修复的原则或"三脚架"模式及其他方法的应用来取得更好的效果和更高的效率的可能性[7]。

"优化战略"四要素 　　　　　　　　　　　　　　　　表 5-1

步骤	内容
项目计划和社区外展	• 确定策略目标 • 识别需要优化的项目和场地 • 将优化作为提高社区参与度的方法 • 协调技术支持工作
集成和培训	• 创建技术资源以补充现有的指南和政策，并在新指南中解决优化问题 • 在业务实践中吸取经验教训 • 通过培训使优化活动正规化
实施	• 从场地评估开始，在项目周期的所有阶段进行优化评估 • 将优化扩展到修复项目早期阶段，并结合"三脚架"模式、绿色修复和其他最佳实践等 • 独立团体优化审查步骤 • 提供一个合格的、独立的承包商的渠道 • 发展区域优化能力 • 发展其他利益相关方的能力 • 创新优化策略的预先应用 • 对建议的实施情况进行跟踪
评估和报告	• 度量优化结果和报告结果 • 监控成本核算

对场地进行优化评估的驱动力来自多个方面，主要包括：（1）对现阶段场地概念模型的不确定性；（2）场地条件的高度复杂性，如污染源的不确定性，污染羽的不确定性，以及地下条件高度异质性；（3）调查阶段费用增加或调查范围的扩大；（4）对已经计划的或正在实施的修复工程的表现、有效性和费用的关注；（5）需要对修复设计进行独立的评估；（6）对使用新的策略或技术感兴趣；（7）未达到预期的修复目标；（8）寻找可以减少的监测点位以减少修复成本；（9）场地再开发需要更紧凑的工期；（10）减少能源消耗和人力成本的需要。场地优化可以发生在场地修复的各个阶段。图 5-7 展示了场地优化的关键组分，可以看出，场地概念模型的优化是修复工程优化的核心。

为了评估优化活动的开展情况，美国环保署会定期发布超级基金场地优化进展报告。例如，在最新的《超级基金优化进展报告（2011～2015）》（以下简称"优化进展报告"）中就详细说明了在该时间段工程优化建议和技术支持的实施情况[8]。

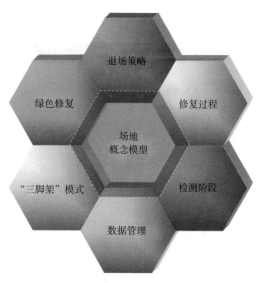

图 5-7　场地优化关键组分示意图 [7]

5.2.2　工程优化分类型分析

在早期的优化方案中，提出的优化建议主要集中在修复工程建设期和后续长期监测过程。近年来，在与"优化战略"目标保持一致的前提下，美国环保署发现优化建议可以针对超级基金场地的任何阶段，重点集中在调查、设计、修复和长期监测等四个阶段。这里的优化建议包括对每个场地的场地概念模型评估及对有需要进行调查研究的活动做出建议。

根据优化进展报告，从 1997 至 2015 年来，美国环保署共开展了 194 个优化和技术支持项目。从 1997 至 2010 年，美国环保署共完成 94 个优化和技术支持项目，平均每年 7 个。而从 2011 至 2015 年，美国环保署共完成 100 个优化和技术支持项目，平均每年 20 个。可以看出，在实施"优化战略"之后，美国环保署每年优化评估和提供技术支持的项目增长了两倍。这些优化评估和技术支持的建议类型可分为五种，包括提高修复效率方面 273 条建议；减少费用方面 152 条建议；技术改善方面 158 条建议；修复完成后快速退场方面 107 条建议；以及绿色修复方面 32 条建议。

为了分析优化建议的实施情况，优化进展报告对 61 个优化案例共 645 条优化建议进行总结。这 61 个案例包括 41 个新提出的案例以及 20 个 2011 年之前提出但尚未完成的案例。根据统计结果，645 条优化建议中有 64% 的建议已经实施，或正在实施或计划实施，15% 的建议正在考虑中。只有 16% 的建议被否决（图 5-8）。否决的原因有多种，包括场地条件的改变，或者是同时提出了多种同类的优化建议而只选择了一种。此外，有 4% 的建议被州政府或潜在责任方推迟行动；还有 1% 的建议的采纳情况未知，在此被归类为信息不明。

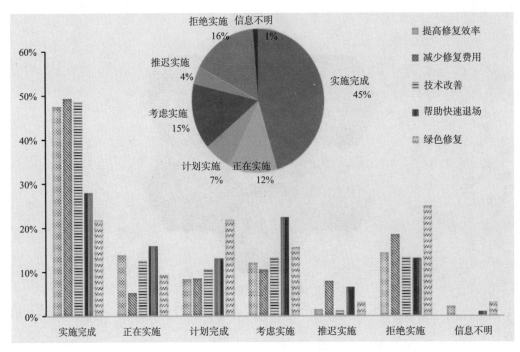

图 5-8 优化建议实施情况汇总

提高修复效率的建议包括：（1）通过增加污染源和环境介质的表征来提高场地概念模型精确度；（2）针对地下污染情况对修复计划进行合理改变；（3）改变管理方式；（4）提高现有系统的性能；（5）识别并减少风险。针对该方面的建议超过70%的已经、正在或计划实施，仅有14%的优化建议被否决。

减少修复费用通常是指一次性成本的减少（短期项目）或多年项目平均年成本的减少（长期项目）。一般地，为了实现周期较长的项目的总体费用降低，可能需要较大的前期投入。该方面的优化建议致力于寻找那些对修复绩效影响较小的降低成本的机会。例如，由于场地条件的改变，或者修复设计阶段的考虑过于保守，都可能导致某些修复技术效率过低或不必要，因此，需要对系统进行简化。减少修复成本的建议可概括为：（1）使用自动化系统以减少人工成本；（2）合理化监测指标和频率，减少实验室分析成本和报告编制成本；（3）简化修复系统以减少操作成本（如减少材料使用、降低能耗等）。在减少修复费用方面，超过60%的建议被实施，或准备实施，仅有18%的建议被否决。

技术改善的目的是通过改善已有系统以提高场地运行的整体水平。这些建议通常易于实施且成本低。技术改善的建议包括：（1）重新评估"修复列车"中的技术组成；（2）检查、清洗修复中使用的设备，对损坏设备及时进行修理或替换；（3）考虑使用效率更高的泵或风机；（4）对堵塞的监测井或抽水井进行疏通。技术改善方面，有超过70%的优化建议被实施或准备实施，仅有13%的建议被否决。

在帮助快速退场方面的建议需要评估可以达成预定目标的不同方案的速度，并指出为何现有的修复不再是最有效的。以地下水污染场地退场为例，美国环保署的《地下水修复完成策略》及其指导性文件对评估修复项目是否达到修复目标水平，以及含水层的修复是否已经完成提供了一套计算方法和分析工具[9]。评估过程主要是针对修复性能、修复工程是否按照预期运行或是否需要对修复决策进行调整以达到预定修复目标等进行。需要对修复策略进行调整的情况常发生在新发现的污染源或经过长时间修复活动仍存在较多的残留污染物等。目前，针对快速退场的建议包括:（1）对污染源进行进一步表征;（2）对余下的污染源进行有针对性的处理;（3）形成退场策略，包括确定评价指标来决定是否达到修复行动目标。帮助快速退场方面，近 60% 的优化建议被实施或正在实施，或计划实施，仅有 13% 的优化建议被否决。

对于如何减少环境足迹，实现绿色修复方面的建议很少单独存在。其他方面的优化建议，如提高修复效率、降低成本、改善修复技术和快速退场等都包括了减少环境足迹的因素。通常，绿色修复方面的建议包括:（1）雇佣当地劳动力进行场地管理和采样，减少差旅过程产生的污染物排放;（2）考虑使用可再生能源，如太阳能、风能等;（3）使得"修复列车"合理化;（4）根据修复工程运行情况，减少风机和泵的规格，等等。绿色修复或减少环境足迹方面，有超过 50% 的建议被实施或正在实施，或计划实施，有 25% 的建议被否决。

除了总结对上述五类优化建议的实施情况，美国环保署还对优化建议中涉及的工具和技术细分成七类进行描述（表 5-2）。由于不同的工具或技术之间的区别不明显，七类工具或技术可以单独也可以组合使用。据统计，68% 的工具和技术与场地概念模型的改善有关，其后依次是减少监测（60%），提高系统工程（39%）和改变修复策略（36%）等[8]。

优化建议涉及的工具和技术　　　　　　　　　　　　　　表 5-2

推荐的技术或工具	描述
使用有策略的采样方法	针对不同污染场地的特点采用特定的采样策略可以加深对场地条件的理解。这些方法包括针对地下水的高精度的场地表征法和通过有选择的增加采样点位以确定污染源的位置和面积。使用有策略采样方法可以补充场地概念模型需要的信息，利于确定修复范围和修复技术等
实现场地概念模型精细化	场地概念模型精细化可以通过对污染源和环境介质（如地下水）的额外的表征来实现，或者是采用新的工具对已有的数据进行分析，比如三维可视化分析。此外，还需要通过完整的工作内容设计、采用有策略的采样方法和高效的高数据管理水平来搜集信息
提高数据管理水平	提高数据管理水平包括数据管理计划、数据获取、数字处理、数据分析（三维可视化）、数据保存和数据公开与共享等
提高工程的系统性	工程系统性的提高主要是通过修改修复系统中的一个或多个工程组件来实现。具体实施方式如根据场地特点及刻画的污染区域选择合适的修复规模，或通过精细的工作内容规划、有策略的采样计划、场地概念模型精度和数据管理水平的提高推进修复顺利进行

推荐的技术或工具	描述
改变修复方法	改变修复方法包括增加新的修复技术或减少已有的修复活动，常见的情况包括发现新的污染源或现有修复进度超过预期等等。通过改变修复方法，可以实现提高修复效率、降低修复费用、快速完成退场等目的
使用联合修复技术	联合修复技术包括同时使用多种技术或在不同的时间节点采用不同的技术来修复污染区域。良好的项目计划和有效的数据管理水平有利于联合修复技术的实施
减少或改善监测计划	减少或改善监测计划包括调整监测频率、监测点位和分析参数等，实现对污染物随时间变化的监测分析。减少或改善监测活动也需要良好的数据管理

5.2.3 工程优化分阶段分析

除了按照效果对优化建议类比进行分类外，还可根据优化所针对的污染场地管理阶段（如调查阶段、设计阶段、修复阶段及长期监测阶段等）进行分类。虽然优化工程关注的是超级基金场地修复的过程，但优化建议的提出时间与超级基金场地管理流程不一定吻合。例如，针对长期监测阶段的优化既可以发生在可以在修复阶段（即监测开始之前），也可以发生在监测期间。为了更好地了解优化结果和共性发现，下面将讨论不同阶段的优化建议实施情况。

1. 调查阶段工程优化

调查阶段工程优化的目的是识别数据差距和不确定因素，并在采样策略制定中考虑如何解决。通过补充数据差距并减少不确定因素，可以建立完整的场地概念模型，利于后续修复方案的选择。调查阶段的工程优化的内容是评估数据信息的收集情况。这些数据信息不仅对理解暴露途径、场地受体在暴露点位的暴露浓度等是十分必要的，还有助于评估和选择后续的修复方案，以及对未来可能选择的修复方案尽可能地提供有用的数据。因此，有效的调查优化评估会综合考虑项目的管理框架，暴露受体及暴露途径，可能的修复目标，各利益相关方的需求，以及可获取的场地信息。此外，调查阶段的工程优化还应评估调查阶段进行的最佳管理实践的实施情况。如之前所述，在污染场地管理的任何阶段都有可能需要补充调查；因此，调查优化可以发生在修复工程的任何阶段。

2. 设计阶段工程优化

设计阶段的优化常在对已经选择的修复方案的设计完成之前进行。设计阶段的任务是设立特定的绩效目标，形成清晰的修复策略，确定修复具体技术参数，制定监测计划以评估修复活动的有效性，以及设定合理的竣工验收条件。设计阶段优化的目的是对选取的修复技术在实施和操作阶段的评估，可以发生在设计阶段的任何时间点，如设计前期阶段、设计过程中以及再设计阶段。设计阶段的优化活动应综合考虑修复目标、场地概念模型、现场可用的数据信息、修复工程的运行情况、修复效率、经济性和场地退场策略等信息。通过优化评估，可以增加对选择的修复方案的确定性，并确保工程在开始阶段就能够合理顺利地进行。除了对技术方面予以指导，有效的设计优化建议还应强调对修复各阶段的成本控制，充分利用场地管理前期收集的信息对后期修复活动进行指导以减少不必要的花费。

3. 修复阶段工程优化

修复阶段的工程优化是最常见的优化评估，它是基于已经建成和正在运行的修复工程上进行的。在修复阶段，由于不断获取新的信息（如可能发现的新的污染源，或场地规划的更改）以及场地条件的不断变化（如污染物浓度的降低等）；因此，需要不断地调整修复工程来适应这些变化。评估人员可针对现阶段修复是否达到修复目标及进展情况，在设计阶段设定的绩效目标，总体修复策略，现在场地的条件与之前设计阶段的假设条件是否一致，以及监测计划等进行评估。修复阶段的优化评估应综合考虑工程的管理框架，修复行动目标，利益相关方的需求，场地特定的条件以及费用使用情况等。

修复阶段的优化评估可能识别出是否需要改变现场修复策略。比如，某污染场地在局部深层地下水污染区域可以采用地下水抽取 - 处理技术进行修复，但是对于浅层不饱和区域的污染，地下水抽取处理技术可能效果不好。这时应考虑土壤气相抽提技术或零价铁注入等技术提高治理效果并减少修复成本。在 1980 年代修复市场起步阶段，针对污染场地中经常发现非水相液体多采用源处理技术，如地下水抽取 - 处理技术或土壤气相抽提技术等。这里的源处理技术主要是针对污染土壤、沉积物和非水相液体介质等处理技术 [10]。而随着这些修复工程的进行，污染场地中非水相物质减少，需要考虑对这些源处理方式进行调整。因此，优化评估结果中有超过 40% 的建议与修复方式改变有关。另外，随着修复经验的积累，主流修复技术也逐渐演变，比如，对于地下水污染采用的原位处理技术而非异位的地下水抽取 - 处理技术 [11]。

4. 长期监测阶段工程优化

针对长期监测阶段的优化评估常发生在修复阶段或操作维护阶段。该阶段的优化可以是基于场地再利用情况和修复工程验收的要求对监测计划进行评估，也可以是对已有监测计划的有效性进行评估。有效的长期监测优化评估应考虑项目的管理框架，修复行动目标，利益相关方的需求，场地特定信息，场地再利用的长期目标，修复工程的有效性，以及不能达到修复目标的后果等。

图 5-9 总结了不同阶段的工程优化的侧重点。可以看出：（1）总体上说，修复阶段的工程优化建议最多而长期监测阶段的优化建议最少，这可能与工作内容的大小有关；（2）设计阶段优化建议中与绿色修复相关的建议最少而且针对长期监测阶段的优化建议数量明显小于其他阶段，这可能是由于提高设计的绿色可持续性和减少修复工程的环境足迹常被作为技术支持的形式，而不是以优化建议的形式提出。

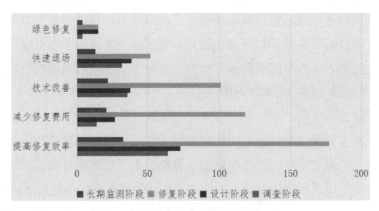

图 5-9　不同阶段工程优化建议分类

5.2.4　技术支持建议

除了提出优化评估意见，美国环保署还会对修复工程的实施提供技术支持，这就扩大了优化原则的应用范围。环保署可提供的技术支持活动范围很广，包括分析环境足迹，在设计采样策略方面提供帮助，使用三维可视化分析，进行高分辨率场地表征，形成场地概念模型，形成快速退场的决策框架，以及审查工程规范等技术文件或提供成本估计等。

通常，技术支持包括计划和实施活动以产生可以由现场团队直接使用的污染物调查结果。这些活动包括制定工作计划、质量保证／质量控制规定、制图和三维可视化分析等。美国环保署提供的技术支持推动了项目顺利发展，并有助于改善现场决策。特别地，环保署扩大了对环境足迹分析和三维可视化分析的支持服务。

5.3　修复工程的最佳管理实践

污染物类型和场地情况千差万别造成了污染场地修复选项的多种多样。几十年来积累的修复经验形成了多种不同技术（如生物修复技术、气相抽提技术、地下水抽取处理技术和原位热修复技术等）的最佳管理实践。由于场地条件会随着修复工程进行处于动态变化之中；因此，修复工程的最佳管理实践需要从修复调查，修复技术实施以及修复完成后场地恢复等多方面进行考虑。以下就目前美国环保署发布的几种典型的修复技术和特定类型场地修复工程的最佳管理实践进行介绍。

5.3.1　土壤气相抽提和空气曝气技术

作为去除非饱和带土壤中吸附的挥发性有机物的源控制手段，气相抽提技术的原理是通过抽提空气的方式将土壤中的挥发性有机物吹脱出来，再收集至气体处理系统进行进一步处置（如回收或降解等）。空气曝气技术的原理是通过向污染地下水中注入空气使挥发性和半挥发性污染物以挥发的方式进入非饱和带。在实际应用中，常将土壤气相抽提技术与空气曝气技术联合使用以同时去除非饱和带和饱和带中的挥发性污染物（图 5-10）。

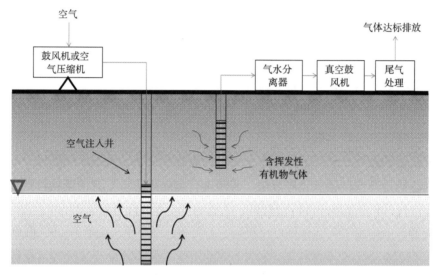

图 5-10　气相抽提技术和空气曝气技术示意图

很多情况下，向地下水中或非饱和带中注入空气还会加速地下水位附近污染物的生物好氧降解过程。因此，与气相抽提和空气曝气类似，生物通风或生物曝气等使用主动或被动的方法进行气体交换。两者不同点在于后者主要关注如何强化微生物自然降解过程并通过蒸气气提技术去除污染物。在气相抽提和空气曝气系统运行的各个环节中，存在多种可以减少环境足迹的机会，具体介绍如下[12]。

1. 现场调查环节

使用现场测试工具可以减少现场调查环节的环境足迹[1]。除此之外，还可以通过以下措施减少能源消耗和污染物排放：（1）有选择地使用合适规格和型号的真空泵或鼓风机（包括多个低流量的鼓风机），以适应随着处理过程不断变化的操作要求；（2）使用足够直径的管道来减少压力损失；（3）使用变频驱动马达满足系统随时变化的需求；（4）研究使用脉冲而不是连续的空气交换过程的可行性，在降低能耗的同时也有助于去除更高浓度的污染物；（5）考虑使用气压泵，充分利用气压差来强化空气流通；（6）尽量减少地面处理系统和设备的大小，使用节能的设计元素，如被动照明和外部遮阳等，减少加热和冷却的需要；（7）权衡额外监测井建设和运营中可能消耗的能源和材料，考虑增加空气曝气通风井的数量；（8）根据蒸气浓度选择合适的处理技术，如冷凝回收，燃烧或活性炭吸附等；（9）建立决策评估时间点，以评估气相抽提系统本身何时需要改变，例如尾气处理方式从热氧化转变为颗粒活性炭吸附；对替代方法的有效评估需要权衡可能增加的物质消耗或产生的废物量；（10）建立决策点，可以保证从气相抽提及时过渡到另一种技术（如生物修复），等等。

2. 小试及修复过程

在实施修复之前，通常需要在现场进行小试。通过小试可以：（1）寻找合适的用于向地下注入空气或从地下抽取气体的设备，优化能源使用效率；（2）确定合理的空气流速，在可达到清理目标和计划的条件下减少能源消耗；（3）周期性评估污染气体或蒸气处理效率，识别出减少材料使用和废物产生的机会；（4）确定项目基础需求信息，比如电力和水的基础消耗量、材料购买量、需要进行场外处置的废物体积等。通过与项目基础需求信息进行对比，可以识别、实施和评估存在的优化机会，以持续地改善操作系统，使得效益最大化。

修复阶段的蒸气处理环节会产生一定量的废物和废水。现场蒸气处理一般采用活性炭吸附、热处理或催化氧化等方法。需要进行场外处理或处置的废物包括废弃的活性炭或由空气／水分离器产生的冷凝液。在废物和废水管理方面需要：（1）在污染物类型和浓度许可的情况下，在现场对冷凝液进行处理；（2）在污染物浓度许可的情况下，将冷凝水作为补充冷却水进行回用；（3）对抽出的未污染地下水或处理后达标的地下水进行收集回用，例如作为控制扬尘、绿化灌溉或其他处理系统用水等。

修复工程还可以通过与其他技术联合使用以减少环境足迹的排放，比如，通过电阻加热或蒸气注入使被吸附的污染物质更容易释放，进而被气相抽提系统捕捉和处理。这种利用不同技术组合的方法可以减少处理的时间，但会增加修复工程的能耗。此外，气相抽提系统还可以与双相抽提技术联合使用以更有效地修复毛细带，当然，也会在一定程度上增加系统能耗。

气相抽提系统建设期间产生的环境足迹主要是抽提井的安装过程。而减少环境足迹的方法包括提高燃料利用效率，减少钻探产生废物，减少土地使用和对生态系统的扰动。直接贯入技术可以用来安装标准的直径为2英寸的真空抽取井、空气注入井、地下水降水井或监测井等。使用直接贯入技术可以减少钻探废物产生及后续处置，避免了钻探液的使用和废弃，节约至少一半的钻探时间。系统建设期间的运输排放（温室气体和颗粒物等）可以通过使用超低含硫量燃料或减少机器空转时间等方式实现。

在气相抽提和空气曝气系统的操作和监测阶段常产生大量的噪声。在系统运行之前，通过对地上运行设备安装隔声措施可以有效地减少噪声对野生动物和当地社区的影响。可以使用再利用的材料或可循环材料制作隔声屏障。使用低噪声的离心风机或安装消声器也可以有效地降低噪声。其他的最佳管理实践包括通过减少对树木的砍伐保护植被和野生动物栖息地，或者是把耽误施工的树木移走。尽早考虑如何实现场地再利用也是减少土地和生态系统扰动的方法之一。比如，合理规划气相抽提和空气曝气的管道铺设，可以在场地再开发时通过对管道进行适当改造以用于后续基础设施管道铺设。

3. 长期监管及竣工验收环节

运行和维护过程的最佳管理实践包括保持空气质量，减少能源使用，避免不必要的材料消耗或废物的大量产生等。由于垂直方向存在气流短路可能导致污染物抽取效率低，尾气的不完全处理或由于密闭性不好会导致气体逸散出处理区域等等。为优化蒸气扩散提高系统效率，可以进行：（1）在负压区域铺设一个低渗透土壤盖层以防止清洁空气侵入，导致抽取系统短路，这个选项权衡考虑覆盖物建造和不可渗透材料的长期存在（如沥青或混凝土等）的环境影响；（2）确保蒸气抽取井覆盖的范围完全包括需要处理的区域；（3）安装并妥善维护抽取井、监测井周围的密闭性；（4）在不增加总气体处理量的条件下，尽量维持低流速以防止蒸气迁移出处理区域；（5）针对收集的蒸气中污染物浓度选择使用合适的蒸气处理方法，并根据处理进程适当调整；（6）颗粒活性炭的再生，等等。

进行气相抽提初期，系统收集污染物的浓度一般相对较高。随着时间的变化，污染物浓度快速下降；因此，有必要根据污染物浓度变化对运行系统进行调整。好的灵活的设计方案体现在需要对系统进行调整的次数较少。比如，初期选择多个小型号的风机，而不是少数几个大的风机，以实现随着修复进行，逐步减少风机数量或降低风速。通过周期性的系统评估可以有效地识别需要对系统进行修改的地方，以增加系统的性能和效率。例如：（1）调节流速，使用最小的流速获取最大的单位体积的污染物去除；（2）及时检查抽取井抽取的空气中是否有污染物，如果没有，则应关闭该点位的抽取作业；（3）在不耽误修复进展的情况下，使用脉冲泵在非用电高峰期进行作业。此外，还可以通过减少现场考察次数来减少环境足迹，如使用电子压力传感器和热电偶等设备来提高自动化程度，并使用自动数据记录器来频繁地记录数据。或在可能的时候，使用现场测试工具对指标物质进行分析。当抽取处理系统不再使用，应对井进行妥善废弃，拆除配套设施，将现场移动设备或其他监测设备运送至其他场地再次利用。

5.3.2　生物修复技术

生物修复是指通过人为干预的方式增强土壤、沉积物和地下水中微生物降解污染物过程的一类技术，包括原位处理和异位处理两种模式。常见的生物修复技术包括：

- 生物刺激：即通过注入添加剂进入污染介质中，刺激土著微生物群体对污染物的生物降解过程。添加剂可以是通过生物通风方式注入的空气（氧气）或注入释氧剂以保持污染区域处于好氧状态（图 5-11）。添加剂也可是还原剂，如含碳丰富的植物油或蜂蜜等促进厌氧生物群体生长。

- 生物强化：即通过注入添加剂增强土著或外源微生物在污染区域的降解过程。一般地，在实施生物强化之前会采取生物刺激方式以产生有利于微生物活动的环境。
- 基于土地的系统：即通过与添加剂混合处理污染土壤或沉积物，或将土壤或沉积物堆积成堆或单元，如生物堆肥或土地耕作等。
- 生物反应器：即通过营造一个可控的环境来处理污染土壤或地下水的污染物，比如原位生物反应器、生物可渗透墙反应器或异位批次或连续反应器。

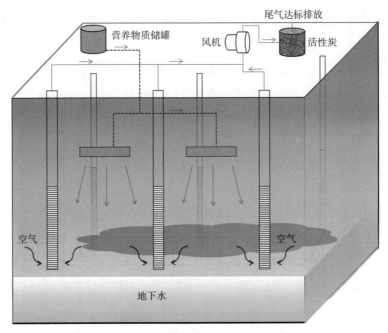

图 5-11　生物通风技术示意图

1. 系统设计环节

与其他修复技术一样，越早地介入生物修复技术的设计环节，减少整个修复过程的环境足迹的可能性越大。生物修复设计方案好坏的评价标准是方案是否具有灵活性，即可以根据未来土地使用用途和修复过程的变化对系统进行及时而适当的修改。对场地情况进行充分调查并建立完整的场地概念模型可以确保对场地内污染源和污染羽的充分刻画，因而是生物修复成功的关键。例如，通过三维图像技术等模型的使用，可以优化注入井安装点位，提高监测点位的有效性并减少自然资源的消耗和废物的产生。在原位生物修复设计阶段，需要收集的现场数据包括含水层水力传导系数、地下水地球物理化学指标、土壤粒径分布、有机质含量以及修复区域注入基质的影响半径等。

通过对生物修复系统初期设计优化，可以实现能源的有效利用并减少自然资源的消耗。然而，设计优化参数的调整需要建立在对目标区域进行小试的基础上。一般地，通过小试，可以：（1）确定现场污染物的种类及代谢产物，以及其他微生物种群；（2）证明污染物被某种微生物可降解的可行性及生物降解机理，确定拟选用的化学基质和添加物质等；（3）营养物质可能的传递方式和扩散方式；（4）选择最适合的药剂或添加剂，以及最佳浓度和最佳比例；（5）证明是否需要其他辅助技术对污染热点区域的污染物进行破坏等。除了可以优化全尺度操作参数，并识别出对现场产生的负面环境影响之外，作为生物修复技术的最佳管理实践，还可在小试阶段考虑使用新型的药剂以减少原料的消耗。比如，可以在微生物降解污染物的过程中引入某些酶以加速污染物降解。

建立计划安排表对生物修复过程进行周期性回顾可以：（1）确定现场操作是否有任何可以改进的地方以减少自然资源消耗和废物产生，但同时保持生物修复效率；（2）识别并采用被证明可成功用于生物修复过程的创新性的材料，同时可以减少环境足迹。比如，某超级基金污染场地采用壳聚糖（从虾或蟹中提取的天然高分子有机物）作为挥发性脂肪酸的来源注入监测井中，以去除挥发性有机物。（3）识别不可预期的环境影响，比如二次副产物的产生以及非目标土著微生物种群的变化等；（4）识别其他过程可以加速某些区域的生物降解过程，但不会增加项目的碳足迹。比如，在某些注入井中安装被动气流控制设备和以可再生能源供能的风机，以增加目标好氧微生物数量。未来的优化包括引入可替换的添加剂以修复场地部分区域或者改变药剂注入方式提高注入效率。

2. 系统建设环节

对于生物刺激或生物强化，在系统建设环节产生较大环境影响的活动包括监测井的安装及注入井药剂注的注入效果测试。相关最佳管理实践包括：（1）采用直接贯入技术安装临时或永久监测井，而非使用传统的螺旋钻探方法，以减少需要处理的钻探废屑，提高基质的传输效率；（2）将药剂尽可能多地注入现有的或新的监测井和钻孔，从源头上减少废物产生；（3）采用地下水循环系统，增加地下水的流通性。在设计、建造和操作监测井，以及原位注入或地下水循环等操作。具体可参考美国环保署颁布《抽取处理 - 最佳管理实践》和《土壤蒸气抽提和曝气 - 最佳管理实践》等文件[12, 13]。

基于土地的生物修复系统中可以减少环境足迹的最佳管理实践包括：（1）在截水沟处理区域建造一个氧化塘等用以储存、处理、再利用或分流雨水；（2）收集现场产生的较清洁的废水或处理废水用于浆料注入水；（3）收集现场雨水并进行再利用；（4）评估是否需要对土地耕作产生的滤液进行收集，以保证下游土壤和地下水质量不受影响。在生物修复工程建设期间，特别是涉及异位技术时，会产生一定的土地干扰，这些影响可以通过以下实践减少：（1）在现场做到良好分区，不同区域进行不同活动，如材料混合区，废物分拣区等，便于管理且避免交叉污染；（2）工作区域铺撒一定量的覆盖料，防止土壤板结；（3）优化场地内的机动车行驶路线；（4）建立灰水循环利用系统，减少运输车辆在场地内外行驶时带来污染。减少移动源温室气体和颗粒物排放的最佳管理实践包括减少发动机空转、减少燃料硫含量、增加尾气处理单元减少柴油燃烧污染物排放。具体参见《场地修复中清洁能源使用和污染控制技术 - 最佳管理实践》[14]。

3. 生物修复系统运行和监测

在生物修复系统运行和监测阶段，为减少能源消耗和污染物排放，可以采取的措施包括：（1）当高压注入没有必要时，采用重力系统将基质注入现存监测井；（2）评估使用脉冲注入而非连续注入方式注入空气；（3）使用便携式单元配备太阳能电池板以发电，或直接采用风能发电；（4）在运输大批量（体积大）的工业副产品时，优先考虑使用铁路。

在系统运行期间，还需要进行一系列的材料和设备的采购活动，在此方面的最佳管理实践包括：（1）在对地表某些区域进行保护或覆盖时，采用可回用的或基于生物材质做成的，而非使用基于石油产品做成的遮盖物；（2）土壤营养物质或其他与处理相关的大宗商品应该使用可回收的容器或桶以减少包装废物；（3）如果使用的某产品是不可获得的，运输时尽量以浓缩液的形式，减少长距离运输需要的体积和频次；（4）使用在冷水中效果也好，且可生物降解的清洁产品，减少能量消耗且避免向环境媒介引入有毒化学物质。此外，长期监测方面也可以减少环境足迹。比如，随着修复的进行，污染羽团逐渐减小。周期性对现场进行采样分析，根据监测污染物浓度变化调整采样频率，逐渐减少采样点位，或周期性对某些有特征的监测井点位开展采样工作[15]。

5.3.3 抽取 - 处理技术

抽取 - 处理技术主要以水力控制的方式减少含水层中污染物。依靠于有效地计划和对系统持续地评估，抽取 - 处理技术中可以减少能源需求和环境足迹的环节主要在场地调查，修复方案筛选、设计、施工和运行阶段。主要基于场地条件、修复目标以及对计划和现有的抽取 - 处理系统的组件，可选择的最佳管理实践多种多样。

1. 系统设计环节

抽取 - 处理系统的地下水抽取速率、预期修复周期、地下水达标要求及场地修复目标极大地影响了整个系统的环境足迹。在技术筛选和修复设计阶段采用最佳管理实践除了评估对修复效率有影响的传统因素外，还可帮助项目管理人员评估那些可能消耗大量能源、水资源和其他自然资源等因素。在进行修复系统设计时，还需要考虑场地再利用的可能，识别必须建造的基础设施并最大程度减少长期的土地扰动。

地下水抽取速率直接影响系统能源和材料的使用以及废物产生和管理。优化抽取速率前，需要进行彻底的场地调查，以保证准确的监测井安装位置及合适的监测井数量。具体信息参考《场地调查 - 最佳管理实践》[1]。在优化地下水抽取速率方面的最佳实践包括:(1)确定大概的目标捕获区,充分地评价需要完整捕获污染羽需要的地下水抽取速率;(2)基于捕获区分析、真实的含水层测试结果及模型模拟设计抽取系统;(3)为了减少能源消耗,可以在满足技术要求的条件下采用间歇抽取而非连续抽取方式,或避开高峰用电;(4)考虑将处理后的地下水再次注入抽取系统下游区域以减少抽水井周边水力梯度,增加捕获区域;(5)考虑将上游未污染地下水与污染羽隔离,减少需要处理的地下水的量,等等。

如何减少抽取 - 处理系统运行时间,也依赖于对场地和污染羽的充分刻画。当然,也可联合使用其他技术先去除或部分去除污染源,以减少需要抽取 - 处理的地下水量,减少系统运行时间。场地管理人员可考虑其他补充技术包括监测自然衰减技术,在污染源区域进行原位化学氧化、热处理或生物修复技术等。

通常,需要根据入水水质对抽取 - 处理系统的处理工艺进行设计。一般地,污染物的浓度影响处理工艺的规模和参数,比如空气吹脱塔尺寸和吸附剂的量等。针对不同污染物,如金属、氨类、酮类物质需要采用不同的处理工艺。此外,项目人员应审慎评估对系统影响的杂志,如可能会使系统结垢的铁和锰的含量等,并采取适当的措施(添加化学药剂等)减少杂质对系统运行的影响。需要注意的是,随着目标污染物浓度在处理过程中浓度的下降,可以采用在线监测设备对污染物浓度变化进行实时监测以随时调整处理设备的运行参数。

在不增加能源或其他资源消耗的情况下,尽可能使出水和尾气排放满足或远低于相关标准,以减少环境足迹。减少环境足迹的方式有:(1)将处理后的地下水再次注入地下,补充含水层水源;(2)将处理后地下水排放至地表或雨水系统,需要严格执行排放标准并进行监测;(3)针对存在酮和氨等污染物情况,可考虑将需要处理的地下水排入污水处理厂,或在现场建设污水处理设施;(3)通过灌溉、扬尘控制和建设人工湿地等方式实现处理后地下水再利用,减少当地用水需求;节省出来的自来水等可用于现场的其他操作,如化学药剂配置和冷却用水等。

抽取 - 处理技术的最佳管理实践应密切检查抽取设备、吹脱设备和其他附属设备的用电需求。影响用电需求的因素包括水泵的型号、水泵效能、马达效率、额定功率、变频驱动、管道铺设条件和使用的燃料类型等。根据场地情况、污染物类型、流速和处理工艺的不同,耗能也不同。常见的节省用电的方法包括:(1)选用合适的泵、风扇和马达的规格,使用节能型马达;(2)地下水被抽出地面后,尽可能采用重力流的方式转移以减少泵的使用;(3)安装变频驱动控制流速而非使用阀门,以减少泵的能量需求并避免对机械设备的损耗;(4)采用批次流动处理地下水,在非高峰用电期进行处理环节操作;(5)周期性检查压缩空气管道密闭性,电动泵的效率常比空气泵效率高。

2. 系统建设环节

雨水管理对抽取 - 处理系统的环境足迹贡献量较小。虽然硬化区域仅限于建筑屋顶、停车场和道路等，暴雨径流和随着带来的冲刷和沉积物也应尽量最小化。美国环保署对场地的排水水质及如何减少和控制建筑活动带来的沉积物进行了规定。除非用于覆盖等必要修复工程，现场应努力减少连续的硬化路面，应使植被覆盖最大化，以减少暴雨径流和土壤冲刷，并为野生动物提供栖息地[16, 17]。

抽取处理系统常需要建立设备存放及控制室。虽然建筑物的大小可根据需求而变，在控制室建设过程有多种机会可提高资源利用效率。需要用全生命周期的角度来考虑控制室的建设，如建筑垃圾的再利用等。除了充分利用现有建筑存放处理设备外，还应根据美国绿色建筑委员会 LEED 打分系统对新建筑进行打分，打分内容包括水的利用效率、能源利用效率、可再生能源的使用、室内空气质量等[18]。以工业为目的（如水处理）的绿色建筑方法包括:（1）对池子和空气传导系统密封，以确保建筑物的通风并减少能源损失;（2）对需要加热的处理系统的所有和管道进行绝热,防止热量散失;（3）充分采用自然光;（4）当设备需要润洗时，采用高效喷洗设备以减少新鲜水用量;（5）使用过电保护装置防止突然断电对设备的损坏;（6）建立泄漏监测设备以对泄漏设备及时修补，等等。

系统建设环节涉及的能源消耗和可替代能源方面的最佳管理实践可参照《场地修复中使用清洁能源和排放技术 - 最佳管理实践》和《场地修复中可再生能源使用 - 最佳管理实践》等文件[14, 19]。

3. 系统运行和监测环节

与其他处理技术类似，在系统运行和监测环节，需要对正在运行的系统进行持续的评估和改善。特别地，持续的评估可识别出是否需要减少目前正在运行的设备或拆除部分设备。与之相关的最佳管理实践包括周期性对地下水水质进行测试，确保需要处理的污染物种类未发生变化，以及收集政府部门是否有针对可再生能源使用的优惠政策等。此外，要严格按照使用说明对设备进行周期性的维护，尽可能使用自动化设备或安装在线可视系统等方式减少现场检查次数。关于地下水水质分析和监测井的安装及维护参照其他最佳管理实践文件[1, 13]。

5.3.4　原位热脱附技术

在对污染源充分识别的条件下，原位热脱附可以在数月之内完成场地修复。因此，近年来原位热脱附技术越来越受到重视，并广泛地应用于棕地、污染场地中以加速场地修复过程。根据加热方式不同，原位热脱附技术分为三种，即电阻加热、热传导加热和蒸气强化提取。通常，原位热脱附技术与土壤气相抽提技术相结合使用，将污染物抽提至地面进行处理。此外，原位热脱附技术还可与其他技术相结合，包括可以控制处理处理区地下水流动的抽取技术和可以快速去除污染源中非水相液体的双相抽提技术等。该技术的优点是可以用于污染源控制，且不受地质分层影响（黏土、粉土、砂土和基岩裂隙等），对饱和带和非饱和带的挥发性和半挥发性有机物都有较好的去除效果。可以减少环境足迹的环节包括设计环节、施工建造环节、运行维护环节和监测环节[20]。

1. 设计环节

为了合理高效地利用资源，避免对水、能源和其他自然资源不必要的消耗，在进行系统设计之前需要对场地水文地质情况及污染区域有充分的了解。在概念模型的建立、采样和数据收集、钻探方式及原位测量技术方面的最佳管理实践可以参见《场地调查 - 最佳管理实践》[1]。

此外，设计环节常见的最佳管理实践包括：（1）根据处理系统的处理能力设计单个抽提井的处理能力；（2）考虑其他技术与热处理技术相结合；（3）分区域分阶段对大面积污染场地进行处理，减少设备需求；（4）现场尽可能使用可再生能源，充分利用太阳能和风能用于设备功能；（5）建立项目基本信息，如电和水的消耗，需要消耗的材料，场外处置废物数量等，以用来与实际运营结果对比并及时发现可以改进的地方，等等。

2. 系统建设环节

监测井的安装是热脱附工艺在建设期产生最大环境足迹的环节，有关监测井安装的最佳管理实践可以参考目前已经发布的其他文件[1, 13]。此外，如果污染场地位于较寒冷地区，原位热脱附设备和治理区域安装隔热材料，对地面管道进行保温，防止冻坏。关于减少温室气体排放可以参考《场地修复中使用清洁能源和排放技术 - 最佳管理实践》和《场地修复中可再生能源使用 - 最佳管理实践》等文件[14, 19]。

3. 运行维护和监测环节

在热脱附装置运行过程中产生环境足迹常常与污染物蒸气通过空气短流、尾气不完全处理或污染其他逸散至处理区域之外等有关。因此，为了解决这些问题，可以采用的最佳管理实践包括：（1）在处理区域铺设渗透性能低的土层，在抽提过程中处理区域产生负压状态，减少清洁空气通过短路进入抽提系统；（2）确保蒸气抽提井完全覆盖所有处理区域；（3）保持所有抽提井和监测点位的密闭性等等。其他最佳管理实践方法参考《气相抽提和空气曝气技术 - 最佳管理实践》[12]。关于监测环节的最佳管理实践参考《场地调查 - 最佳管理实践》[1]。

5.3.5　地下储罐泄漏场地管理

石油类地下储罐泄露出现的污染物除了常见的苯、甲苯、乙苯和二甲苯（合称"BTEX"），有时还涉及其他化学物质，如甲基叔丁基醚、乙醇或铅清除剂（二溴乙烯和 1,2- 二氯乙烷）等。一般地，地下储罐系统不仅包括储罐，还包括与储罐相连的地下管道、地下配套设备及围堰系统等。因此，石油、废油或化学品的释放可能是由于储罐或附属管道的腐蚀、结构故障或安装不当等多种原因造成的。

使用绿色可持续修复最佳管理实践来对修复工程进行指导，可以有效地减少地下储罐管理活动的环境足迹，提高修复行动的预期结果。这里提到的地下储罐泄漏管理的最佳管理实践多数参考了建筑业、工业界或其他商业部门的标准操作程序。美国环保署鼓励地下储罐清理项目的项目经理在选择承包商、环境或工程顾问，以及实验室等服务时，应考察这些企业是否践行了绿色可持续修复五大要素，并且在地下储罐管理活动的每一主要阶段都应寻找可以减少环境足迹的机会；这些阶段包括场地调查阶段，地下储罐移除或更换储罐系统阶段，以及污染介质修复阶段等。

1. 调查采样阶段

地下储罐调查采样阶段的最佳管理实践可参考美国环保署发布的《场地调查 - 最佳管理实践》[1]。

2. 储罐移除或更换

在地下储罐清理项目中，产生较大环境足迹的环节主要是开挖活动使用的重型机器，在储罐系统进行移除和修复活动中使用的机械设备等。在移除储罐系统时，最佳管理实践的选择会受到地下水埋深、土壤渗透性和地下岩石类型等因素的影响。常见的地下储罐移除的最佳管理实践包括：（1）将挖掘的土壤和废物进行分开存放，区分清洁的或污染较轻的土壤用于再利用；（2）对于液体抽取和运输的区域，在地面铺设可重复利用的隔水材料，如隔水毯等；（3）在移除储罐前，减少清洗储罐时使用的水的体积，减少废水产生；（4）采用氮气对管道中的残留物进行冲洗，减少水的使用和废物的产生；（5）通过在设备和土壤表面覆盖可生物降解的发泡剂来抑制气味和扬尘；（6）转移抽取出的燃料或化学品送往当地回收商，需要确保这些回收商制定和使用了环境友好的程序；（7）使用政府同意的或有资质的储罐处置场地对储罐进行回收，而不是将储罐、管道或其他金属组件进行填埋。

以伊利诺伊州某制衣厂的修复项目为例，其实施的绿色可持续修复最佳管理实践包括：（1）在对汽油储罐和一个 5000gal 柴油罐进行移除时，通过详细的规划使员工和设备进场次数最少；（2）最大程度雇佣当地工人和使用当地供应商，以减少异地交通和资源运输；（3）通过整体系统的规划，确定目标区域为一个单罐罐坑，而非现场三个储罐区域，以减少需要采集和分析的样品数量；（4）通过对设备闲置运转的限制，减少了燃料消耗；（5）通过使用满足美国环保署第二等级非道路柴油设备标准的挖掘设备，减少污染物排放；（6）考虑到未来场地再开发为一个服装零售店，为了减少需要从其他地方购买土壤进行回填，现场对干净的混凝土进行破碎处理后回填，减少了约 50t 外购土方量。

通常，涉及将地下储罐系统移除的清理活动通常与场地是否继续作为地下储罐设施用于工业或零售业的目的有关。业主和操作人员可以通过对罐体系统进行更换使石油或化学品出现泄漏的可能性最小化。常见的最佳管理实践包括：（1）对罐体和管道进行二次防护；（2）罐体和管道由钢罐制造并涂有涂层和阴极保护；罐体和管道由非腐蚀性材料制成等；（3）避免使用浮球作为防止罐体溢出的方法；（4）安装并升级警报系统；（5）增加对阴极保护系统测试频率；（6）根据制造商的建议，至少每年进行一次密闭性测试；（7）避免依赖于地下水和土壤气监测结果作为泄漏检测的手段；（8）实行合理的文件管理以促进地下储罐业主和操作者实现更有效的环境管理。不过，需要注意的是，目前常见的泄漏检测系统并没有针对已经在市场上广泛使用的乙醇混合燃料。

3. 土地恢复

在地下储罐系统移除或替换后，还需要进行土地恢复，该环节重要的最佳管理实践包括：（1）使用当地植物进行绿化，减少需要进行维护（如灌溉等）的工作量；（2）使用低影响的开发技术，如建造生物洼地等减少暴雨径流；（3）使用之前的建筑材料作为车辆或行人等区域填料，增加雨水入渗到地下等。

关于地下储罐污染场地修复，可以使用的技术有很多，可以是单一的技术也可以是技术组合，如地下水抽取处理、土壤开挖处置、土壤气相抽提、空气曝气、生物通风、生物修复、双相提取、和原位化学氧化等。关于这些修复技术的实施，其效果可以通过对每个场地特地的环境足迹评估来实现。美国超级基金修复和技术创新办公室提供了超过 50 个免费的工具，比如在线计算器和软件能够对绿色修复中的一个或多个元素进行评估。详情请参见第 4 章中绿色可持续修复评估工具。在地下储罐清理项目中，在场地条件相似时可以用这些已经筛选出的最佳管理实践的技术和工具，以节省大量资源。

下面以美国阿拉斯加州位于 Katmai 国家公园的地下储罐移除为例对地下储罐场地修复的最佳管理实践进行说明。美国环保署通过严谨的方案设计，有选择地移除处理区域的植被，最大限度地减少了在这个考古和生物敏感的国家公园中修复建设期间的地面扰动。现场于 1998 年开始运行原位修复系统，主要是通过注入缓释氧物质和生物通风，对两处前石油地下储罐造成的污染土壤和地下水进行处理。该项目的能源优化措施包括使用一个 1.5hp 的风机每隔 4h 交替作为曝气和生物通风设备；为了更好地采光，地上机械设备安置在一个预制的窗户朝南的工棚内。生物通风系统运行两年后，采样分析结果证明污染源区柴油类污染物的浓度已经降低至修复目标值后，停止运行，减少了不必要的能源消耗。2000 年，在现场安装了一个 770W 的光伏系统对一个空气曝气泵供电，避免了现场柴油发电机的使用，也同时确保了位于偏远地区的处理系统的正常运行。2006 年，当达到修复目标，系统不再需要进行运行时，对光伏系统再次进行了调整，转为向公园露营区供电。

5.3.6　矿山场地管理

在美国，联邦机构估计全国大约有 50 万个废弃矿山和相关的矿石加工场地。其中，约 130 个场地进入国家优先名录或达到可进入国家优先名录水平。这些场地占地面积超过一百万英亩。其受到污染的原因来自于历史上的采矿活动；目前正在进行由联邦机构或潜在责任方主导的修复。这些修复或恢复废弃矿山土地的活动主要由政府机构进行或监督，以及来自非营利团体的自愿援助。

清理和恢复这些以前用于煤矿开采或矿石（含金、铜，或其他资源如磷等）开采的场地可谓困难重重。采矿流程包括现场提取、破碎和分离提取出可用材料（选矿），以及现场或场外冶炼等过程。因而造成矿山环境污染和退化的原因通常包括：（1）地表贮存的废弃石材和选矿废弃物如尾矿堆等；（2）采矿废水（包括受污染的地表水、地下水，以及矿洞渗水）的大量排放；（3）废物以泥浆的形式注入废弃煤矿；（4）含有表面活性剂或絮凝剂的污泥直接排入没有防渗的集水区域；（5）由矿石加工活动产生的重金属和其他污染物的大气沉降等等。由于矿区场地常位于偏远和高海拔地区，能源和电力的供应难以有效保证，因此，绿色可持续修复的最佳管理实践往往会关注那些可节省能源的技术和可再生能源技术，以减少项目的环境足迹。除了美国环保署的五大核心要素外，矿山长期清理项目的各个环节还存在其他减少环境足迹的机会，以下将按照矿山清理活动的基本环节（包括废水分析、使用被动处理系统、采用可再生能源、土壤覆盖、残余自然资源回收，以及场地再恢复和再利用）进行介绍。

1. 采矿废水分析的最佳管理实践

为了更好地理解污染物性质和污染程度，需要对采矿废水进行分析。常见的最佳管理实践包括：（1）使用现场检测试剂盒筛选，尽可能减少需要送往场外固定实验室分析的样品数量；（2）在情况许可的条件下，使用低流量采样设备以尽可能减少清洗废水量和能源使用；（3）采用遥感技术识别和清除地下障碍物或有潜在危险的材料（如残余炸药），避免过度开挖而产生额外的废物；（4）使用非侵入、低能耗的调查手段，如钻孔和地表地球物理方法识别断裂带和地下水流向，以优化污染物分布地图，监测井布置和处理系统的设计；（5）最大限度地对现有监测井进行再次利用，以对污染物进行捕获或对渗流进行水力控制，避免钻探新的监测井对地面的扰动和产生废物；（6）选择超声钻探技术代替常规旋转钻井或冲击钻井技术，避免使用钻井液，尽可能减少废物排放和噪声；（7）使用无磷洗涤剂代替有机溶剂或酸溶液对采样设备进行清洁，将产生的清洗废水转移至特定容器或场地指定位置；（8）建立一个闭路循环系统，循环使用环保型钻井液或水进行钻井，等等。

2. 被动处理系统的最佳管理实践

在采矿活动停止后，会大量产生富含重金属的酸性矿山废水。酸性矿山废水和其他采矿影响废水可以通过被动处理系统处理。这些被动处理系统由地表一个个单元组成，可以充分利用现场自然产生的化学和生物过程。例如，被动处理系统可以由氧化塘、生化反应器（增加酸性矿山废水 pH 以稳定污染物）和深度处理单元（如好氧湿地或石灰石床）组成。可以充分利用场地的自然水力梯度或抽水系统用于输送采矿影响废水至上述处理单元进行处理。

建立被动处理系统的最佳管理实践包括：（1）在使用重型机械进行大规模开挖建造之前，需要设计严密的雨水控制方案，避免额外的径流和流域沉积物污染。控制方法包括利用已有的由岩石组成的水渠或其他地形造成的水渠，以及人工建造的工程结构如护堤和草地洼地等。（2）最大限度地对已经破坏的道路和清理的区域进行再次利用，在建造新的交通通道或工作区域时，尽可能地减少植被破坏。（3）探索现场堤坝或其他结构对雨水或雪融水的捕获用于现场活动的可能性，如控制开挖产生的扬尘、冲洗现场使用的手持设备以及对新种植的植被的灌溉等。（4）保留现有的生态走廊或建造新的可以保证动物迁徙的安全通道。（5）启动重大的干扰活动的时间段应选择在当地的栖鸟类或野生动物未处于筑巢或生产期，等等。

生化反应器通常采用富含机物质的材料和石灰石等酸碱缓冲材料。木材，农业，或温室的副产品（如硬木片，覆盖，干草畜禽粪便，或蘑菇渣）或市政污泥颗粒可作为富含有机质的材料。在建造生化反应器和对生化反应器进行监测的最佳管理实践包括：（1）选择制造过程产生较低环境影响的土工膜（如符合 ISO 14001 环境管理体要求）。（2）从现场附近的生产商采购富含有机质的材料，以减少运输距离。（3）探索当地可用的其他工业的副产品，如糖渣或可可豆壳等。（4）考虑富含蛋白质的食物垃圾，如香蕉皮等，对水中的低浓度重金属进行去除。（5）安装远程监测设备连续收集水质数据以减少现场取样次数。

作为一种替代使用和运输液体燃料或接入当地电网的方式，现场可安装再生能源系统，作为修复建设阶段和运行阶段的电力供应：（1）通过构造合理的梯度使采矿废水在各个处理单元之间自然流动；（2）提升特定单元的处理效率，如曝气单元；（3）现场产生电能或机械能用于常规现场设备或小型设备，等等。目前，市场上已经出现多种可供偏远地区，如采矿区使用的可移动设备，这些设备可以充分利用矿区的风能和太阳能等。此外，在许多采矿地区或附近的地表水还具有水力发电的可能性，这些产生的水电可以供现场水处理设施使用，减少对当地电网的依赖。

在矿区，往往会发现许多已经堆存多年的尾矿或废矿石。有效的覆盖对于减少酸性矿坑水的产生至关重要。在设计覆盖方案时，可以考虑的最佳管理实践包括：（1）尽量模仿而不是改变场地的自然环境，提高覆盖的长期性能并保护当地生态系统；（2）充分考虑气候变化的潜在影响，如温度变化和洪泛可能带来的影响等；（3）在保证工业废物浸出测试达标的前提下探索利用其作为压实黏土层或新建垃圾填埋场衬里的可能性。（4）充分考虑该区域封顶后再利用的可能性。

在某些矿山场地，土壤覆盖涉及使用蒸散系统，它依赖于较厚的植被储存水分并将水分蒸发至大气，从而减少雨水下渗。上层土壤经常需要加入添加剂以恢复土壤的质量,并为植被提供营养。富含有机物的添加剂,如生物固体也会与土壤中重金属结合,从而降低金属的可生物利用性。在设计和建造蒸散发系统时,可以采用的最佳管理实践包括:(1)选择耐旱植物作为上层植被层以减少维护需要。在某些情况下,外来物种比本土植物可能提供更高的生存潜力和储水能力;(2)通过种植合适的草类和灌木等保护生物的多样性和相关的生态系统服务功能;(3)选择天然非合成的土壤改良剂,如堆肥肥料等,而非化学肥料;(4)考虑利用现场产生的废弃物进行堆肥,如砍伐的森林和受甲虫感染死亡的树木等,以减少从外部运送土壤改良剂;(5)探索用生物炭作为土壤改良剂,以更好地保持水分和养分(图5-12);(6)将添加剂进行混合,可以直接在现场使用,以减少现场对添加剂进行混合需要的机械操作,等等。

图5-12 生物炭作为土壤改良剂的应用

根据场地历史上开采的资源类型,还可以从现场填埋场,尾矿堆和废水处理系统中回收经济价值高的金属或其他资源。例如:(1)通过水处理系统从酸性矿山废水中回收金属;(2)从沉积物的金属氧化物中回收铜或镍;(3)如果对氰化物或含硫酸溶液或渗滤液控制方案可行,可从废弃尾矿中回收金或铜;(4)从过去的冶炼废渣中(如铜渣等)回收金属;(5)探索从过去的煤炭开采和垃圾填埋场中挖掘和回收垃圾废物用作燃料;(6)发掘从垃圾填埋场或废弃的煤矿中回收和使用甲烷的可能性。

3. 重建和清理阶段的最佳管理实践

在矿山场地治理中,为加速场地恢复和场地再利用进程,需要对矿区植被和土壤进行重建。通过重建植被可以帮助:(1)阻止废物的物理扩散过程,如减少通过雨水侵蚀或风力作用,或采用某些方式切断人或动物与废弃矿山中污染物的直接接触等;(2)减少进入填埋场的渗流量,进而减少需要处理的渗滤液;(3)构建健康完整的蒸散系统；（4）应用植物技术处理污染的土壤或水体；（5）捕获和封存大气中的碳；（6）恢复对当地社区的生态服务功能，等等。

在矿区清理阶段或施工阶段实施绿色可持续的最佳管理实践，有助于恢复受影响的生态系统。例如，（1）作为当地林业种植的一部分；（2）促进地表水通道，恢复原来的河岸条件；（3）作为场地再利用的案例，扩大当地社会的娱乐区域或环境教育服务；（4）与潜在的可再生能源的开发商合作为现场清理工作提供可再生能源，等等。

5.4　案例分析

2012 年伦敦奥运会奥林匹克公园的建设，是关于污染场地治理和再开发的经典案例。考虑到污染面积较大且污染情况复杂，按照传统的修复方式估算，预计需要 5 至 15 年才能完成场地修复计划，而事实上，修复工作却在 3 年内完成。在奥林匹克公园场地再开发过程中，运用了绿色可持续修复的策略，其中包括采用土壤淋洗对现场土壤进行处理后回收再利用，创新地使用原位生物修复的方法对污染地下水进行治理。当然，治理过程也面临了一些严峻的挑战。以下就该案例进行详细介绍。

5.4.1　项目背景

伦敦奥林匹克公园位于伦敦东部，属于 Lower Lea 河谷的一部分，距离伦敦市中心约 5km（图 5-13）。在再开发之前，这片区域零散地分布一些建筑，属于伦敦较为落后的地区，有着较高的失业率和犯罪率。土地资源的价值较低，水道也严重退化，淤积严重且长满杂草。此外，雨污合流系统不能够完全对暴雨高峰时期的雨水进行排泄，因此，整个区域存在数个溢流点，未处理的污水直接流入 Lower Lea 河中。历史上，这片区域存在着炼油厂、化工厂、垃圾填埋场、汽车零部件厂和物流仓储集散中心等。此外，这块区域被数条高速公路、铁路和水道分割，导致出入该区域非常困难。场地调查发现该区域存在严重的土壤和地下水污染。

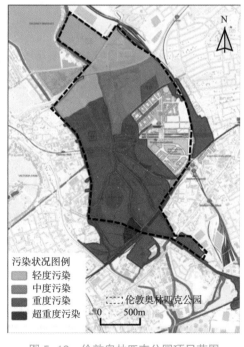

污染状况图例
- 轻度污染
- 中度污染
- 重度污染
- 超重度污染
- 伦敦奥林匹克公园
0　500m

图 5-13　伦敦奥林匹克公园项目范围

污染物包括挥发性有机物、半挥发性有机物、总石油烃、重金属、氰类物质和氨等。

5.4.2 修复过程

在对修复过程做决定时，参与的关键利益相关方包括当地规划部门、环保部门、规划顾问和设计/建造承包商。首要监管部门是奥林匹克执行委员会计划决策小组。整个修复过程包括五个部分，即（1）场地调查；（2）建立总体修复策略以确定场地修复原则和过程；（3）确定针对场地的修复策略，以及不同建造区域的修复要求；（4）就修复技术的选择和实施方案的设计进行解释；（5）实施设计的修复方案，并在修复完成时提供修复验收报告。

基于初步调查结果建立的初步场地概念模型开始制定总体修复策略。根据修复策略，确定了20个修复区域。根据不同区域的规划使用场景，选择了不同的毒性参数。基于土壤深度和每个区域的用地规划不同，修复标准也有很大的差异。例如，针对深度超过1m的硬质绿化区域（奥林匹克用地），苯的最高浓度限值为27505mg/kg，而针对位于运动员村的表层1m土壤，苯的最低浓度限值为0.023mg/kg[21]。可以看出，针对同一种污染物，其浓度限值就相差了5个数量级。这种基于风险的修复目标的制定可以显著地减少需要采用激进策略的修复区域面积。

在选择修复技术时，奥运交付管理局在修复设计声明中主要考虑两种因素：（1）减少处理技术的能量消耗和碳足迹；（2）减少需要长期管理的修复方式的使用。基于这两种因素，以及绿色可持续原则的考量，奥运交付管理局对土壤和地下水修复技术进行了排序。现场主要的修复可持续实践总结如表5-3。

伦敦奥林匹克公园修复活动及可持续实践   表5-3

工作阶段	工作内容	可持续实践/成果
场地调查、拆除和清理阶段	全场约3500个采样点位，拆除约200栋建筑，产生 4.54×10^5 建筑垃圾	拆除和清理约98%场上设施，回用或回收产生的垃圾
开挖和隔离层布置阶段	开挖土壤约 $2.0 \times 10^6 m^3$，全场铺设0.6m厚的隔离层	回用粉碎的砖块和混凝土
污染土壤处理	通过土壤淋洗处理土壤 $7.0 \times 10^5 m^3$，分级筛选 $8.2 \times 10^4 m^3$，异位稳定 $5.0 \times 10^4 m^3$，生物修复 $3.0 \times 10^4 m^3$	土壤淋洗后，80%~85%土壤以砂和石块形式回用，15%~20%以滤饼的形式处置，生物修复后的土壤作为普通填料
污染地下水修复	处理约 $2.0 \times 10^5 m^3$ 污染地下水，处理方式包括地下水抽取处理，原位化学氧化/还原，原位生物修复及隔离墙等	使用创新的原位修复技术

5.4.3 社会和经济可持续性分析

通常，涉及经济和社会方面的可持续策略包括：支持社区发展，就业和商业；改善社区居民健康并带来福利等。具体到本案例，通过绿色可持续修复实现的经济和社会方面的可持续性包括：

- 保护了文化资源。在本项目中，伦敦考古服务单位对该区域进行了考古调查，共发现 140 处考古遗址，包括 10000 余件考古物品，包括 19 世纪的船，铁器时代的骨架和铜器时代的房屋。

- 鼓励了利益相关方的积极参与。可持续策略是基于与关键利益相关方广泛讨论之后确定的。这些利益相关方包括政府部门、私人企业、当地社区和非政府组织等。在修复过程中，采取了以下措施与当地社区进行交流以解决公众关系的问题，包括与附近居民进行了多次深入全面的交流，开通了 24 小时热线，多次组织当地居民参观修复场地，采取了多种措施降低噪声和扬尘带来的干扰，以及及时有效地处置居民投诉，等等。

- 改变了伦敦东部的面貌。奥林匹克公园所在的区域原本是一块污染的，且交通不便的地块。而经过修复之后，这块地变成了伦敦最具活力的区域之一，给当地带来了大量的机会和改变。伦敦奥运会之后，该区域会留存 6 处永久场馆，91000m^2 商业用地，200000m^2 零售业用地以及 10000 户住宅。

- 该区域的重建活动增加了大量工作机会。修复过程中给当地居民带来了 9700 份工作机会。虽然很难界定这些工作机会是由于修复过程还是由于奥运会活动的开展带来的，但是，有理由相信，如果是在空地上进行开发，则不会雇佣这么多的当地人员。

5.5　参考文献

[1] USEPA. Green Remediation Best Management Practices: Site Investigation, EPA 542-F-16-002 [R], 2009.

[2] USEPA. Best Management Practices: Use of Systematic Project Planning Under a Triad Approach for Site Assessment and Cleanup EPA 542-F-10-010 [R], 2010.

[3] MATERIALS A S F T A. Standard practice for direct push technology for volatile contaminant logging with the membrane interface probe (MIP), 2012.

[4] ASTM. Standard Test Method for Elemental Analysis of Soil and Solid Waste by Monochromatic Energy Dispersive X-ray Fluorescence Spectrometry Using Multiple Monochromatic Excitation Beams, D8064-16 [S], 2016.

[5] USEPA. Action Plan for Ground Water Remedy Optimization, OSWER 9283 [R], 2004.

[6] USEPA. Groundwater Remedy Optimization Progress Report: 2010-2011, OSWER 9283.1-38 [R], 2012.

[7] USEPA. Memorandum: Transmittal of the National Strategy to Expand Superfund Optimization Practices from Site Assessment to Site Completion, 2012.

[8] USEPA. Superfund Optimization Progress Report: 2011-2015, EPA 542-R-17-002 [R], 2017.

[9] USEPA. Groundwater Remedy Completion Strategy, No. 9200.2-144 [R], 2014.

[10] USEPA. Superfund Remedy Report (15th Edition), EPA 542-R-17-001 [R], 2017.

[11] USEPA. Superfund Remedy Report (4th Edition), EPA 542-R-17-001 [R], 2013.

[12] USEPA. Green Remediation Best Management Practices: Soil Vapor Extraction & Air Sparging, EPA 542-F-10-007 [R]. United States Environmental Protection Agency, 2010.

[13] USEPA. Green Remediation Best Management Practices: Pump and Treat Technologies, EPA 542-F-09-005 [R]. United States Environmental Protection Agency, 2009.

[14] USEPA. Green Remediation Best Management Practices: Clean Fuel & Emission Technologies for Site Cleanup, EPA 542-F-10-008 [R], 2010.

[15] USEPA. Roadmap to Long-Term Monitoring Optimization, EPA 542-R-05-003 [R], 2005.

[16] ASTM-MEMO. Encouraging Greener Cleanup Practices through Use of ASTM standard guide [M]. 2013.

[17] NRC. Urban stormwater management in the United States, 2009.

[18] USGBC. LEED Reference Guide for Building Design and Construction [M]. 2017.

[19] USEPA. Green Remediation Best Management Practices: Integrating Renewable Energy into Site Cleanup, EPA 542-F-11-006 [R], 2011.

[20] USEPA. Green Remediation Best Management Practices: Implementing In Situ Thermal Technologies EPA 542-F-12-029 [R], 2012.

[21] ODA. Global Remediation Strategy: Olympic, Paralympic & Legacy Transformation Planning Applications, Site Preparation Planning Application, 2007.

第6章

绿色可持续场地修复
与大数据的结合

6.1 世界土壤修复 30 年的经验

土壤修复的需求是随着各国工业化的发展而来。如第一章所述，随着土壤污染带来的污染事故的爆发，最早步入工业化社会的荷兰、美国等国政府都开始了治污的过程，并马上启动了土壤污染的调查。从图 6-1 可以看出，1980 年荷兰预计有 4200 块污染场地，但是随着调查的深入，污染场地数量一直维持较高水平（1997 年以后污染地块数量一直保持在 30000 块以上）。以英国为例，仅英格兰与威尔士就有污染场地大约 325000 块，总面积近 300000 公顷。为了治理这些污染场地，英国每年需要投入的治理费用初步估计为近 10 亿英镑。而根据美国 2012 年的报告，美国每年需要在污染场地治理方面投入 1100 ~ 1270 亿美元（图 6-2）[1]。

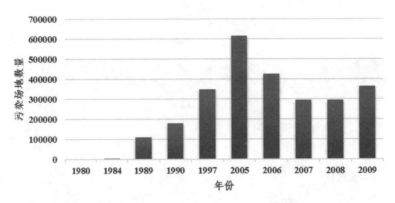

图 6-1 荷兰污染场地数量变化（1980 ~ 2009）

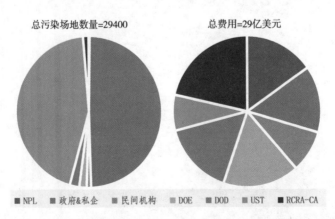

图 6-2 美国污染场地数量及处理费用估计（2004 ~ 2033）

可以看出，以上三个国家在土壤污染治理方面的共同特点是开始都以为可以很快将污染场地治理完成，但随着治理过程的推进，污染场地数量却越来越多，因此一直到今天，他们的潜在污染场地清单都是开口的。此外，治理所需要的资金更是完全出乎他们的预料，要想将土壤污染完全治理将会是天文数字。可以说，污染场地治理是一场"持久而昂贵"的战争。

目前开展研究的污染场地治理技术主要集中在 13 种，但真正被广泛应用的不外乎 3~5 种[2]。由于大部分技术都是根据场地开发的用途及资金的限度来进行综合性治理，因此土壤修复对前期的调查要求非常高，只有调查清楚，才能给出可行的、价格合理的修复方案[3]。

而随着技术的发展，尤其是物联网的发展，我们进入了前所未有的技术创新时代。Zymergen（美国合成生物科技初创公司）首席执行官 Josh Hoffman 曾说：让机器人的输出直接进入机器学习架构的输入，完成无缝对接，极大提高了工作效率，可以很轻易地将任何行业的公司利润提高 3~5 倍。借助合成生物学、自动化技术与机器学习等手段来更准确地研发新型可降解材料、微生物的方法将会在化工、农业及电子科技等各个领域引起颠覆性的影响。

人们利用新技术带来成本降低及效益提高的同时，随之而带来的也是污染的减少。例如，共享单车的使用带来了绿色出行，大大减少了公众对汽车的依赖[4]。可以预见，未来随着汽车驾驶的减少，直接导致了尾气排放的降低，将降低向空气中排放挥发性有机物，对改善空气质量将起到好的作用。

与此同时，新材料的发明和应用，也使得环保即将发生翻天覆地的变化，例如，荷兰阿姆斯特丹的 Glazen Huis 展览馆曾经展示，一种小机器人（Symbiofic Machine）由设计师 伊万·亨里克斯打造，它可以吸入脏水，撕开藻类细胞壁，然后就像人类利用柠檬汁一样，将细胞壁渗出的汁液重新利用，连同铜板和光电管造出电池。令人感兴趣的是，Symbiotic Machine 有一个几乎完整的消化系统，甚至还包括肛门。它可以通过肛门将废物排出，甚至还有一个清洁循环系统，保持内部干干净净[8]。

通过以上的案例，让我们看到了新技术带来的生活方式的改变，进一步减少了污染的排放。也再一次证明了库兹涅曲线所描述的，随着科技的发展，我们也看到了污染减少的必然趋势（图 6-3 ）。

科技的创新及发展不仅带来了社会的变化，同时也让我们再一次用新的视角考虑环保。在土壤修复领域的技术是否也将会被新的理念所取代？调查技术及修复技术是否也将被机器人所优化？这一系列创新将随着社会发展产生变迁。

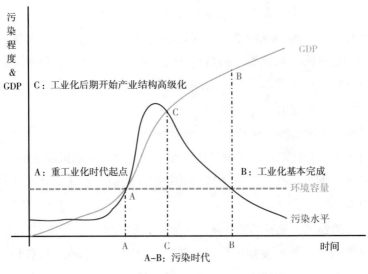

图 6-3　环境库兹涅曲线图

6.2　中国污染场地现状

中国污染场地被大家开始熟知，应该是从武汉的"毒地"及北京宋家庄地铁事件开始的[9,10]。2006 年 3 月，三江地产投资 4.055 亿元成功竞标得赫山 001 地块（土地编号），获得 280 亩土地的使用权，占地面积约 18.6 万 m²，总建筑面积为 33 万 m²，容积率 2.0，楼面地价 1229 元 /m²，70 年住宅规划用地性质。该地的项目名称为"春江花月"，计划投入 10 亿元巨资，开发 30 栋高层住宅。因该地在武汉拥有独特自然资源和人文景观，地处灵秀温婉的汉水南岸，距武汉市中心仅 20 分钟车程，乃武汉滨江绝版，被三江地产公司寄予厚望。武汉华润置地一资深人士评价："280 亩这么齐整的滨江地块非常罕见，对三江地产是个绝好机会。"

但自 2006 年 3 月，该地由武汉三江航天房地产公司（下称"三江地产"）竞得后，到 2010 年已整整荒芜了 4 年。后来该地被"退还"给武汉市土地储备中心。令人称奇的是，开发商并未因囤地而遭政府处罚。相反，武汉市土地储备中心还向开发商赔偿了 1.2 亿元。

真相是，这块黄金宝地，是一块被有害化学物质重度污染过的"毒地"。武汉市土地储备中心的重大失误在于，当初收储该地时未作环境影响评价和勘测。直至开发商施工中毒后，才最终引发了这起全国最大"毒地"被退事件，成为武汉土地储备中心最讳莫如深的隐痛。该地治理工作已经启动，但治理费用巨大，至少在 5 亿元以上。

这些血的代价让开发商开始意识到施工场地不再像以往一样可以随便开挖了，为了保证现场的施工安全，他们必须了解所购买土地是否存在污染。针对各种事故的不断涌现，中国政府也开始关注，并在 2012 年四部委联合颁布《关于保障工业企业场地再开发利用环境安全的通知》（环发 [2012]140 号）中清楚地指出：对所有工业场地，在转变用途前，必须进行土壤的调查，一旦发现污染，需要进行治理，验收合格之后才可以进一步利用 [11]。随着 140 号文的出台，全国各地也随之制定了地方性政策对潜在污染场地的大肆开发起到了一定的遏制作用。

但是，面对城市化的扩展，大量工业企业的搬迁，以及我国土地政策给地方政府带来的巨大红利，大批的"带病"土地进入了市场，也催生了大批的土壤修复公司。由于对土壤污染防治的认识不足，相应的政策、标准、规范出台困难，导致了我国土壤修复领域门槛不高，国内能够真正应用的技术储备不足，直接导致了大批污染场地的修复无序、无标。直到 2016 年江苏常州长隆化工场地的修复事件，以及"土十条"的落地，中国土壤修复新的里程碑才算开始。

江苏常州长隆化工毒地事件，媒体的大量报道让老百姓第一次认识到土壤的污染在修复过程中会产生二次污染，污染地块的开挖使得以前藏在土壤中的大量有毒有害物质挥发扩散至大气 [12]。另外在修复污染土壤时，也有可能引发新的地下水污染，这直接导致周边居民的不满并引起了社会突发事件。因此而引发的多部门被追责，直接涉及的单位包括，地方政府、修复公司、参与专家，间接涉及单位还包括环保部、省政府、教育部、卫生部和国土部等，由此让各级政府部门开始了对污染场地的严格监管，传统的以工程开挖为主的土壤修复开始被质疑。专家学者也开始反思土壤修复应该走什么路。

在 2017 年 10 月 14 日的"第四届污染地块风险管控与修复技术国际研讨会"暨"中国可持续修复框架组织成立大会"上，许多从事土壤及地下水修复方面的专家及公司也开始讨论关于国内是否过度修复了。2017 年 10 月 18 日在福建厦门召开的中国环境学会年会上，环保部科技标准司司长邹首民在发言中特别强调：土壤的治理一定以风险防控为主，修复为辅。

修复到底应该走什么样的路？是继续走国外的老路，采用传统土壤修复技术？还是在总结国外案例的基础上，与当今国际倡导的绿色可持续修复直接接轨，弯道超车？这是摆在我们国家政府决策机构、科学家以及修复产业面前的一道选择题。

6.3　未来发展趋势

6.3.1　研究背景

如何能够达到土壤污染防治的最佳选择：全部送到填埋场？全部处理？如何确定

危害？如何以最终用途进行风险评估？是以危害环境为标准，还是以危害健康为标准？我国的土壤修复标准如何确定？我们的基准如何确定？我们的背景值如何确定？一系列的问题都等待我们一步一步地解决。

大部分国家及地区从 1990 年代开始采用风险评估的方法，欧洲及美国进行了大量的基于他们自己国家的基准研究，由此制定了一系列的标准体系（也是我国目前修复领域引用最多的标准），并认为是最有效的土壤修复方法。但是，目标中的用途到底是什么？如何考虑多种用途？究竟什么是环境修复中的"成本"概念，各个国家及地区都有不同理解及定义，荷兰、英国、美国，也各有不同，国际上也争论不休。这也是我国目前修复领域引用标准混乱的原因，每个场地进行修复时完全是没有依据地选用想引用的国家标准。

国际上一直存在各种争论，主要焦点如下：

- 如何确定达标浓度及标准（降低污染物到某目标浓度），是否合适？
- 在修复中是否易于实施，包括技术、工程、装备，等等？
- 修复的成本如何？是否从全生命周期考虑？
- 修复的时间多久，是否可以与周边协调？
- 是否缺乏从更广泛的环境影响的角度考虑问题，例如新的二次污染？
- 修复中的能源消耗、温室气体排放、场地运输交通（设备＋废物）、现场监管、二次污染，等等？
- 是否将产生大量固废及污水？
- 是否考虑回用及再利用，或回归自然资源？
- 如何计算环境净收益？
- 是否有利于可持续发展？

在"中国可持续修复框架组织成立大会"上，英国专家也指出，国际上经过 30 几年的尝试及各种案例的总结，可以看到近 90% 的修复虽然花费极高但是效果却不行，无法真正恢复到污染前的水平，也无法满足对环境的整体要求。近几年，越来越多的"后评估"开启了对土壤修复产业的反思，绿色可持续修复的理念也越来越深入人心。在过去的十年里，完成了对污染场地修复观念的转变过程而以实施绿色可持续修复代替。美国、英国及欧洲等已经从 2000 年开始，政府不再发挥积极的推动作用。包括：

- 不再主动直接由政府出资开展土壤修复项目，除非突发污染事故；
- 土壤修复完全是以市场为导向，以企业投资为主。

此外，这些国家的管理理念也在转变，更多地以标准化加量化的风险管控来设定修复目标，建立一系列可执行可评估的内容，包括：

- 未来用途决定指标（包括：软用途、硬用途），综合考虑决定标准。软用途包括草地、公园等，硬用途包括住宅开发等；

- 如何选择未来用途，主要包括：工程中的能耗、全生命周期效益、二次污染、对环境的最低影响；
- 根据前期污染调查，评估如何选择不同的用途，建立指标体系。

图 6-4　美国环保署可持续性文件

6.3.2　我国的机遇

国际上绿色可持续修复发展在前几章有所介绍，在这里就不再重复。在刚刚结束的"十九大"上，习主席的报告中指出：建设生态文明是中华民族永续发展的千年大计。必须树立和践行绿水青山就是金山银山的理念，坚持节约资源和保护环境的基本国策，像对待生命一样对待生态环境，统筹山水林田湖草系统治理，实行最严格的生态环境保护制度，形成绿色发展方式和生活方式，坚定走生产发展、生活富裕、生态良好的文明发展道路，建设美丽中国，为人民创造良好生产生活环境，为全球生态安全作出贡献。也可以进一步理解环境的问题：即，环境问题的出现原因根本上是发展不均衡和不充分；因此环境问题的解决要靠均衡发展和充分发展来解决。

十九大报告对生态文明着墨颇多，提出加快生态文明体制改革，建设美丽中国。十九大之后，我们身边的生态环境会怎样变化？南方周末记者刘佳进行了梳理，并总结为八大要点，具体如下[13]：

- 更好的空气：2035 年 PM2.5 都应该达到 35ug／m^3。
- 环保督察力度不改：正研究制定督察相关法规，未来国家和省两级联动。
- 山水林田湖草一体的大环保：设立国有自然资源资产管理和自然生态监管机构。
- 环境与经济为正相关，坚决反对"一刀切"。
- 不要让土壤污染对米袋子、菜篮子、水缸子产生重大影响。
- 治理农业污染：防止城市污染向农村转移。
- 修护长江：县级以上 1320 处集中饮用水水源地全面整治。
- 发展绿色金融：行业潜力仍然巨大。

在十九大第六场记者招待会上，环保部部长李干杰表示，从国内在环保领域的发展看，整个社会及国家领导层的思想认识程度之深前所未有；污染治理力度之大前所未有；制度出台频度之密前所未有；监管执法尺度之严前所未有；环境质量改善速度之快前所未有。

相对大气污染、水污染来讲，土壤污染的防治难度更大，但有关法律法规又比较薄弱，甚至可以说之前是一个空白状态。2016 年颁布"土十条"后，法律法规和全国土壤污染状况详查都在积极推进。传统的修复方法无论从投入还是从技术上，都不能满足我国发展的需求。因此，通过将风险管理与其他可再生能源的生产或更广泛的经济或社会利益等机会整合到当地社区，可以成为所谓低投入或大面积的修复，可以提供更广泛的修复或管理方法，为污染土地再利用提供经济理由和动力以及长期的职能和使用。

今后，在农用地分类管理方面，在建设用地准入管理方面，以及"土十条"提及的试点示范等之中，如果我们需要满足十九大中国家的要求，推广绿色可持续修复是土壤修复行业发展的关键。在绿色可持续修复的指导下，我们可以进行综合评估并全面做好经济与环保的平衡。力争像大气和水一样，在土壤污染防治方面尽快见到一些成效。在十九大第六场记者招待会的答记者问环节，李干杰部长还表示"至少不要让土壤污染对我们的米袋子、菜篮子、水缸子产生重大影响，不要对老百姓的身体健康产生不良影响，并且通过努力加快修复治理，使得这块领域尽快得到明显改善"。

6.3.3　绿色可持续修复的应用启示

绿色可持续修复的核心理念是：不仅仅局限于污染地块本身，应该从更广泛的区域维度，以最大实现社会、经济及环境共同利益的角度考虑进行污染土壤的再利用。

在人类历史上第一次随着科技的发展，针对土壤的污染及食品的安全，每个国家都在想办法以最有效的办法解决问题，下面几个案例可以一见端倪。

1. 农业污染土壤的再利用，从平面利用转化为空间的利用

荷兰是个人口稠密的小国，每平方英里有 1300 多名居民。荷兰也是最早发现土壤污染的问题及开始污染土壤修复的国家，为此有人认为，要想发展大规模农业，荷兰几乎需要将所有资源都投入其中。然而，荷兰已经成为仅次于美国的全球第二大食品出口国，而其国土面积仅是美国的 1/270[14]。

大约 20 年前，荷兰人做出了"可持续农业"的国家承诺，其口号是"用 1 半资源生产出 2 倍的粮食"。自从 2000 年以来，伯恩和许多荷兰农民都减少了关键作物对水的依赖，减少幅度达 90%。为了食品安全，他们几乎完全放弃了在温室中使用化学杀虫剂的做法，自 2009 年以来，荷兰的家禽和家畜生产商已将抗生素的使用减少了 60%。这些令人震惊的数字背后有个智囊团，它就是瓦格宁根大学与研究中心，瓦格

宁根大学与研究中心坐落于"食谷"，那里是荷兰农业科技版硅谷，是荷兰农业取得成功的关键（图 6-5）。这所大学也在全球范围内输出他们的创新方法。在荷兰、奥地利、德国、法国等国家蔬菜无土栽培领域普及率高达 95% 以上。

图 6-5　荷兰的可持续农业

2. 矿山修复与旅游的结合

不仅仅是农业，绿色可持续土壤修复的理念在不断地扩展，进一步根据社会的需求与应用结合。随着社会的发展，机器人逐渐取代了人的许多劳动，因此人有了更多自由的时间，我国 2017 年"十一"黄金周，打造出长达 8 天的"超级假日"。据国家旅游局统计，8 天长假国内旅游人数达 7.1 亿人次，同比增长 10%；国内旅游收入 5900 亿元，增长 12.2%[15]。此外，"旅游看世界"的需求还带动了新形式的矿山修复，例如贵州铜仁汞矿的修复（图 6-6）。

图 6-6　贵州铜仁铜矿的修复

国际上的成功案例也非常多，例如加拿大的布查特花园的前身即是废弃矿山[16]。20世纪初，罗伯特·皮姆·布查特一家来到加拿大的维多利亚，在托德海口一带发现了丰富的石灰矿床，在那里建了水泥厂，期间一些矿床被废弃，喜爱园艺的布查特夫人开始从世界各地引来了外国珍稀花木种在矿坑内，又将欧式林木设计与亚洲园林移步换景之法巧妙结合，凭着罕见的决心和想象力，布查特夫人让这布满了岩石块和死水滩的采石场变成了一座美轮美奂的宝库。花园里你能观赏到世界各地的名花异草，源自亚洲及各国的园林布局艺术，将整个矿区缔造成了一个完美的花的世界，漫步其中，宛如来到了人间的伊甸园（图6-7）。

图6-7　废弃矿山变身花园——加拿大布查特花园

欧洲的法国和英国也有大量的案例[17]。吉维尼小镇位于巴黎的西部上诺曼底大区的厄尔省，莫奈86年的生命中有43年是在这里度过的，在那里买下房子后，莫奈开始对花园进行大规模的改造，养花种草。最鼎盛的时候，莫奈雇佣了5个园丁为其打理花园（图6-8）。

图6-8　画家的后花园——吉维尼小镇莫奈花园

很多人都知道英国查尔斯王子，相比王位，现在他更在乎的是他一心呵护的庄园。海格洛夫庄园在规划之初就采用先进的有机农业，在三十几年前，人们嘲笑王子的这个怪诞的行为，认为他是不务正业，但三十几年后，当生态耕作的理念已经成为全球共识时，查尔斯王子的先进理念使他成为全球乡村农庄的领军人物（图 6-9）。

图 6-9　英国王子的花园——英国海格洛夫庄园

从以上案例可以看出，绿色可持续修复，就是更加全面综合地考虑土壤及空间规划，再制定土壤修复战略及土地利用规划。让绿色可持续修复土壤方案，从区域或城市发展的角度出发，综合土地利用的需求包括，绿地、花园、停车场、住宅等等融为一体来平衡污染场地、底泥、水处理等等，全面平衡经济的发展与生态环保。一般来说，绿色可持续修复具有以下特点：

- 进一步优化风险管理；
- 详细的风险评估及多种用途的选择可以解决何处真正需要修复；
- 新技术、新的理念将会让我们避免多花钱以及花不必要的钱；
- 全面结合政府需求、政策需求以及可持续发展需求；
- 全面考虑社会及公众利益。

6.4　大数据在绿色可持续修复中的应用

6.4.1　发展方向

回顾历史，我们发现人类大约在公元前 3000 年就开始了与土地打交道，公元前 500 年开始出现了修筑道路的能力，而我们真正开始关注土壤污染问题并积极采取措施进行修复治理则是在 1980 年代，从几次大的事件开始的，如 1978 年美国拉夫运河事件、1980 年荷兰 Lekkerkerk 污染事件和 1980 年英国 The Lower Swansea Valley 污染事件。迄今为止，我们在土壤修复技术方面的积累也不过区区 30 余年而已。因此，要实现对土壤污染的跨越式发展，必须立足于整合现有的其他学科和行业的既有知识和数据，充分发挥后发优势。欲达此目的，构建基于大数据的绿色可持续修复体系是一个非常有前途的发展方向。

（1）土壤修复是一个涉及多学科交叉的问题，大数据技术可以通过对不同学科基础数据的充分挖掘和集约化处理，拓展人类对污染场成因及可能影响的认知。

长期以来，无论是环境科学与工程，还是地质科学和工程地质，或是农业科学等学科都较少涉及土壤污染的问题。但是，这些学科的发展积累了丰富的污染物环境行为和土壤物理化学性质等对于土壤修复治理至关重要的基础数据，如工业企业的商业注册信息，媒体及各部门记录的污染事件信息等。而在农业领域，我国过去几十年里进行了多次的农田调查，积累了海量的关于土壤分类、土壤重金属污染，土壤肥力等数据。以水文地质科学为例，我国基本建成了覆盖全国的水文地质监测网络，对水位、水温等基本信息都有长期的观察，而且对我国大部分区域均进行了 1:200000 的水文地质调查，并形成了相关的数据库和图件。土壤的性质对于污染物迁移、人体健康风险等密切相关。地下水水位的变化体现了区域地下水流场的变化以及与周边地表水信息的交互关系。利用大数据可以快速分析污染场地周围居民面临的风险，构建基本的场地概念模型。

此外，与发达国家有完整的记录不同，中国很多地方的土地交易资料缺乏，或是国土规划部分信息涉及保密等，在进行基础调查时，对区域历史用地性质变化信息的叠加，利用大数据的手段整合这些资源将能快速地识别历史污染源，甚至初步诊断污染的分布和风险，为场地概念模型的快速构建奠定基础。

（2）在土壤污染调查方面，基于取样 - 检测 - 分析这样多轮重复的传统取样方法具有时间和经济成本高，数据结果不准确的特点，大数据技术可以实现现场调查的快捷化及调查结果的准确化。

与水和气不同，土壤具有高度非均质性，从逻辑上讲，传统的采样方法中每一个样品实际上只能代表给定采样时间给定位置处的环境性状，但是我们追求的却是污染物在时间和空间上的四维信息。为了解决这一矛盾，美国环保署提出了基于系统规划、实时测量和动态策略的三合一环境场地调查方法[18, 19]。该方法力求通过一次进退场系统完成场地调查工作。这一方法的提出，首要前提就是能够借助历史积累的数据形成初步的场地概念模型，在此基础上系统规划。其次，该方法促进了实时测量技术的快速发展，例如搭载在 Geoprobe 平台上薄膜界面探测器技术可以半定量地给出土壤中挥发性有机物和石油类物质的相对浓度沿钻进深度的分布曲线。除此之外，高精度的 X 射线荧光光谱分析仪器可以快速地测定土壤中的重金属，光离子气体传感器也可以对挥发性有机物进行半定性测量。还必须指出的是，传统的物探技术在工程地质和水文地质领域已经实现了产业化应用。几年来，利用物探技术，例如地电阻技术，进行污染场地的调查逐渐兴起。物探技术取得成功的关键就是有足够的数据能够相互校验，不断地修正对物探数据的解读能力，而大数据具备的数据挖掘和分析能力正可以补齐这一短板。这些实时测量技术的逐渐成熟和大规模应用将以前的点状的数据连成了线状的数据，极大地丰富了数据量，反过来又促进了大数据的储存技术，分析算法的进步。

随着第四次工业革命的到来，人类步入信息化时代。各种关于环境监测和场地调查的软件和硬件层出不穷。实时测量技术的发展也实现了现场调查数据实时更新的可能，更有利于现场采取"三脚架"模式环境场地调查方法。另外，二维码技术的发展使得每一个采集的样品能得到全程追踪，从源头上切断了数据作假的可能。

（3）对于污染场地进行修复治理，发达国家对修复终点一直进行探索，标准不一。通过大数据技术对环境、经济和社会等指标参数进行搜集和合理的评估，可以防止消极修复，避免过度修复，实现修复终点的合理化。

美国在修复终点确定这方面有很多经验教训值得借鉴。在 1980 年代早期，美国社会对污染土壤修复的长期性和复杂性准备不足，主要借鉴了适用于饮用水的水质标准作为修复治理的终点。事实证明，这种一刀切的通用标准没有考虑不同场地土壤差异性，而且过于严格，在实际推行过程中必然困难重重。当《超级基金法》第一个五年授权期到期时，美国花完了当初设立的高达 16 亿美元的超级基金，但是一个污染场地的修复工作都还没有完成。鉴于污染土壤的严峻形势，美国开始反思他们的技术路线[20, 21]。并在 1980 年代末期推出了基于环境风险的策略，美国环保署相继出版了人体健康风险评价指南和生态风险指南[22, 23]。

应该说，对污染土壤采用基于风险的管理是一大进步，并已成为当前世界各国的主流。然而，这种土壤管理模式仍存在一些问题。首先，当前的风险评估主要考虑的是土壤当前的利用方式或短期内的场地再开发利用方式，而且考虑的重点主要还是人体健康。应该说，这一思路仍然没有脱离以土壤介质浓度为基本诉求的窠臼，只是因为在确定修复终点时可以结合场地的实际情况，从而更具有针对性和灵活性。此外，不同国家（地区）所制定的个人可接受风险标准不同。比如，荷兰风险评估采用的可接受风险阈值为 10^{-6}，而美国风险评估采用的可接受风险阈值为 10^{-5}，英国风险评估会根据用地性质不同采用不同的可接受风险标准。大数据技术可以对人们的行为方式更有效的采集和分析，综合不同地区人群的日常生活习惯、饮食结构、基因差异、传统习俗等准确分析暴露途径，进而选取更为合理的风险评估参数，确定修复终点。

其次，目前修复终点的确定只考虑环境要素，而没有从社会和经济这些维度加以系统优化。考核评价指标的欠缺必然导致选择的修复解决方案往往技术经济可行性不高，从全生命周期的角度分析给社会带来的净收益很低，有的甚至为负。例如，在经济不发达的地区采取严格的修复标准会具有经济和社会指标的不可达性。因此，在选择修复技术的时候，必须充分考虑社会、经济和环境三个维度，构建既能反映土壤环境风险，又能体现社会接受程度，还能实现经济可行的指标体系，并且其评估的对象也必须从修复工程本身拓展了项目的全生命周期，以全生命周期净效益最大化为污染土壤修复的基本诉求。

近年来，欧美等发达国家相继开展了绿色可持续修复的研究，并且构建了相关的技术论坛和联盟[24]。在指标体系建设方面，从不同的角度提出了数百项的指标，在评价方法上也开发出来多属性评价法、全生命周期评价法等等。以英国为例，英国可持续修复论坛通过综述相关文献和报告，共总结了 18 类共 2421 个与绿色可持续修复相关的评估指标[25]。此外，这些指标的评价方式不同，需要根据污染场地的复杂程度确定评价等级，进而确定是采用定量评价或是定性评价，或是二者结合。由此可见，对修复方案的优化选择，必然涉及大量的数据分析；而基于大数据的绿色可持续修复体系是技术发展的必然选择。

6.4.2 大数据的内容

大数据就是巨量的数据集合，具有海量数据规模（Volume）、快速数据流转（Velocity）、多样数据类型（Variety）、低价值密度（Value）等 4V 特征。大数据的特点：

- 数据的三个目标：全面 + 准确 + 及时。和天气预报一样各个地区的人都能听到本地区的天气预报，这是全面；希望预报的内容和实际情况相符，这是准确；预报的时间发生在之后就无意义了，任何的变化都能及时提前反馈出来这就是及时。

- 数据的应用价值：如今所处的时代是一个信息充斥的时代。互联网以及移动互联网的便捷让每人都能轻松产生各类数据。据不完全统计，每天全球互联网产生数据量 10ZB 以上，而且这个数字正在不断攀升，庞大的数据是财富也是负担，因为（1）不是所有信息都是有用的，需要进行分析剔除无价值数据，数据清洗至关重要。（2）数据规模越大，数据的关联性理解就越难，而往往数据的价值在于关联性。（3）数据规模越大成本越高，数据创造的价值减去分析、存储、计算带来的成本，需要是正数，才能产生真正的价值。

  √ **千万数据的处理能力**：处理数据的技术，需要从处理大数据所具备的能力以及目标入手，包括：

  √ **采集能力**：数据是需要通过采集得到的，内部的、外部的；静态的、动态的；用户的，产品的……那么对于一个大数据团队数据采集能力是最先具备的能力。

  √ **存储能力**：数据采集之后，就需要进行存储，存储选型至关重要，不同类型的数据因为数量规模、内在范式、应用场景等的不同而存储方式也会各异。

  √ **分析能力**：往往数据团队的核心竞争力就是分析能力，而我们把分析能力可以分成三个层次的内容：一是计算求已知结果、二是假设最优解做资源规划、三则是通过现有状态预测将来之结果。

√ **运用能力**：大数据的应用在当前其实是比较普遍的，主要应用在搜索、推荐、广告、运营以及营销领域。

√ **评估能力**：对于数据分析以及运用的效果需要进行跟踪和评测，通过这个评估能力不断修正对于数据的计算和分析。

大数据是一种新型的信息处理方式，用来改进分析发现、决策制定以及流程自动化，大数据分析的目标是从数据中产生洞察力，支持决策，创造价值。

土壤环境大数据的核心是利用大规模获取、存储、管理、分析土壤相关数据，并根据这些数据的关联性分析结果来获得信息验证（图 6-10）。土壤环境大数据的最主要用途是基于综合信息进行污染地块追踪定位以及污染演化历史回溯。目前，土壤环境大数据的基础数据来源有三种，分别是：（1）公开的公众信息采集；（2）大气、地表水及地下水环境质量传感器数据采集；（3）国家开展的有针对性的土壤调查数据。

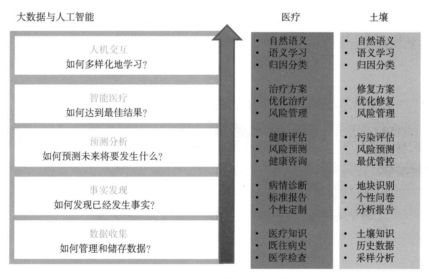

图 6-10　大数据与人工智能

相比大气、地表水及地下水而言，土壤环境质量的变化缓慢，污染具有累积性和滞后性的特点，即难以进行自动在线监测，人工定期采样监测的成本也很高。但是土壤环境大数据能够针对土壤环境的"源 - 汇"特性，探索土壤环境质量与各种影响因子的因果关系，并通过多元化数据，如整合区域内污染源空间分布数据、污染物排放类别与总量数据、污染扩散的多维途径、环境的消纳能力与空间差异，以及与环境质量相关的背景值图集、各种遥感影像资料等，建立基于时空的多维大数据模型。

通过土壤环境大数据平台，开展对"大气 - 地下水 - 地表水 - 土壤"环境质量的深度挖掘与认知学习，实现对广义土壤环境介质的全面认知，为绿色可持续性修复提供基础；为开展面向污染场地调查 - 评估 - 修复一条龙的靶向数据服务提供业务，并以此为基础支持绿色可持续性修复体系的建设；根据土壤 - 农产品建立特征库和识别指标，并以此为基础支持农产品数字化溯源网络建设，并为农业面源污染减量和农产品质量管理提供支持。

6.4.3 技术原理与可行性

1. 多维度城市土壤环境管理

目前从污染场地领域出发，单纯进行土壤的污染预防、风险管控和治理修复，已经无法满足社会需求，亟需加强污染源、污染途径和环境承载力等多元化数据的关联分析，进行综合研判。在土壤环境大数据平台上，融合经济社会、基础地理、气象和水文等数据资源，成为服务于区域性跨介质协同治理的数据服务提供方。针对城市搬迁工业用地，通过多维度数据、多渠道验证疑似污染地块的历史调查、产业分析、多介质相互影响及环境对策。在大尺度土壤环境管理上，以城市为单元开展水土气环境监测、矿产资源调查、环境容量分析、区域社会发展状况和产业结构等信息整合工作，并以此为依托开展土壤的分级分类保护和治理（图 6-11）。

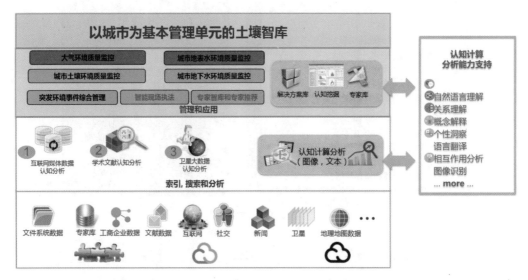

图 6-11 城市土壤环境管理智能系统

2. 基于遥感的多维度场地数据提供服务

综合采集和利用多源工商数据、高分遥感数据、红外遥感数据、大气监测数据、地表水监测数据和 GIS 基础地理信息数据等，基于认知大数据平台实现场地数据的预处理和整合。利用认知大数据处理地理信息和工商数据，确定污染企业用地历史变迁；结合遥感图像多尺度分割和拓扑知觉理论实现目标的遥感图谱特征融合，在此基础上结合深度认知大数据模型实现污染企业内部空间分布的定位和认知；最后结合卫星数据和工商数据交叉验证实现污染企业场地的多维数据图谱（图 6-12）。该图谱可以用于指导污染场地的调查 - 评估 - 修复过程中识别潜在污染源和环境风险。图谱作为数据服务接口对外提供服务。

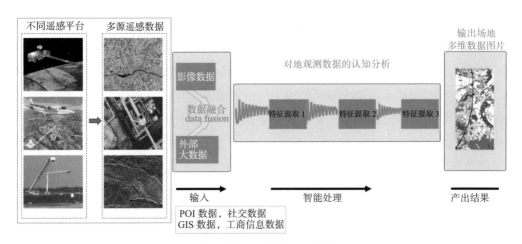

图 6-12　基于遥感的多维度场地数据提供服务

3. 多维度农产品质量保护

农产品产地的土壤环境质量直接影响农产品安全。通过土壤环境大数据平台建立精准至地块的农产品产地管理平台，并开展土壤污染风险预警和研判，进一步为高品质农产品的优化种植和普通农产品的环境安全风险管控提供服务（图 6-13）。通过在源头上根据现有土壤环境与农产品质量的调查数据，挖掘适宜种植作物，实现农产品重金属协同管控的预报预测及决策体系建设。

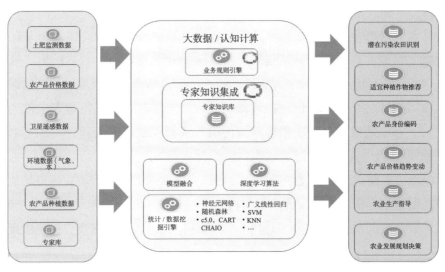

图 6-13　多维度农产品质量保护服务

6.4.4 技术应用领域、前景与潜在价值

基于大数据的绿色可持续修复技术体系首先可以用于土壤详查工作，通过多线数据的比对分析，可以有效识别污染源，而且有望揭示土壤污染的空间分布及时空演变。同时，这种基于大数据系统的工作，可以在很大程度上杜绝人为的干扰，让数据造假无所遁形，为数据质量保证/质量控制提供坚实的基础。

另外，基于大数据的绿色可持续修复可以为我国快速的城市更新工作找到解决之道。通过大数据形成的污染土壤风险地图可以有效地指导城市规划，实现城市的再开发利用和土壤污染风险的无缝匹配，在土地利用方面就杜绝了过度修复和消极修复可能性；同时，大数据对修复方案的全生命周期的评估可以最大限度地实现社会、经济和环境的平衡，真正意义地实现绿色可持续的修复。

近年来，我国在土壤污染防治方面进行探索和实践，取得一定成效。但是由于我国经济发展方式总体粗放，产业结构和布局仍不尽合理，污染物排放总量较高，土壤作为大部分污染物的最终受体，其环境质量受到显著影响。当前，我国土壤环境总体状况堪忧，部分地区污染较为严重，已成为全面建成小康社会的突出短板之一。和西方发达国家相比，我们既有工业污染场地的共性问题，还有大面积农田污染的个性问题。

从技术原理的角度来分析，土壤污染具有隐蔽性、滞后性、累积性、非均质性和难降解性等特点，这就决定了污染土壤调查及修复治理艰巨复杂。从"十二五"期间各地区先行先试的经验教训来看，我国在修复技术的引进、消化、吸收国外先进技术方面取得了长足的进步。但尽管如此，国内真正成功的修复案例并不多。究其根源还在于当前的技术难以解决我们遇到的技术挑战，研发具有新理念和配套的技术体系势在必行。

通过大数据整合涉及土壤污染及各种相关学科的基础数据，以此为基础快速开发场地概念模型，集成基于系统规划、实时测量和动态策略的"三脚架"模式场地调查技术实现高精度场地调查；进而从环境、社会和经济三个维度对修复治理方案进行全生命周期评估，实现绿色可持续修复的污染土壤技术体系将是未来极具潜力的发展方向，有望从根本上解决困扰我国污染土壤修复的诸多问题，实现土壤修复领域的跨越式发展。

以深圳为案例，初步研究结果显示，通过大数据的方法调查潜在污染场地，可以更加准确地给出污染源的所在地及对周边地区的影响（图6-14和图6-15）。利用大数据可以从整个城市及区域的角度对潜在污染场地进行分级分类管理，以及以风险管控为基础进行绿色可持续修复。

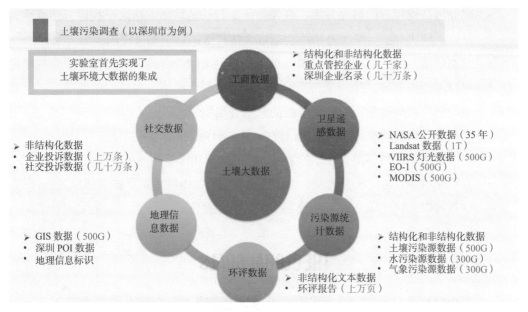

图 6-14　大数据在深圳市土壤污染调查中的应用

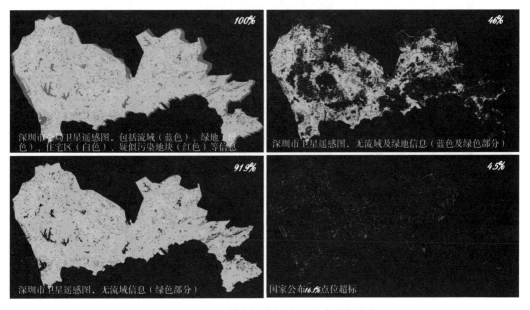

图 6-15　深圳潜在污染场地面积大数据分析

　　从上面的研究可以清楚地看到用传统的采样调查、统计分析，已经无法满足当今社会精准识别潜在污染场地的要求，我们需要借助大数据的帮助才可以更加精确地找到污染源。因此要想开展绿色可持续修复需要进行以下 5 个方面的考虑：

- 绘制潜在污染源地图，了解土地可能受到污染的地点，以及这种污染可能对人类健康和更广泛的环境造成的风险，包括了解哪一个的行动是最紧迫的；

- 建立可持续理念的解决方案，在需要采取行动的城市或地区寻找以可持续性为基础的解决办法，解决办法不会造成无法接受的影响的可持续发展方案；
- 效益倍增，因为它不是以简单地短期的修复土地为目标，而是某种形式的绿色可持续解决方案，是一个长期的目标，因此需要经济上可持续的解决方案，并重视更广泛的效益，以确保修复的未来长期结果；
- 全面评估和共同参与，包括如何建立将风险评估和绿色可持续修复结合的方法，应该让相关的利益相关方参与学习最新的知识和传播当地可持续发展的价值观。
- 货币化成果，与此相关的是，优化整个流程，并以货币的形式对成果进行评估，这样可以促进区域、国家和投资人的了解及投资。

图 6-16　绿色可持续修复与联合国世界可持续发展目标的一致性

　　本书所提出的绿色可持续修复，与联合国的世界可持续发展目标完全一致（图 6-16）。因此对污染土地的修复，全世界都正走在绿色可持续修复的道路上。

6.5　参考文献

[1]　NRC. Cleaning Up the Nation's Waste Sites: Markets and Technology Trends, EPA 542-R-04-015 [R], 2004.

[2]　USEPA. Superfund Remedy Report (15th Edition), EPA 542-R-17-001 [R], 2017.

[3]　郭书海 吴波，胡清，杜晓明，马晓敏，胡承志，李喜青，仇荣亮．污染土壤修复技术预测 [J]．环境

工程学报 , 2017, 11(06): 3797-804.

[4]　刘杰 . 成都市新型交通出行模式对成品油消费需求影响的调查 [J]. 中国石油石化 , 2017, 4): 127-8.

[5]　高德地图 . 2017 年第一季度中国主要城市交通分析报告 , 2017.

[6]　高蓝 . 共享单车有效降低轿车使用率 [N]. 中国消费者报 , 2017.

[7]　浅夏 . 共享单车太猛，替代汽油达 140 万吨，油价疯狂下跌，这就腻害了 [N]. 创业邦 , 2017.

[8]　BIGGS J. Symbiotic Machine：可以吃藻类排废水的水母状机器人 [N]. techcrunch, 2017.

[9]　姚海鹰 . 开发商囤 280 亩黄金宝地荒芜 4 年 政府倒赔 1.2 亿 [N]. 时代周报 , 2010.

[10]　周凌云 . 4 亿元的土壤修复之路：武汉农药厂酿全国最大 "毒地" 退回案 [J]. 绿色视野 , 2016, 7: 44-5.

[11]　关于保障工业企业场地再开发利用环境安全的通知 [M]// 环境保护部、工业和信息化部、国土资源部、住房和城乡建设部 . 环发 [2012]140 号 . 2012.

[12]　乔永平，郭辉 . 环境问题的社会建构过程与模式探究 [J]. 南京林业大学学报 (人文社会科学版), 2016, 16(2): 44-50.

[13]　刘佳 . 八大要点凝练十九大后我国生态环保领域重大建设方向 [N]. "千篇一绿" 公众号 , 2017.

[14]　译者：小小 ." 弹丸小国 " 荷兰农业技术先进的可怕 中美都得佩服 [N]. 网易科学人 , 2017.

[15]　新华社记者 ."超级假日" 怎么过？ 2017 "十一" 黄金周盘点 [N]. 新华网 , 2017.

[16]　晶彩收藏 . http://www.sohu.com/a/130491449_682356. 2017.

[17]　遨游旅行 . http://www.sohu.com/a/133208618_362436. 2017.

[18]　USEPA. Best Management Practices: Use of Systematic Project Planning Under a Triad Approach for Site Assessment and Cleanup EPA 542-F-10-010 [R], 2010.

[19]　USEPA. Innovations in Site Characterization Case Study: The Role of a Conceptual Site Model for Expedited Site Characterization Using the Triad Approach at the Poudre River Site, Fort Collins, Colorado., 2006.

[20]　NRC. Environmental Cleanup at Navy Facilities: Risk-Based Method, ISBN 0-309-52121-1 [R], 1999.

[21]　NRC. Groundwater and Soil Cleanup: Improving Management of Persistent Contaminants, ISBN 0-309-51961-6 [R], 1999.

[22]　USEPA. Action Plan for Ground Water Remedy Optimization, OSWER 9283 [R], 2004.

[23]　USEPA. Cleaning Up the Nation's Waste Sites: Markets and Technology Trends, EPA-542-R-04-015 [R], 2004.

[24]　USEPA. Green Remediation: Incorporating Sustainable Environmental Practices into Remediation of Contaminated Sites, EPA 542-R-08-002 [R], 2008.

[25]　CL:AIRE. A Review of Published Sustainability Indicator Sets: How applicable are they to contaminated land remediation indicator-set development?, 2009.

附录 中英文术语对照表

缩写	英文全称	中文
AC	Administrative Control	制度控制
ASTM	American Society for Testing and Materials	美国材料与试验协会
AUL	Activity and use limitation	活动和用途限制
BMP	Best Management Practices	最佳管理实践
BTEX	benzene, toluene, ethylbenzene and xylene	苯、甲苯、乙苯和二甲苯
BTSC	The Brounfields and Land Revifalization Technology Support Center	棕地和土地恢复技术支持中心
CBA	Cost Benefit Analysis	费用效益分析
CERCLA	Comprehensive Environmental Response, Compensation and Liability Act	综合环境反应、赔偿和责任法
CFR	Code of Federal Regulations	联邦法规
CL:AIRE	Contaminated Land: Applications in Real Environment	污染场地实际应用组织
CLARINET	Contaminated Land Rehabilitation Network for Environmental Technologies in Europe	欧盟组织污染土地复垦环境技术网络
CSM	Conceptual Site Model	场地概念模型
DoD	Department of Defense	美国国防部
DoE	Deparfment of Energy	美国能源部
DNAPL	Dense non-aqueous phase liquid	重质非水相液体
DPSIR	Driver-Pressure-State-Impact-Response	驱动力 - 压力 - 状态 - 影响 - 和响应
DTSC	Department of Toxic Substances Control	毒物质控制局
GHG	Greenhouse Gas	温室气体
GSR	Green and Sustainable Remediation	绿色可持续修复
HDXRF	High Definition X-ray fluorescense	高精度 X 射线荧光光谱
HOMBRE	Holistic Management of Brownfield Regeneration	棕地再生综合管理
ICCL	International Committee on Contaminated Land	污染场地国际委员会
IC	Institutional Control	制度控制

IDW	Investigation-derived waste	调查产生废物
ISO	International Organization for Standardization	国际标准化组织
ITRC	Interstate Technology & Regulatory Council	美国州际技术管理委员会
LCA	Life Cycle Assessment	生命周期评价
MCL	Maximum Concentration Limit	最大浓度限值
MTBE	methyl tert-butyl ether	甲基叔丁基醚
NATO/ CCMS	North Atlantic Treaty Organization/ Committee for the Challenges to Modern Society	北约现代社会挑战应用委员会
NAPL	Non-aqueous phase liquid	非水相液体
NEBA	Net Environmental Benefits Analysis	净环境效益分析
NFESC	Naval Facilities Engineering Service Center	海军设施工程服务中心
NICOLE	Network for Contaminated Land in Europe	欧洲工业场地修复网络
NOBIS	Netherland Onderzoeksprogramma Biotechnologische In situ Sanering	荷兰原位生物修复研究计划
ODA	Olympic Delivery Authority	奥运交付管理局
OLEM	Office of Land and Emergency Management	土地和应急管理办公室
O&M	Operation & Maintenance	运行维护
OSWER	Office of Solid Waste and Emergency Response	固体废物与应急响应办公室
PID	Photo Ionization Detector	光电离子探测器
RBLM	Risk-based Land Management	基于风险的土地管理
RCRA	Resource Conservation and Recovery Act	资源保护和恢复法案
REC	Risk, Environment, Cost	风险 - 环境 - 成本
SURF	Sustainable Remediation Forum	美国可持续修复论坛
SVOCs	semi-volatile organic compounds	半挥发性有机物
UKEA	The United Kingdom Environmental Agency	英国环保局
USACE	United States Army Corps of Engineers	美国陆军工程兵团
USEPA	United States Environmental Protection Agency	美国环保署
UST	Underground Storage Tank	地下储罐
VOCs	volatile organic compounds	挥发性有机物
WUR	Wageningen University & Research	瓦格宁根大学与研究中心
XRF	X ray fluorescence	X 射线荧光光谱